杜 鹃 花

耿兴敏　著

东南大学出版社
·南京·

图书在版编目（CIP）数据

杜鹃花 / 耿兴敏著. — 南京：东南大学出版社，2023.4

ISBN 978-7-5641-8719-4

Ⅰ.①杜… Ⅱ.①耿… Ⅲ.①杜鹃花属－观赏园艺 Ⅳ.①S685.21

中国版本图书馆 CIP 数据核字（2019）第 296525 号

责任编辑：朱震霞　　责任校对：子雪莲　　封面设计：李耿依　　责任印制：周荣虎

杜鹃花
Dujuan Hua

著　　者：耿兴敏
出版发行：东南大学出版社
社　　址：南京四牌楼 2 号　邮编：210096
网　　址：http://www.seupress.com
电子邮箱：press@seupress.com
经　　销：全国各地新华书店
印　　刷：广东虎彩云印刷有限公司
开　　本：787mm×1092mm　1/16
印　　张：11.5
字　　数：300 千字
版　　次：2023 年 4 月第 1 版
印　　次：2023 年 4 月第 1 次印刷
书　　号：ISBN 978-7-5641-8719-4
定　　价：79.00 元

前　言

　　杜鹃花是中国传统名花之一,有"花中西施"之美誉。我国有悠久的杜鹃花栽培历史,最早的记载可见于《神农本草经》。早在唐代,我国就出现了观赏杜鹃花;明清两代对杜鹃花的育种及盆栽等有了比较详细的记载。我国野生杜鹃花资源非常丰富,占世界杜鹃花资源半数以上,在国内分布十分广泛。十多年来,我国从事杜鹃花相关研究的院校及科研单位有所增加,杜鹃花产销也呈上涨趋势,但相对于我国丰富的杜鹃花资源,与之相关的基础及应用研究还是相当薄弱的。

　　笔者于2010年开始从事杜鹃花相关的课题研究。忆起当时启动对杜鹃花的研究,颇具戏剧性和偶然性。适时,日本九州大学从事杜鹃花研究的宫岛郁夫教授受邀来我们学校进行学术交流,由我负责翻译工作。虽然我对杜鹃花的相关知识有一些了解,但为了做好这次翻译工作,我花了不少时间去收集有关杜鹃花研究的资料。在这个过程中,我发现国内有关杜鹃花的研究资料相对有限,就此萌发了从事杜鹃花研究的想法。

　　最初的设想是乐观而美好的,但实施起来并不顺利。幸有国内乙引教授(贵州师范大学)、高连明研究员(中国科学院昆明植物研究所)、庄平研究员(中国科学院植物研究所华西亚高山植物园)及张乐华研究员(中国科学院庐山植物园)等几位前辈的帮助,我得以到几个杜鹃花资源集中分布的区域进行资源考察和学习。从春季采集花粉,与本单位有限的几株杜鹃样本进行杂交,到秋季采种进行驯化,筛选耐热品种等,研究中孜孜以求,做出了一系列尝试与努力。科研历程起起伏伏,经过十多年的努力,也成功地在杜鹃花资源和育种方面积累了诸多宝贵经验。

　　本书汇集了笔者多年来的研究成果和一些心得体会,包括杜鹃花资源及其花文化,杜鹃花的播种、扦插及组织培养技术,杜鹃花抗逆机制,杜鹃花育种

1

等内容。期望本书能给国内杜鹃花爱好者及研究工作者提供一些参考和借鉴。

对于杜鹃花的研究还有待进一步深入,本书内容仅为抛砖引玉,难免存在不妥或不完善之处,欢迎广大同仁提出批评和改进意见。

耿兴敏

2022 年初冬于南京

目　录

第一章　杜鹃花资源及栽培历史

第一节　杜鹃花资源概况

一、世界杜鹃花资源

杜鹃花属(*Rhododendron*)植物是被子植物中的一个大属,广泛分布于欧、亚、北美的温带地区,非洲和南美洲尚未发现分布,属典型的北温带分布类型。杜鹃花属植物多生于酸性森林腐殖土或泥炭质土壤,但在中国西南部或新几内亚等地也能见到一些种类生于石灰岩上。全世界已知杜鹃花约960种(不包含种以下分类等级),其中亚洲杜鹃花分布最多,约930种,北美洲约25种,欧洲仅9种,大洋洲有2种。有2种进入北极区,即杜鹃亚属的高山杜鹃(*R. lapponicum*)和云间杜鹃亚属(后改为叶状苞亚属)的云间杜鹃花(*R. camtschaticum*),形成本属植物分布区的北缘,此界线大致在北美阿拉斯加的育空河谷和北美的格陵兰东部,约北纬65°或更北一些地方。杜鹃亚属的*R. lochae*越过赤道,达南半球的昆士兰,因此本属植物分布的南界约在南纬20°,但没有进入太平洋区系范围。

我国西南地区(云南、西藏、四川)和毗邻的喜马拉雅地区(不丹、锡金、尼泊尔、缅甸和印度东北部)杜鹃种类最为丰富,被认为是现代杜鹃花的最大分布中心。我国邻近的日本、朝鲜、俄罗斯西伯利亚、越南、老挝、柬埔寨、泰国、巴勒斯坦等地也有少数种类分布。在新几内亚至马来西亚地区约有280余种,主要是热带高山的附生灌木种类,其中新几内亚有160余种,印度尼西亚100余种,菲律宾约27种,越南和马来半岛各有10余种,在新几内亚的东面的所罗门群岛也有4种。

在垂直分布方面范围也是广泛的,从低海拔至高海拔的各个植被带内均有分布。海拔1 000 m以下,杜鹃花分布区域广,但种类较少,大部分种类出现于海拔1 000～3 800 m间的亚热带山地常绿阔叶林、针阔叶混交林、针叶林或海拔更高一些的暗针叶林,上达树线附近往往形成杜鹃苔藓矮曲林,树线以上,某些高山种自成群落,形成种类单一、浩瀚无垠的杜鹃矮灌丛,现知分布得最高的杜鹃为雪层杜鹃(*R. nivale*),达海拔5 500 m;在东南亚各岛屿,杜鹃大多生于热带山地季风常绿阔叶林或亚高山苔藓林或灌丛草地,附生种类很多,极少数种还出现于接近海平面的低地、海岸岩石上或附生于海岸红树林间。但近年来,很多珍贵的野生种由于气候变化、森林开采、人类活动等原因而濒临灭绝。

二、我国杜鹃资源及分布

我国有杜鹃花属植物约 570 种,占世界杜鹃总数的 59%,其中特有种约 405 种。除新疆和宁夏两地至今未发现野生杜鹃外,其余各省份均有杜鹃的记录。其中更以云南、四川和西藏三省区的横断山脉一带分布最多,共有 403 种,约占我国杜鹃种数的 71%,是世界杜鹃花的现代分布中心,也曾一度被认为是世界杜鹃花的发祥地。杜鹃花在中国的分布:以长江为界,长江以南种类较多,长江以北种类很少;云南最多,西藏次之,四川第三;离分布中心愈远,种类愈少;新疆、宁夏属干旱荒漠地带,无天然分布。

自 20 世纪 80 年代以来,我国便展开了杜鹃花资源的调查,1988 年冯国楣先生的《中国杜鹃花》的出版标志着我国已基本摸清杜鹃花在我国的分布状况(图 1-1)。此后仍陆续有杜鹃花新种及新变种的报道(图 1-1,红色字体表示近年来有新种报道的省份)。1990 年至 2000 年期间,在我国浙江、江西、四川等地发现杜鹃花的新种。2001 年至今,有报道表明我国江西、四川、贵州、湖南等地均有杜鹃花新种的发现。其中资源变化较大的当属云南杜鹃花,由当年的 257 种增至 2008 年的 320 种(包括亚种及变种)。

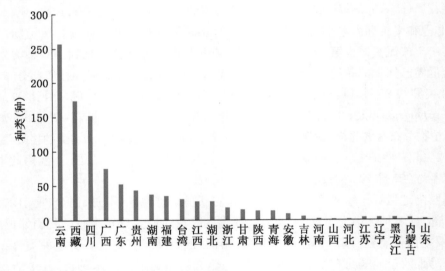

图 1-1　杜鹃花属植物在中国各省的分布(根据冯国楣《中国杜鹃花》绘制)

第二节　杜鹃花栽培历史及文化内涵

杜鹃花在我国资源丰富,栽培历史悠久,我国著名植物学家冯国楣曾多次建议定杜鹃花为国花,认为其花开于暖春时节,红艳的花朵象征一年四季的吉祥。虽然至今中国国花尚无定论,但将杜鹃花定为省花、市花的不胜枚举。江西、贵州、安徽三省将杜鹃花定为省花,丹东市、深圳市、九江市、长沙市、无锡市等多达 22 个城市将杜鹃花定为市花。在 34 个市花的评比中,居于亚军,仅次于月季。迎红杜鹃(*R. mucronulatum*)被定为延边朝鲜族自治州的州花。杜鹃花在各少数民族有着不同的芳名雅号(彝族:索玛花;苗族:麻雅王;藏族:格桑花;壮族:灯笼花;朝鲜族:金达莱;蒙古族:弘吉刺花)。朝鲜、尼泊尔、比利时等国把杜鹃定为国花,由此可见杜鹃在国际上也享誉盛名。

中国杜鹃花属植物特有种分布如图 1-2 所示,主要分布在云南、西藏、四川、台湾、广东、福建、广西等省份。

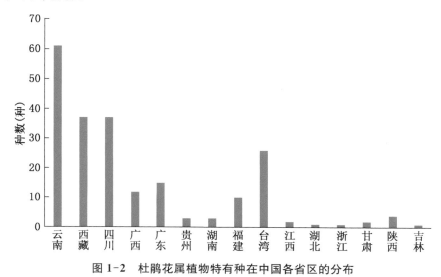

图 1-2　杜鹃花属植物特有种在中国各省区的分布

一、杜鹃栽培史

杜鹃花药用价值的文字记载最早见于汉代的《神农本草经》,距今已有近 2000 年历史。"羊踯躅,味辛,温。主贼风在皮肤中,淫淫痛,温疟,恶毒,诸痹。生川谷"是对羊踯躅(R. molle)药用价值的记载。公元 492 年,我国南北朝梁代陶弘景撰写的《本草经集注》里也记载了羊踯躅具有毒性。

时至唐宋时期,人们对杜鹃花的描写不再局限于杜鹃花的药用价值,而更多的是关注其观赏价值和引种栽培等。《丹徒县志》记载了唐朝贞观元年(公元 627 年)鹤林寺(江苏镇江)杜鹃花的栽培,"外国僧人自天台钵盂中以药养根来种之"。《云南志》:"杜鹃有五色双瓣者,永昌蒙化多至二十余种。"《平泉山居草木记》:"己未岁得稽山之四时杜鹃。"《容斋随笔》:"润州鹤林寺杜鹃,乃今映山红,又名红踯躅。"这些书籍都提及杜鹃的栽培。宋代诗人王十朋曾移植杜鹃花于庭院:"造物私我小园林,此花大胜金腰带。"南宋《咸淳临安志》:"杜鹃,钱塘门处菩提寺有此花,甚盛,苏东坡有南漪堂杜鹃诗,今堂基存,此花所在山多有之。"说明杜鹃花在庭院造景中已有应用。白居易、李白、杜牧、苏轼等的诗词中也有对杜鹃花的描述。《续仙传》中记载了鹤林寺杜鹃花的神话传说,北宋词人苏轼也在其作品中多次提到鹤林寺充满神秘色彩的杜鹃花。

至元明时期,对杜鹃花的记载已经覆盖了药用、审美、栽培等各方面内容。杜鹃花出现在戏剧及文学作品中,如王实甫的《西厢记》和汤显祖的《牡丹亭》。明代李时珍的《本草纲目》中详细地记载了羊踯躅的药用价值。明代朱国桢的《涌幢小品》有对杜鹃花形态特征的描述。明代《草花谱》中"杜鹃花出蜀中者佳,谓之川鹃,花内十数层,色红甚。出四明者,花可二、三层,色淡","映山红若生满山顶,其年丰稳,人竞采之",描述了四川杜鹃的风姿。在明朝地理学家徐宏祖著的《徐霞客游记》中描述了浙、湘、闽、滇等地杜鹃花美景。

明代李之阳的《大理府志》中记载杜鹃花有 47 个品种,大理的崇圣寺、感通寺等寺院已栽种杜鹃,进行盆景制作。王世懋的《学圃杂疏》:"花之红者曰杜鹃,叶细花小色鲜瓣密者曰石岩,皆结数重台,自浙而到,颇难畜,余干安仁间偏山如火,即山踯躅也,吾地以无贵耳。"文中提到了两种杜鹃:石岩杜鹃(R. obtussum)、山踯躅即映山红(R. simsii),且石岩杜鹃较为难养,而山踯躅在当时已不算珍贵,可见当时对映山红的栽培已为常见。

清代杜鹃花的栽培技术已比较成熟,记载也多。清初,陈维岳的《杜鹃花小记》:"杜鹃产蜀中,素有名,宜兴善权洞杜鹃,生石壁间,花硕大,瓣有泪点,最为佳本,不亚蜀中也。杜鹃以花鸟并名,昔少陵幽愁拜鸟,今是花亦可用矣。"此处便描写了杜鹃花的产地及杜鹃形态。清代陈淏子《花镜》关于杜鹃花栽培经验的总结,今日仍有借鉴意义。根据清嘉庆年间苏灵的《盆玩偶录》,杜鹃位居"十八学士"第六位,可见当时人们对杜鹃的推崇。此外在清代的《广群芳谱》《长物志》等文献中也有关于杜鹃花的记载。清道光年间《桐桥倚棹录》中提到"洋茶、洋鹃、山茶、山鹃",说明此时国内已引入国外杜鹃栽培。

近现代杜鹃花常常出现在散文中。席慕蓉的《杜鹃》、夏玉君的散文《杜鹃如染醉兴安》、裘山山的散文《梦里杜鹃》、沈家印的《守望野杜鹃》、蒙正和的《杜鹃林忆旧》及庞学铨的《又是杜鹃花开时》都描写了杜鹃花之美,以杜鹃感怀,表达作者的情感。近代著名作家、翻译家、园艺家周瘦鹃对杜鹃花也是宠爱有加,在《杜鹃枝上杜鹃啼》一文中对杜鹃花和杜鹃鸟的剖析别有一番情趣,在《杜鹃花发映山红》中以诗"杜鹃古木上盆栽,绝肖孤猿踞碧苔。花到三春红绰约,明珰翠羽入帘来"赞扬杜鹃之美。

二、花与文学作品

中国自古对植物的鉴赏,不仅关注植物本身的自然之美,也非常关注植物的"人文之善"。孔子的儒家学说对中国的文化,包括花文化的影响极深,孔子曰"岁寒然后知松柏之后凋也",讲究花的形、色、香、德,以花的生长习性或形态特征等寓意人的品格之风自先秦时期就开始流行。中国人在对各种不同花卉的生物学特性和生态习性认识的基础上,将花卉的各种自然属性与人的品格、情操等来进行类比,逐步形成花卉自然属性与人性、人类社会的种种关联,进而形成一种普遍的社会观念,即中国独特的花文化。

关于杜鹃花的诗词记载最多见于唐宋年间,诗词中或歌颂杜鹃花开之美,或以杜鹃花寄托情思,抒发作者的情感。根据对这些诗词的考证,杜鹃花的文化内涵主要涵盖以下四个方面:

(一)壮阔豪情——风姿美

历代著名诗人,以唐代诗人白居易对杜鹃花尤为钟爱,赞美杜鹃花"此时逢国色,何处觅天香""好差青鸟使,封作百花王",又有"杜鹃花落杜鹃啼,晚叶尚开红踯躅"。杜鹃也因白居易的诗词而获得"花中西施"的美誉,诗曰:"闲折两枝持在手,细看不似人间有,花中此物是西施,芙蓉芍药皆嫫母。"《咏杜鹃》中的"晔晔复煌煌,花中无比方。艳天宜小院,条短称低廊。本是山头物,今为砌下芳。千丛相向背,万朵互低昂;照灼连朱槛,玲珑映粉墙",

直接描写了杜鹃花开时的盛美。

唐朝杜牧的诗《山石榴》中"似火山榴映小山，繁中能薄艳中闲。一朵佳人玉钗上，只疑烧却翠云鬟"，道尽了杜鹃花于山间红似火的热烈之美。唐朝施肩吾的诗《山石榴花》曰："深色胭脂碎剪红，巧能攒合是天公。莫言无物堪相比，妖艳西施春驿中。"关于杜鹃花之美的吟咏不胜枚举，其中描写杜鹃花美得热烈壮阔是审美的主流。

（二）思念伤感——柔情美

古代传说中常将杜鹃鸟和杜鹃花相联系，据中国最古老的地方志《华阳国志》记载："适二月，子鹃鸟啼，故蜀人悲子鹃鸟啼。"此处为杜鹃鸟的记载，后人由此传说联想到同名的杜鹃花。春夏之交，杜鹃鸟声声啼鸣，昼夜不息，而此时正是杜鹃花盛放之季，再加上杜鹃本身赤口的外在特征，"杜鹃啼血"的传说似乎有了更充足的依据，于是杜鹃"凝成口中血，滴作枝上花"的形象定位于中国文化之中。

唐朝大诗人李白在《宣城见杜鹃花》一诗中触景生情，"蜀国曾闻子规鸟，宣城还见杜鹃花。一叫一回肠一断，三春三月忆三巴"，生动地描绘了满山杜鹃花盛开、杜鹃鸟鸣叫的情景，引起对蜀中故地的回忆和眷恋，表达了无限的思乡情怀。唐朝吴融《送杜鹃花》、杨巽斋《杜鹃花》和宋朝真山民《杜鹃花》等在诗中都以杜鹃花为喻，表达游子的思乡之情。司空图《漫书》诗中虽未写一句思家之情，却以"杜鹃不是故乡花"侧面烘托了众人的思乡之情。

宋杨万里在《晓行道旁杜鹃花》中写道："泣露啼红作麽生，开时偏值杜鹃声。杜鹃口血能多少，不是征人泪滴成。"以杜鹃花开、杜鹃鸟啼鸣表达了战乱带来的凄凉。白居易的《武关南见元九题山石榴花见寄》曰："往来同路不同时，前后相思两不知。行过关门三四里，榴花不见见君诗。"以杜鹃花歌颂了作者与友人深厚的友情，道出了杜鹃花依旧而故人不再的伤感之情。

（三）热烈庄严——神圣美

近现代，杜鹃花被誉为"革命之花"。毛岸青曾以《我爱韶山的红杜鹃》为题名，以湖南韶山的红杜鹃缅怀父亲毛泽东，"我们爱韶山的杜鹃像烈火，星星之火，可以燎原"，杜鹃花象征着轰轰烈烈的革命战争。"映山红"这三个字是革命战争年代湘、赣、川地区曾经的一段烽烟岁月的生动描述。井冈山的杜鹃红，见证了一部厚重的革命历史，杜鹃花被赋予了一种壮烈庄严的神圣美。现在杜鹃花便成为崇高、为国为党牺牲的精神象征。电影《闪闪的红星》将漫山遍野的杜鹃花拟人化，把杜鹃花和红军紧密联系来烘托革命必将胜利的意境。

（四）神话传说寓意着对美好生活和爱情的向往、追求——神秘美

关于杜鹃花的神话传说不胜枚举，这为杜鹃花增添了一层迷人的神秘色彩。如"望帝春心托杜鹃"的传说，以及《续仙传》中记载的关于鹤林寺内的杜鹃花的传说。在我国不同地区、不同民族，流传着关于杜鹃花不同版本的神话传说，如黔西百里杜鹃的勤奋姐妹，浙南、闽东一带的杜鹃花和谢豹花的传说，湖北神农架的美丽爱情传说以及云南大理的百花比美。1993 年正式出版的《红白杜鹃花》是流传在云贵两省彝族地区的爱情叙事长诗，记述了彝族青年为追求自由、幸福，勇于反抗封建传统婚姻制度，死后化作象征永恒爱情和具有

反抗精神的杜鹃花。这些传说都给杜鹃花蒙上了一层神秘的面纱,在感叹杜鹃花自然之美的同时,寄托了人们对美好生活的向往之情。

三、花与其他艺术形式的关联性

(一)杜鹃花与歌曲

20 世纪 40 年代在华南广为流传的一首抗战歌曲《杜鹃花》唱道:"淡淡的三月天,杜鹃花开在山坡上,杜鹃花开在小溪旁,多美丽啊……"这首歌轻松节奏的背后,表现出烽火中年轻生命的热忱。韩平华的《高原杜鹃花》一曲中,歌词"家乡有一种最美的花,那就是高原杜鹃花,生来不畏土地贫瘠……"描绘了杜鹃花之美。杨钰莹的《带你去看杜鹃花》中歌词"带你去看杜鹃花,满山云飞漫天霞,歌声悠悠飘洒幸福年华。带你去看杜鹃花,有情故事传天下,人人赞美它……"则是对大别山红杜鹃的盛情赞美。军旅歌曲《杜鹃花》中歌词"昨夜大雨滂沱喑哑,杜鹃花开满山崖,幽静古巷风月人家,石墙青砖绿瓦,姑娘门前云雨八卦,是晨风谁的蒹葭……"以杜鹃花盛开来象征爱情之美。

(二)杜鹃花与绘画

在清代,扬州画派的大画家华喦便有杜鹃花的画作,其中最著名的当属其《春谷杜鹃图》轴(图 1-3 - A),描绘了"缓风拂绿柳,杜鹃绽放,鸟禽和鸣"的画面,并自题"春谷鸟边风渐软,杜鹃花上雨初千"。中国近代上海国画院画师陈佩秋的作品中也有杜鹃花的身影,其代表作品《天目山杜鹃》(图 1-3 - B)以盛放的杜鹃花展现春意盎然、鸟语花香的景象。油画、版画等绘画形式中也有杜鹃花的身影。20 世纪 70 年代,曾景初的版画中便有杜鹃花的倩影(图 1-3 - C)。刘海粟的油画《杜鹃花》以繁密的花朵表现杜鹃花的亭亭玉立、卓雅风姿(图 1-3 - D)。

A.《春谷杜鹃图》
B.《天目山杜鹃》
C. 杜鹃花版画
D. 油画《杜鹃花》

图 1-3 杜鹃花与绘画艺术

（三）杜鹃花图案在其他艺术品中的应用

杜鹃花图案也常常出现在一些器具、竹刻、邮票中。在明朝正德年间,有一青花八宝杜鹃纹罐,罐的腹部画有四朵杜鹃花,空白处填饰八宝纹(图1-4-A)。民国时期遗留下的樟木雕刻艺术"迎春接贵"中也有杜鹃花(图1-4-B)。图中的雕花板阳春三月,杜鹃花迎风玉立,娇艳欲滴;凤凰立于花中,欢歌唱鸣。江西省的翻簧竹雕"井冈杜鹃红"果盒(图1-4-C),盒形简洁大方,盒身的线刻与盒盖的杜鹃烙花效果对比,一个婉转流畅,一个丰满粗犷,相得益彰。1991年中国邮政发行了一套杜鹃花邮票,整套票共8枚,采用了马缨杜鹃、映山红等杜鹃花图案(图1-4-D、E)。21世纪的中国四大名花纪念邮票中杜鹃花也榜上有名,与水仙花、桂花、玫瑰花一起被题上"沉鱼落雁,闭月羞花"的字样。

A. 瓷器
B. 雕刻
C. 翻簧竹刻
D、E. 邮票

图1-4　杜鹃花与其他艺术

第三节　杜鹃花切花应用的发展史

一、切花应用的发展简史

杜鹃作为切花的应用,最晚应出现在唐代,其应用形式包括佩花、秉花(也称手持花,是现在手打花束的原型)等,有诗词为证。唐朝罗虬《花九锡》引言曰:"若芙蓉、踯躅、望仙,山木野草,直惟阿耳,尚锡之云乎!"从这段文字可以看出,当时芙蓉、踯躅等虽被归为山木野草,但与兰、蕙、梅、莲花等无法比拟,视乎季节的不同,在插花中至少也有应用。白居易对杜鹃非常偏爱,在《山石榴寄元九》中写道:"山石榴,一名山踯躅,一名杜鹃花……闲折两枝持在手,细看不似人间有。花中此物似西施,芙蓉芍药皆嫫母。"这首诗描述了杜鹃作为秉花花材,受到人们的喜爱,同时白居易对杜鹃花的观赏价值也给予了很高的评价,杜鹃由此获得了"花中西施"的美名。杜牧的《山石榴》曰:"一朵佳人玉钗上,只疑烧却翠云鬟。"美人将杜鹃花戴到头上,红花、黑发、玉簪相互映衬。蜀汉张翊,以品命对花分级,将杜鹃评为八品二命,将踯躅评为七品三命。宋代文人姚宽的《西溪丛语》将各式花卉分为三十客,其中名称褒贬之义大部分显而易见。所谓来者是客,踯躅为山客,古朴自然,野趣横生,杜鹃花被赋予格调与品味。

元代程棨的《三柳轩杂识》中将各式花卉分为五十客,其中踯躅依然为山客,而杜鹃花为仙客。宋代也有关于瓶插杜鹃及头饰花的诗词描述。宋朝王叔安在《春暮》中写道:"洛下牡丹无买处,一枝空插杜鹃花。"在诗人眼中,春色渐深,牡丹已经渐渐消失,但是只要还有一枝杜鹃插花,春天就依然还在。陈景沂编写《全芳备祖》中记载的徐似道的《句》以赋咏花,写道:"牧童出捲乌盐角,越女归簪谢豹花。"诗中的谢豹是杜鹃鸟的别名,因此杜鹃花也称谢豹花。潘音《闻鹃》中的"妇女寻芳浑不解,鬓云争插杜鹃花",此处用杜鹃代表愁思,而寻芳踏春之妇女浑然不解,纷纷用杜鹃花作为头饰,妆点仪容。杨万里《雨后田间杂纪五首》中也有"映山红与昭亭紫,挽住行人赠一枝"。

明代张谦德的《瓶花谱》在《花经》给花品级的基础上,将踯躅和映山红一起划分为七品三命,可以看出当时踯躅和映山红作为瓶插花材的应用已比较广泛,具有品级地位。同时也有杜鹃作为头饰花的诗词,明朝王叔承在《竹枝词十二首》中写道:"撞布红衫来换米,满头都插杜鹃花"。明朝刘崧有诗云:"故人夜相赠,手折杜鹃花",以杜鹃相赠,以表情谊。清代高士奇的《金鳌退食笔记》中有瓶插杜鹃的记载:"三月进绣球花杜鹃木笔木瓜海棠丁香梨花插瓶。"杜鹃切花用于祭祀见《泉州府志·卷20·风俗》记载:"清明,插杜鹃花,祭祖先。"以此来纪念先祖,保佑家中平安吉祥。清朝李汝珍《镜花缘》中记载"十二师"者,如牡丹、兰花、梅花、菊花、桂花、莲花、芍药、海棠、水仙、蜡梅、杜鹃、玉兰。其或古香古色,或国色无双。此十二种品列上等。当其开时,态浓意远、骨重香严,使人肃然起敬,不禁事之以师,因而叫作"十二师",可见清朝时杜鹃花的地位已可与梅花、牡丹等名花比肩而立。

近代,杜鹃花多次被提名为"国花",杜鹃的应用和研究也越来越受到重视。1987年开始举办的中国杜鹃花展,至今已经连续举办了十四届。在2017年举办的浙江省杜鹃文化节暨中国·嘉善第十一届杜鹃花展中,以"浙派插花"为基础,结合现代花艺,展出了很多杜鹃插花作品(图1-5)。但杜鹃花插花艺术作品与其他传统名花相比,还是比较少见。

图1-5　中国·嘉善第十一届杜鹃花展作品

(图片来源:http://www.sohu.com/a/133131347_552015)

二、杜鹃花切花应用的文化内涵

中国人自古赏花,不仅在于观赏花的颜色、姿容,更注重欣赏花中所蕴含的人格寓意、精神力量。在各种形式的文学作品中,杜鹃花的文化体现出壮阔豪情的风姿美、思念伤感的柔情美、热烈庄严的神圣美和传说象征的神秘美等各种情怀。李白在《宣城见杜鹃花》中听到杜鹃鸟的啼鸣,看到盛开的杜鹃花,勾起故国情思,表达出作者浓厚的思乡之情。唐代司空图的《漫书五首 其二》和宋代真山民的《杜鹃花》也以杜鹃花来表达自己的思乡之情。宋代苏轼的《菩提寺南漪堂杜鹃花》和杨万里的《晓行道旁杜鹃花》皆因在诗人所在地看到盛开的杜鹃,引起诗人对国家战乱的愁绪。唐代白居易在《山石榴寄元九》中写道:"当时丛畔唯思我,今日阑前只忆君。"作者看到杜鹃花盛开而更加思念友人。李白的《泾溪东亭寄郑少府谔》也是在杜鹃花盛开的春天思念着不在身边的友人。宋代周弼的《送人之荆门》和梅尧臣的《再送正仲》以所见到的杜鹃花抒发自己的离愁别绪,借此来表达与友人行将别离的不舍心境。宋代方岳的《春思 其二》和王叔安的《春暮》通过描写自己看到杜鹃花从繁荣茂盛到如今的即将凋零失去来表达自己对即将离去的春天的不舍。唐代诗人白居易赞誉杜鹃花是花中的"西施",唐代杜牧的《山石榴》和施肩吾的《山石榴花》也都抒发了对杜鹃花艳丽颜色之美的无限赞叹之情。到了近现代,杜鹃花更是成为红色"革命之花、英雄之花"的代表。

人们在欣赏杜鹃花的同时,受到历代关于杜鹃花的传说和诗文的感染,会引发或热烈或振奋或哀怨或悲壮或远游或思归等情调,尤其对东方民族来说,杜鹃花文化中的这种潜在的感情色彩是非常浓烈的,这不仅为杜鹃花的园林应用,也为其作为切花材料的应用,提供了丰富的文化内涵。另外,杜鹃花丰富的文化内涵不仅体现在诗词曲赋之中,更以多种艺术形式进行了表达,杜鹃花与歌曲、绘画、雕刻及服饰等各种艺术形式都紧密关联,充分体现了杜鹃花文化的多元性。

主要参考文献:

[1] Singh K K, Rai L K, Gurung B. Conservation of Rhododendrons in Sikkim Himalaya: An overview [J]. World Journal of Agricultural Sciences, 2009, 5(3): 284-296.

[2] 安旗,阎琦. 李白诗集[M].北京:中国国际广播出版社,2011:319.

[3] 方天瑞,闵天禄.杜鹃属植物区系的研究[J].云南植物研究,1995,17(4):359-379.

[4] 方引晴.抗战歌曲《杜鹃花》的故事[J].两岸关系,2011,169(7):69-70.

[5] 冯国楣.中国杜鹃花[M].北京:科学出版社,1988.

[6] 耿兴敏,何丽斯,力紫嫣,等.杜鹃切花应用的发展史及价值分析[J].中国野生植物资源,2019,38(6):53-56.

[7] 耿兴敏,刘攀,叶秋霞,等.杜鹃花文化内涵研究[J].内蒙古农业大学学报(社会科学版),2017(6):133-137.

[8] 耿玉英.中国杜鹃花解读[M].北京:中国林业出版社,2008:17.

[9] 闵天禄,方瑞征.杜鹃属(*Rhododendron* L.)的地理分布及其起源问题的探讨[J].云南植物研究,1979,1(2):17-28.

[10] 牛克诚.华岳的花鸟画及其春谷杜鹃图轴[J].收藏家,2005(6):57-58.

[11] 余树勋.杜鹃花[M].北京:金盾出版社,1992.

[12] 张永辉,姜卫兵,翁忙玲.杜鹃花的文化意蕴及其在园林绿化中的应用[J].中国农学通报,2007,23(9):376-380.

[13] 赵崎,廉晓春,祝缅,等.全国工艺美术展览资料选编[M].南京:南京市工艺美术工业公司,1978.

[14] 中国科学院中国植物志编辑委员会.中国植物志[M].北京:科学出版社,1996.

第二章　杜鹃花观赏价值及园林应用

第一节　杜鹃花的观赏价值

杜鹃花作为我国著名的观花植物,种类繁多,分布广泛,以多变的树形,丰富的叶形、叶色以及花型和花色而广泛应用于城市道路、公园绿化和室内绿化。英国植物学家威尔逊认为,杜鹃花"是绿色世界里的皇族,没有一种开花植物能与其媲美"。杜鹃花的观赏特性表现在多个方面,杜鹃花的整体形态、叶片、花型、花色都极具观赏价值,许多杜鹃花花朵还具有天然的芳香。

一、多变的树形

复杂的地理环境和气候条件造就了杜鹃花生态类型的多样性,杜鹃花属植物堪称世界上树形变化最多样的一类植物,主要有高山垫状灌木型、高山湿生灌木型、旱生灌木型、亚热带山地长绿乔木型、附生灌木型等。在低海拔生长的种类比较高大,随着海拔高度的上升,植株慢慢变矮,到了海拔 4 000~4 500 m 以及 4 500 m 以上,杜鹃生长成矮小灌丛或者垫状灌丛。具高大生长习性的种类主要分布在常绿杜鹃花亚属,与常绿杜鹃花亚属相比,杜鹃花亚属多数种类是低矮型灌木。

杜鹃花树干高度从几厘米到 20 余米不等,大乔木如树形杜鹃($R.$ $arboreum$)最高可达十几米,小乔木如猴头杜鹃($R.$ $simiarum$)(10 m 左右),大灌木如云锦杜鹃($R.$ $fortunei$)(9 m 左右),中灌木如映山红($R.$ $simsii$)(2~5 m),小灌木如疏叶杜鹃($R.$ $hanceanum$)(高 1 m 左右),匍匐性灌木如牛皮杜鹃($R.$ $aureum$)(距地面 10~25 cm)等。杜鹃花植株既有高大挺拔的雄伟气概,又可展现浓密丰满、低矮纤巧的秀丽,在园林中能塑造出众多形态优美的植物景观。如映山红在绿地中可与高大乔木及地被植物相搭配,作为中层灌木,在非花期于粗犷的乔木及整齐的地被植物之间对比出其形态的秀丽美,在盛花期展现其花大色艳的热烈美。

乔木杜鹃花有大树杜鹃($R.$ $protistum$ var. $giganteum$)、强壮杜鹃($R.$ $magnificum$)、云锦杜鹃、马缨杜鹃($R.$ $delavayi$)、耳叶杜鹃($R.$ $auriculatum$)、喇叭杜鹃($R.$ $discolor$)、卧龙杜鹃($R.$ $wolongense$)等。灌木至小乔木杜鹃花有映山红、满山红($R.$ $mariesii$)、马银花($R.$ $ovatum$)、羊踯躅($R.$ $molle$)、锦绣杜鹃($R.$ $pulchrum$)、照山白($R.$ $micranthum$)、黄山杜鹃($R.$ $anwheiense$)、迎红杜鹃($R.$ $mucronulatum$)等。目前广泛栽培的春鹃、夏鹃等栽培品种也基本是灌木类。

11

二、丰富的叶形、叶色

杜鹃花的叶片不仅形状有较大的变化,而且大小也相差得惊人(图2-1)。凸尖杜鹃(*R. sinogrande*)叶子长达70 cm。叶小者如狭叶杜鹃(*R. stenophyllum*),叶长仅10 cm,宽仅6 mm。常绿杜鹃亚属,尤其是大叶杜鹃花亚组、云锦杜鹃亚组等的杜鹃种类多为大型叶,而杜鹃亚属多数种叶子小型或者较小型,有时不足1 cm,如雪层杜鹃等。

耳叶杜鹃(*R. auriculatum*)　　　　白面杜鹃(*R. zaleucum*)

弯柱杜鹃(*R. campylogynum*)　　　泡泡叶杜鹃(*R. edgeworthii*)

团叶杜鹃(*R. orbiculare*)　　　　凸尖杜鹃(*R. sinogrande*)

图2-1　杜鹃花多样的叶形(白面杜鹃、团叶杜鹃、凸尖杜鹃来源于《中国杜鹃花解读》;
弯柱杜鹃、耳叶杜鹃、泡泡叶杜鹃来源于中国植物图像库,PPBC;http://ppbc.iplant.cn)

　　杜鹃花的叶形大多为长圆形、椭圆形，一部分为卵圆形、披针形或狭至柳叶形等，极少为线形。叶的大小和形态变化受生境和气候影响，同一种类在不同的海拔高度甚至同一植株由于光照的区别也有变化，如大白杜鹃(*R. decorum*)，生长在阳面的叶片就比生长在阴面的要小。

　　杜鹃花叶片大多四季常青，叶色有淡绿色、亮绿、莴苣绿色、草绿色至黑绿色，但也有不少杜鹃花可作色叶植物观赏。如朱砂杜鹃(*R. cinnabarinum*)、三花杜鹃(*R. triflorum*)等具有灰绿色有光泽的叶片，各种叶色杜鹃花混植，可以营造多元化的植物景观。白面杜鹃(*R. zaleucum*)、黄花杜鹃(*R. lutescens*)和大白杜鹃(*R. decorum*)的新叶、新梢呈棕红色。部分杜鹃叶片还有季相变化，如照山白(*R. micranthum*)的叶片霜后变成橘红色、紫红色。此外，有鳞类杜鹃花叶背大多附有鳞片，鳞片的颜色有黄色、棕色、红棕色、橙黄色、红色、金黄色或淡黄色等；无鳞类杜鹃叶背常具有毡毛，如西藏的优秀杜鹃(*R. praestans*)、云南的锈红杜鹃(*R. bureavii*)、羊毛杜鹃(*R. mallotum*)等叶背一年中有几个月叶片背面均有橙色毡毛层。部分杜鹃花具有红色的苞片，开花后，花序下面的苞片变红，加上与正呈现春色叶的新梢相互搭配，更是美丽动人，如串珠杜鹃(*R. hookeri*)、耳叶杜鹃(*R. auriculatum*)花序下有艳丽的红色苞片，马银花具有淡紫红色苞片。

三、多姿多彩的花朵

　　杜鹃花花朵的美主要归功于其变化多样的花型及多姿多彩的花色。约90%以上的杜鹃花都是顶生伞形总状花序。杜鹃花的花型多样(如图2-2)，主要有漏斗形、阔漏斗形、阔钟形、钟形、管状钟形、细管漏斗形、管状漏斗形、管筒形、臌钟形、漏斗状钟形、二唇状轮生形、平碟形、碟形。

　　漏斗形杜鹃为大部分的阿扎利亚杜鹃和一部分有鳞类杜鹃，如红棕杜鹃(*R. rubiginosum*)；阔漏斗形如泡泡叶杜鹃(*R. edgeworthii*)、苍白杜鹃(*R. tubiforme*)等；阔钟形如大叶杜鹃(*R. grande*)、粉红杜鹃(*R. oreodoxa var. fargesii*)等；钟形如钟花杜鹃(*R. campanulatum*)、团叶杜鹃(*R. orbiculare*)等；管状钟形如朱砂杜鹃(*R. cinnabarinum*)、宿鳞杜鹃(*R. aperantum*)等；细管漏斗形如沼生杜鹃(*R. viscosum*)、加拿大杜鹃(*R. canadense*)、弯月杜鹃(*R. mekongense*)、长蕊杜鹃(*R. stamineum*)等；管状漏斗形如贵州大花杜鹃(*R. magniflorum*)、多毛杜鹃(*R. polytrichum*)、厚叶杜鹃(*R. pachyphyllum*)等；管筒形如爆杖花(*R. spinuliferum*)、管花杜鹃(*R. keysii*)等；臌钟形如麦卡杜鹃；漏斗状钟形如皱皮杜鹃(*R. wiltonii*)、蓝果杜鹃(*R. cyanocarpum*)等；平碟形如碟花杜鹃(*R. aberconwayi*)；碟形如白碗杜鹃(*R. souliei*)等。

　　杜鹃花的颜色繁多，大的色系主要可以分成白色系(有纯白、乳白)、红色系(有大红、朱红、紫红、粉红、橙红等)、黄色系(有纯黄、米黄、褐黄、乳黄等)，此外还有极为少见的蓝色系。在杜鹃花的新品种中还有许多复色花朵，多数品种具有覆轮、镶边、喷砂或洒金等多种形式。色彩有红、粉、黄、白、紫及各种中间色，绚丽多彩。杜鹃花最大的特点是花朵繁茂、色彩浓郁，能够创造出姹紫嫣红、满园春色的园艺景观。

图 2-2 杜鹃花多样的花型

优美的观花杜鹃资源极其丰富（图 2-3），红色系有映山红、树形杜鹃、硬刺杜鹃（R. barbatum）、朱砂杜鹃、枇杷杜鹃（R. eriobotryoides）、串珠杜鹃、爆杖花、绵毛杜鹃（R. floccigerum）、马缨杜鹃、猩红杜鹃（R. fulgens）等；粉色系有黄山杜鹃、凹叶杜鹃（R. davidsonianum）、不凡杜鹃（R. insigne）、四川杜鹃（R. sutchuenense）、亮叶杜鹃（R. vernicosum）、团叶杜鹃（R. orbicular）、山光杜鹃（R. oreodoxa）、大字杜鹃（R. schlippenbachii）、皱皮杜鹃（R. wiltonii）等；白色系有大白花杜鹃（R. decorum）、睫毛杜鹃（R. ciliatum）、滇南杜鹃（R. hancockii）、基毛杜鹃（R. rigidum）、白喇叭杜鹃（R. taggianum）、云南杜鹃（R. yunnanense）等；紫色系有红棕杜鹃（R. rubiginosum）、钟花杜鹃、满山红、马银花、毛肋杜鹃（R. augustinii）、繁花杜鹃（R. floribundum）等；黄色系有长药杜鹃（R. dalhousieae）、乳黄杜鹃（R. lacteum）、黄杯杜鹃（R. wardii）、黄花杜鹃（R. lutescens）、黄钟杜鹃（R. lanatum）、

图 2-3　杜鹃花多样的花色

银灰杜鹃(*R. sidereum*)、宏钟杜鹃(*R. wightii*)、羊踯躅等。

四、芬芳的花香

许多杜鹃花具有天然的芳香,每当花开时节,香气扑鼻,香飘数里。现知野生杜鹃中有40多种具有香气,其中杜鹃花属中的常绿细叶有鳞片的高山种类,如小花杜鹃(*R. minutiflorum*)、密枝杜鹃(*R. fastigiatum*)、牛皮杜鹃(*R. aureum*)、毛喉杜鹃(*R. cephalanthum*)、灰背杜鹃(*R. hippophaeoides*)、千里香杜鹃(*R. thymifolium*)、草原杜鹃(*R. telmateium*)、腋花杜鹃(*R. racemosum*)等,叶片也富含香味,主要含黄酮、香豆精类、挥发油、毒素等数十种成分,是提炼芳香油的好材料。

五、常见园艺栽培品种的观赏特性

由于国内外没有统一的命名法规和新品种登记制度,育种者各自命名,因此杜鹃花同物异名、同名异物现象比比皆是,混淆不清。目前园林上常用的园艺栽培品种一般分为"五大"品系,即春鹃品系、夏鹃品系、西鹃品系、东鹃品系和高山杜鹃品系。

(1) 春鹃:是指先开花后发芽,4月中下旬、5月初开花的常绿品种,春鹃首先是20世纪20—30年代沈渊如先生自日本引到上海栽培的,同时当地花农通过对原种选育及杂交形成国内特有品种。因其春天开花就定名为春鹃,并一直延续至今。春鹃同时又根据叶片和花的大小分为大叶大花种(通常所说的毛鹃)和小叶小花种(东鹃)2类。

春鹃,有时也单指毛鹃,它是白花杜鹃、锦绣杜鹃原种的变种和杂交种。株型直立,独干或干丛生,长势旺盛,叶长椭圆形,长约10 cm,宽3 cm左右,色深绿。花簇生顶端,布满枝头,花时十分绚丽,一苞有三朵花,花大,直径可达8 cm,花冠宽喇叭状,多数单瓣,5裂,花筒长4~5 cm,喉部有深色点,颜色有大红、深红、紫红、纯白、粉色、洒金等(图2-4)。花后发3~5枝或6~7枝新梢,7~8月开始形成花芽。耐寒,多为地栽,由于繁殖生长快,常被作为嫁接西鹃或其他新品种的砧木用。在园林绿化中,可作地被、中层景观等,片植形成色块效果显著。

春鹃'粉鹤'　　　　　　春鹃'白鹤'　　　　　　春鹃'紫鹤'

图2-4　常见春鹃栽培品种

(2) 夏鹃:春天先长枝发叶,花期5月中旬至6月,可持续到7~8月,故称夏鹃(图2-5)。夏鹃的主要亲本据说是皋月杜鹃。常绿灌木,株型低矮,发枝力特强,耐修剪,树冠丰满。叶互生,叶长3~4 cm,宽1~2 cm,为狭披针形至倒披针形,质厚,色深绿色,多毛,霜后叶片呈暗红色。花冠宽喇叭状,花有单瓣、重瓣和套瓣,花瓣形状多样。花色有红、紫、粉、白及镶边等多种,常在园林绿化工程中被应用于地被、色块和中层景观。

夏鹃'天童'　　　　　夏鹃'五彩夏鹃'　　　　　夏鹃'五宝珠'

夏鹃'紫宸殿'　　　　　夏鹃'紫鹃'　　　　　夏鹃'明朝'

图 2-5　常见的夏鹃栽培品种(照片来源于企业产品目录)

(3) 东鹃:是日本的石岩杜鹃(*R. obtusum*)的变种及其众多的杂交后代(图 2-6),羊踯躅(*R. molle*)也是其主要亲本,从日本引入,为与西洋杜鹃相应故称东鹃。东鹃花期在春天,通常也被纳入春鹃。

东鹃的主要特性:植株低矮,枝条细软,无序发枝,横枝多。叶卵形,叶片薄、毛少、嫩绿色、有光泽。花蕾生于枝端 3～4 个,每蕾有花 1～3 朵,多时 4～5 朵,开花繁密,真是"不见枝叶只见花"。花冠漏斗状,小型,花苞直径 2～4 cm,筒长 2～3 cm,多数花萼演变成花冠,形成内外 2 套,称为双套、夹套。花色多有红、紫、白、粉白、嫩黄、白绿、镶边、洒金等。也有雄蕊瓣化成高度重瓣花的。花期比毛鹃略早几天。7～8 月老叶凋落,同时花芽形成。不耐强光,可露地种植,萌发力强,极耐修剪,花、枝、叶均纤细,是庭院绿化作色块的好材料,同时也是制作造型杜鹃的理想材料。

图 2-6　东鹃常见栽培品种（品种名称依次为'胭脂蜜''蓝樱''粉元宝'和'丹岫玉'）

（4）西鹃：是由欧美杂交的园艺栽培品种，故称西洋鹃，又称西鹃（图 2-7）。主要亲本包括映山红、石岩杜鹃、日本的皋月杜鹃（*R. indicum*）。还利用了中国原产的锦绣杜鹃（*R. pulchrum* Sweet）进行杂交育种，形成大量的杂种后代。

西鹃的主要特征：常绿，植株低矮，半张开，生长慢。枝条粗短有力，当年生枝绿色或红色，与花色相关，红色枝条多开红花，绿色枝条开白、粉白、桃红色花。叶片厚实，深绿色，集生枝端，叶片大小居春鹃中大叶毛鹃与东鹃之间，叶面毛少，形状变化多。其中四季杜鹃通过调控栽培技术，花期可提前到元旦、春节。花型大，花苞直径 6～8 cm，最大可达 10 cm 以上。多数重瓣，花瓣形态及花色富有变化，观赏价值极高。西鹃适应性、抗病性相对较差。国内大多盆栽，用于室内绿化装饰，夏季要适当遮阴，冬季要保暖。

西鹃'恰恰'　　　　　西鹃'绿色光辉'　　　　　西鹃'春之舞'

西鹃'白凤'　　　　　西鹃'四海波'　　　　　西鹃'红双喜'

图 2-7　常见的西鹃栽培品种（照片来源于企业产品目录）

（5）高山杜鹃：高山杜鹃是常绿无鳞杜鹃亚属、有鳞杜鹃亚属中的常绿阔叶类杜鹃以及由这两大亚属的杜鹃花经过上百年的杂交培育而成的栽培品种（图 2-8）。近年来分析引种栽培的高山杜鹃杂交种亲缘关系发现，这些国外引进品种的祖先亲本主要来源于中国，且亲本来源范围相对狭窄,主要来源于常绿杜鹃亚属(Subgen. *Hymenanthes*)常绿杜鹃组(Sect. *Ponticum*)。高山杜鹃品种群的主要亲本有山石南杜鹃花(*R. catawbiense*)、大形杜鹃(*R. maximum*)、高加索杜鹃(*R. caucasicum*)、土耳其杜鹃(*R. ponicum*)、树状杜鹃(*R. arboreum*)、云锦杜鹃(*R. fortunei*)、弯果杜鹃(*R. campylocarpum*)、腺柱杜鹃(*R. griffithianum*)、半团叶杜鹃(*R. griffithianum*)等。这些由常绿杜鹃亚属植物育成的园艺品种,即所谓的高山杜鹃受到了消费者的欢迎。

图 2-8　常见高山杜鹃栽培品种

第二节　杜鹃花的园林应用形式

一、杜鹃花园林应用原则

(一)生态性原则

　　植物造景在提升园林设计效果的基础上,能够优化人们的生活环境,改善生态环境。因此,园林环境建设需要根据生态原则,在不破坏生态环境的基础上进行植物造景,与此同时还应遵循植物造景的科学性。植物造景应当保持造景区域植物的健康生长,采取相应的保护措施,避免其在造景的过程中遭到不必要的损坏,同时注意不能影响和改变植物原本的生活习性,避免对植物的生长造成影响。

　　野生杜鹃花大多生长在高海拔地带,仅有少数种类生长在低山丘陵,生境条件各不相同,受山林环境条件的长期影响,形成了它对光、热、水、土的特殊要求。在进行杜鹃花栽培应用时,首先要满足这些要求,才能达到所需的景观效果。

　　首先,杜鹃花对土壤的要求较高,喜酸性、疏松、肥沃、透水性与蓄水性强的土壤。由于杜鹃花根系发达且为浅根性植物,山林中有大量的枯枝落叶及腐殖质,使土壤呈酸性,因此栽培杜鹃花的土壤以酸性为好。含有丰富的腐殖质、具有团粒结构、疏松肥沃、排水及通风良好的土壤是杜鹃花栽培的必要条件。

其次,对于温度,杜鹃花喜欢温凉而忌酷热。温度的高低与杜鹃花的生长发育有极大的关系,直接影响杜鹃花的花芽形成、分化与花蕾的发育,是控制开花的重要因素之一。杜鹃花的重要生长期为温度适宜的春秋两季,杜鹃生长的最适温度为20～25 ℃,高于30 ℃便会影响生长。目前常用的园艺栽培品种多适宜栽植于林下、林缘等有遮挡的地段,最好与落叶乔木进行配置,以度过夏季的高温时期,同时,在早春、秋冬季又能够给杜鹃以充分的光照。对于冬季温度过低的北方地区则可采用盆栽、盆景的方式进行观赏栽植。

再次,杜鹃花对湿度还有一定的要求,喜欢湿润而忌干燥,空气湿度保持在70％～90％为宜。湿度不足会出现叶色失常、叶片老化脱落的现象。在南方雨水充沛或空气相对湿度较大的高山或沿海地区,杜鹃一般生长良好,如丹东、青岛、烟台等沿海地区,均为盆栽杜鹃盛产地。室内盆栽杜鹃一般要对环境温度进行人工调节,以满足生长要求。

最后,杜鹃花对于光照也有一定要求,虽为半阴性植物,但同时又需要长日照,喜欢散光、弱光。在冬季,杜鹃花喜煦阳,冬季温度较低,长时间的日照能使植株枝干充实,增强御寒力,同时提高土温,防止冻害。在花芽分化期、花蕾形成期及现蕾期,长日照能使花蕾壮大、坚实,使花朵的色泽得以充分形成。在夏季,除一些习性强、适应性强的地栽品种外,杜鹃花忌烈日直晒和夕阳斜照。尤其在开花时期,长时间的阳光直射会灼伤花瓣,影响花容。

（二）景观性原则

以杜鹃花为材料进行植物造景,可创造出优美的植物景观。在造景的过程中,通过与不同的植物搭配、以不同的形式栽植,可达到不同的景观效果。杜鹃具有优美多样的树形、形态多变的花叶、艳丽迷人的花色,部分杜鹃种（品种）还具有芳香。在进行杜鹃花植物造景时,应遵循多样统一、节奏韵律、对比协调、营造意境等美学原则进行景观的营造。

杜鹃花的多样性既体现在树形,亦体现在花、叶。在造景的过程中,可选择不同株型的杜鹃花,如大灌木云锦杜鹃、小灌木映山红、锦绣杜鹃栽培品种,既有树形上的多样,亦有花型、花色上的变化。在进行杜鹃的片植时,以不同花色花型但株型一致的品种进行成片栽植,统一中又具有多样性的变化。

节奏韵律之美可通过植物的选择与配置形式相结合来达到。节奏韵律的营造可通过色彩上的变换、林冠线的高低错落、花色叶色的季相变化来达到。如以映山红对植成列形成统一的序列,但于邻株之间植以不同花色或叶色的植物如鸡爪槭、红叶石楠球,或间隔带植不同花色的锦绣杜鹃栽培品种,均可形成统一之中的节奏与韵律。但是,在植物景观的营造过程中,韵律节奏不能作过多的变化,变化过多反而会产生杂乱感,这将与多样统一原则相悖。

在设计中,对比是突出景观效果的一种常用手法,以小见大,但在对比的同时又要强调协调。差异和变化的配置手法可产生对比的效果,在进行杜鹃花植物的对比配置时,可采用色彩及质感的对比。首先,运用色彩构图中对比色产生的原理,色彩对比强烈时,可创造跳跃、新鲜、醒目的效果,杜鹃花大多花色艳丽,若以香樟、雪松等绿色植物为背景配以色彩艳丽的杜鹃,如开红花的映山红、紫花的马银花、白花的白花杜鹃,便能达到突出显示的目的。另外,马尾松、悬铃木等粗犷的乔木搭配杜鹃花,或以修剪整齐的红叶石楠等绿篱搭配映山红等自然株型的中灌木,更能体现杜鹃花柔美的质感。在运用对比手法的同时还要保持整体景观的协调性,才能达到美的要求。

意境是人在审美过程中通过客体的形象、内涵、神韵等所激发出的情感的联想与共鸣,是"实境"与"虚境"的统一。在植物造景中运用植物的总体布局、空间组合、体形线条、比例、色彩、质感等造型艺术语言,构成特殊的艺术形象,使人们产生联想和回味,并借此领悟其丰富的精神内涵。杜鹃花的意境的营造可与其深厚的文化内涵相结合,如在纪念性园林中,映山红片植营造出神圣庄严感,在庆祝性场所以色彩斑斓的杜鹃花品种作花境设计则可营造出热烈的气氛。

(三)人性化原则

世界园林已由当初的贵族式、私家花园式园林发展至现今的以公共园林为主体的开放性园林。人是当代园林的主要使用主体及服务对象,因此,园林的设计、植物景观的营造均以人们的感受、审美和需求为依托,以人为本的人性化原则已成为景观设计的一大基本原则。在以杜鹃花进行植物造景时,应与其他植物合理配置,充分考虑人们的需求,进行不同植物空间的营造,如开放性空间、私密性空间等。依据一些园林小品如坐凳等的摆放方向,结合阳光的照射方向,进行植物的配置,达到夏天遮阴、冬天有阳光的目的。同时杜鹃花为开花植物,在盛花期观赏价值较高,在配置时可预留一些空地作为游人与花朵合影之用。

二、杜鹃花园林应用形式

(一)盆景

盆景是栽培技术和造型艺术的结晶,也是自然美与艺术美的结合。杜鹃花枝叶细小,萌发力强,花色鲜艳,观赏价值高,便于取材,自古以来就是优良的盆景材料。早在明代李之阳的《大理府志》的物产篇中便记载了杜鹃有47品,并开始了盆景的造型。嘉庆年间,苏灵的《盆玩偶录》中将盆景植物分成四大家七贤十八学士,杜鹃位于十八学士之列。

在丰富的杜鹃花资源中,许多观赏价值较高的杜鹃花能够作为盆景材料(图2-9),如映山红、马银花、马缨杜鹃、大白花杜鹃、粗柄杜鹃(*R. pachypodum*)等树桩可修剪成苍古而自然的树桩盆景。另外溪畔杜鹃(*R. rivulare*)树型苍劲,姿态各异,花繁色艳,非常适宜做桩景盆花。杜鹃盆景的优点是枝短叶密,景观稳定,尤其是夏鹃,叶小油亮,嫁接后集观枝、品叶、赏花为一体,可谓景花合璧,诗画交融。古代杜鹃盆景一般采用野生杜鹃如映山红、马银花、羊踯躅等。近年来,随着各界美学素养的提升和植物栽培技术的进步,杜鹃盆景的栽培技术也日趋成熟,涌现出大量艺术价值极高的盆景佳作。广泛栽培的杜鹃四大园艺品种为毛鹃、东鹃、夏鹃、西鹃,经人工造型后均可培养成盆景佳品,其中以东鹃、夏鹃最适合做盆景,西鹃次之,春鹃多用于园林露地栽培,较少用于盆景。在长江流域,目前制作微型盆景最多的是夏鹃皋月杜鹃系列。

杜鹃盆景有较高的观赏价值,在应用上除了可置于杜鹃盆景专类园、庭院、盆景园用于展览观赏外,还可摆设于各类建筑厅堂,如会场、酒店、商业中心、机场等公共空间的内厅堂以供观赏。但是由于杜鹃盆景养护要求较高,生长过程中需要精心的管理,因此较多的还是用于居室内陈列观赏,多与木质古典家具搭配摆放。由于盆景一般具有较高的艺术价值,因此在摆放时应注意与周围环境相协调,摆放得合适与否会极大地影响其观赏效果。

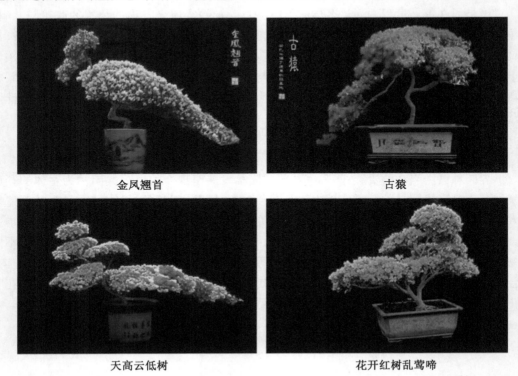

金凤翘首 　　　　　　　　　　　　　　古猿

天高云低树 　　　　　　　　　　　　花开红树乱莺啼

图 2-9　形态优美、造型各异的杜鹃盆景

(图片来源:中国林业网,http://www.forestry.gov.cn/)

　　杜鹃盆景以丹东杜鹃为代表,造型多元化。各类"造型杜鹃"有悬崖式、浮云式、扭杆式、垂吊式、动物式、步步高升式等,形态优美,风格独特,形象逼真,惟妙惟肖,深受消费者的青睐,被国内外众多大型宾馆、酒店、公园、植物园、园林单位所广泛使用,成为很受欢迎的杜鹃花盆景。

(二)盆栽

　　一般来说,种植在盆中未经过艺术加工的花草树木不属于盆景,只能称为盆栽,即盆花。据文献记载,杜鹃花的盆花应用可追溯至明代,在文震亨的《长物志》卷二花木篇中介绍至杜鹃时记载:"花极烂漫,性喜阴畏热,宜置树下阴处。花时,移置几案间。"另有日本《光崖老人诗》,诗中曾提到盆栽踯躅于窗前观赏:"一盆踯躅绽熏风,移置幽窗寂寞中。奇术不须殷七七,杜鹃啼血染新红。"可见当时已有将杜鹃花盆栽以供观赏的做法。在应用上,盆花是杜鹃花重要的应用形式,杜鹃盆栽既可用于室内装饰,亦可用于室外绿化观赏。

1. 室内盆栽

　　杜鹃花用于室内布置,不仅可以美化环境,还可以净化室内空气。当然,室内需要具备通风、透光、敞亮但阳光不直射的陈列环境。杜鹃盆花可于各类型建筑的室内空间,如会场、宾馆、酒店、车站、影剧院、体育馆、博物馆、医院、疗养院、商场等人们广泛接触的公共场所,另外还较多地应用于居室布置。公共空间的室内布置,一般要依摆放的位置挑选适当的杜鹃。若是于公共厅堂的显要位置,应主要以大型的盆栽毛鹃为主,还可搭配其他时令花卉进行布置。置于转角或楼梯口等位置则可选大小适宜的常绿杜鹃盆栽,孤置一盆或以对置的形式摆放。若进行一些台面、桌面、案几、台阶及其周边环境的美化布置,则可选择花期较长的比利时杜鹃(R. hybrida)。品种的选择可依开花的颜色与周围环境相协调,亦可与其他更小型的盆栽搭配组合,增添情趣。

杜鹃花枝密花繁,色彩艳丽,体态优美多姿,四季常绿,一直是广大百姓家庭盆栽的首选植物花卉,也是近年来年宵花卉的宠儿,于节庆时期摆一盆热烈开放的杜鹃花,可为家庭增添几分喜气。杜鹃花于居室观赏,一般置于家庭的客厅、书房、卧室、阳台等,大型的可在墙角、沙发旁放置,中小型的则置于茶几、案桌、花架、博古架、窗框等上面,多以自然式布置。

2. 室外盆栽

杜鹃花室外盆栽广泛应用于屋顶、庭院、建筑周边、花坛花境及园林绿地中。置于屋顶及庭院(图 2-10)一般与其他植物盆栽一起组合观赏,如五针松、海桐盆花等。杜鹃盆栽于建筑周边观赏一般可将较大型者以对植形式置于建筑入口,可依据建筑尺度及风格进行盆栽杜鹃的选择,既可选择形态自然的野生杜鹃,也可摆放花球式的杜鹃品种。如南京玄武湖盆景园门前对置两株映山红盆栽,以优美的树形将盆景园

图 2-10　杜鹃室外盆栽(一)

入口衬托得更加唯美古典。此外还可将杜鹃盆花置于建筑前庭、建筑拐角或列植于建筑外墙(图 2-11)。于前庭可为建筑增添生气,于建筑拐角或外墙则可弱化生硬的建筑棱角,让环境更加协调。

图 2-11　杜鹃室外盆栽(二)

以杜鹃花盆栽营造花坛花境植物景观,一般挑选花大艳丽者与当季时花进行搭配。盆栽类型可大可小,大者以数盆散置于花境中央或作为花境背景,小者一般用比利时杜鹃,其生长整齐,花期相对集中,色彩鲜艳,可大量使用以成气势,广泛应用于盛花花坛、模纹花

坛、浮雕花坛等各式花坛中,制造各种形式的平面、斜面、立体花坛,花色可单一,亦可多色配合应用(图 2-12)。

图 2-12　杜鹃盆栽用于花坛、花境

在园林绿地中,杜鹃盆栽可置于广场、道路两侧、水边、疏林草地,与园林建筑及标牌、小品相搭配(图 2-13)。规则式大广场内可用较大型盆花进行对置或阵列式摆放,在自然式小广场中则可两三盆有大有小随意搭配。此外还可在公园入口或道路两侧摆放,可依环境作规则或自然式布置,规则式可营造热烈的迎宾气氛,自然式则可营造悠然自得的环境。

图 2-13　杜鹃盆栽用于园林绿地

开阔疏林草地内置两三盆花开正艳的红杜鹃,有万绿丛中一抹红的景观效果。若要营造更加热烈的气氛,则可选择花色不一的品种进行搭配,如映山红的热烈与满山红的淡雅可形成鲜明的对比。园林绿地中的许多园林构筑物如景墙、指示牌、路灯等,可用杜鹃盆花搭配成景,依构筑物大小进行盆花体量的选择。

(三)园林露地栽植

杜鹃花丰富的花色、花型及较高的观赏价值使其广泛应用于各类园林绿地中。其常用种类有锦绣杜鹃、映山红、云锦杜鹃、马银花、猴头杜鹃、江西杜鹃、安徽杜鹃、满山红、刺毛杜鹃、兴安杜鹃、黄山杜鹃等。公园、广场、道路、居住区、庭院等绿地中随处可见杜鹃花的应用。与国外相比,我国仍处于野生杜鹃多、栽培杜鹃少的现状,众多品种资源没能在城市园林绿化中推广,只有少量种类在我国南方园林中应用。

根据不同种类杜鹃花的形态及所在绿地的性质,杜鹃花在园林绿地中的栽植形式丰富多变,有孤植、对植、散点种植、丛植、群植、片植及带状种植,通常栽培在开阔草坪、林下、林缘、湖畔、坡地、墙角、建筑物或景石旁。大部分生境为有植物或建筑遮蔽的半阴地段。

1. 孤植

孤植是单株种植的形式。孤植树在西欧、北美的园林中比较常见。杜鹃属植物灌木种类多,但乔木种类也不少,花多而鲜艳,如映山红、短脉杜鹃(*R. brevinerve*)、四川杜鹃、喇叭杜鹃、光枝杜鹃(*R. haoful*)、云锦杜鹃、马缨杜鹃、美容杜鹃(*R. calophytum*)、圆叶杜鹃(*R. williamsianum*)等,有的体形高大,枝干挺拔,花多,叶亮,冠形浓密或造型独特,有的体形秀美,花色鲜艳,均可孤植于空旷的平地、山坡、草坪、庭院等,将能充分体现其巍峨、挺拔的树形美。花开时节,满树的杜鹃花为园林中增添一道美丽的风景线(图2-14)。

图2-14　杜鹃孤植

2. 对植、散点种植

将数量大致相等的园林植物在构图轴线两侧栽植,使其互相呼应的种植形式,称为对植,在园林构图中作为配景,起陪衬和烘托主景的作用。枝繁叶茂、蓬径开张的大型杜鹃花灌木,可培育成圆球、半球、扁圆等形状,单个或数个一组地对植在建筑物入口、园路交叉口道路两边,十分引人注目。或将未经修剪、开花鲜艳的杜鹃花灌木散点种植于开阔草坪、坡地上起到点缀植物景观的效果(图2-15)。

图 2-15　散点种植

3. 丛植

丛植是指一株以上至十余株的植物,组合成一个整体结构。杜鹃花品种繁多,花色株型极为丰富,采用丛植方式点缀于公园、庭院、人行道或建筑物周围(图2-16),无不显示出万紫千红的氛围。

图 2-16　杜鹃花丛植

这类适宜丛植的野生种类有:百合杜鹃(*R. liliiflorum*),花洁白;耳叶杜鹃(*R. auriculatum*),花白色芳香;云锦杜鹃,花大、白色。杜鹃花丛植既可用同种杜鹃花,也可以多种乔灌木杜鹃混合栽种,形成一个杜鹃花组群,既可以是立面有高低错落、平面有深度层次的组群,也可以是主干细长、分枝稀少的杜鹃数株丛植,结合园林修枝,形成规则或不规则的杜鹃花丛。杜鹃花丛可散点种植于草坪、山坡等自然生境中,也可布置于自然曲线形道路的转折点,使人产生步移景换的感觉;可点缀于小型院落及铺装场地(包括小园路、台阶等)之中,也可布置于开阔的草坪周围,以松、柏、槭树等为背景或上木,作为林缘、树丛、树群与草坪之间的联系和过渡。大面积造景则应以灌木杜鹃片植为主,配以色块组合,以多取胜,突出杜鹃造景主体。

4. 群植

群植一般以树群的形式种植,数量上多于丛植,有些杜鹃花适宜群植。如三花杜鹃(*R. triflorum*)、朱砂杜鹃和亮鳞杜鹃(*R. heliolepis*)以及它们同一亚组的杜鹃,属于苗条的株型,枝细叶小,成群种植才能展现其丰富的花叶之美。如从堇蓝色至丁香紫搭配紫红色、粉红色配玫瑰色、乳白色配淡黄色等,均为美丽的色彩组合。矮生的高山杜鹃,如单花杜鹃、髯花杜鹃(*R. anthopogon*)和弯柱杜鹃(*R. campylogynum*)等,野生状态时便是群植生长,若加以引种应用,也应以群植方式栽植方能展现景观效果。许多枝叶较小的杜鹃品种群植效果较好。

5. 带状种植

杜鹃花在园林绿化中也常以带状形式种植(图2-17),大多作为绿篱,采用灌木状杜鹃花密集栽植成一行或多行、直线或曲线的种植方式。一般布置在行人道路的两边、墙根、花坛、草坪的边缘。杜鹃花四季常绿,逢时开花,有流畅的线形和色彩之美。园艺品种中的毛鹃、东鹃、夏鹃适合种植在道路两旁。东鹃、夏鹃可组成低矮的花篱;毛鹃粗大,可修成1～2 m高的花篱;常绿型灌木杜鹃可组成树墙和花屏。组成墙、篱时常用一种杜鹃花,看上去整齐划一。在居住小区和广场中,用杜鹃花组成连续的模纹图案或色带、色块,对称或不对称,规整或自然,具有独特的观赏效果。

图 2-17 杜鹃花带状种植

6. 片植

将灌木形杜鹃花进行片植时,一般以不同花色的品种进行片植(图2-18),表现百花争艳的繁茂景象,在立面上要搭配得高低错落有致,在平面上要有一定的层次,花期、花色要合理搭配才好看。还可利用松、柏、槭、栎等乔木做背景,如按照种植云锦杜鹃、猴头杜鹃、毛鹃、东鹃、夏鹃依次搭配的话,就能展现出杜鹃花形体厚实、层次丰富的一面,花能从每年的4月盛开到6月份。以同种或同花色杜鹃花片植也能呈现出整齐统一的花海效果。

图 2-18　杜鹃花片植

7. 地被

不少杜鹃花株型较为矮小，如东鹃，可作地被植物应用，开花时还是观花地被植物。可作地被植物的野生杜鹃花大多生长于我国云南、四川、西藏一带，如云南的弯柱杜鹃变种、紫背杜鹃（*R. forrestii*）、矮生杜鹃（*R. proteoides*）、平卧怒江杜鹃（*R. Saluenense* var. *prostraturm*）、平卧杜鹃（*R. pronum*）、茎根杜鹃（*R. brachyanthum*）等。既可作地被植物也可用于边缘装饰的矮小杜鹃有密枝杜鹃、矮生疏叶杜鹃（矮小杜鹃）（*R. pumilum*）、闪光杜鹃（瘤枝杜鹃）（*R. asperulum*）、假单花杜鹃（*R. pemakoense*）、单花杜鹃等。这些杜鹃花虽然较为矮小，但大多具有美丽的花朵（图 2-19），且与现今园林绿地中所见杜鹃花大有不同，若能经引种驯化，可为地被植物景观增色不少。

图 2-19　平卧怒江杜鹃 *R. saluenense var. Prostratum*
（照片来源于 https://mp.weixin.qq.com/s/_poVB_ALIkP2yYpnZufOHw）

现在园林绿地中作地被植物应用的杜鹃花大多为栽培品种，花型及株型较为单一。上述适合作地被的野生杜鹃不仅在株型上比较合适，同时在花型及花色上也具有观赏性，并且在植物群落配置上更具多样性。

8. 绿篱

将灌木状杜鹃花密集栽植成一行或多行、直线或曲线的配置形式，可在园林绿地中作绿篱应用。广泛栽培的杜鹃品种如东鹃、夏鹃、毛鹃均能作为绿篱。东鹃和夏鹃植株较为矮小,但枝叶繁茂、耐修剪,可组成低矮的花篱;毛鹃生长迅速、适应性强,可修剪成1～3 m的花篱。进行杜鹃花篱造景,既可选用同一种的同一花色,取得整齐统一的效果,也可用相似种的不同花色品种搭配种植,以形成色彩斑斓的效果。杜鹃花篱广泛应用于各类园林绿地中,可用于城市道路绿化中,与红花檵木、红叶石楠等整形灌木搭配应用,形成色彩变化;还可用于广场、公园、居住区绿地中的模纹花坛,以杜鹃花组成连续的横纹图案或色带、色块,与其他观叶、观花植物搭配种植,均有良好效果。常绿耐修剪的灌木型杜鹃还可配置成较高的树墙,这类绿篱一般以同一种杜鹃进行配置,以取得整齐统一的效果,较高的树墙绿篱一般可置于建筑外围、墙角或作遮挡用。

适合作绿篱的杜鹃原生种有杯萼杜鹃(*R. pocophorum*)、三花杜鹃(*R. triflorum*)、黄花杜鹃(*R. lutescens*)、茶花叶杜鹃(*R. proteoides*)、亮鳞杜鹃(*R. heliolepis*)、红棕杜鹃(*R. rubiginosum*)、腋花杜鹃(*R. racemosum*)、柔毛杜鹃(*R. pubescens*)、碎米花(*R. spiciferum*)等。

9. 组成花球、花丛、花山与花海

枝繁叶茂、蓬径开张且耐修剪的杜鹃花灌木可将其培育成球形,花球可单一对植于建筑路口或园路交叉处,亦可成排对植于道路两侧,或与其他灌木球如大叶黄杨、红花檵木、海桐球等相间配置,用于道路绿化,高低错落或连绵起伏,形成节奏韵律感,增加景观效果。开花时,一个个花球各呈异彩,体现人工修饰的美。杜鹃花球可三五成群地散点种植,点缀草坪或林缘,还可将单一或几种杜鹃花球种类大面积配植,形成气势,营造较强的景观效果。将杜鹃花丛植、片植、群植可形成不同效果的花丛、花山、花海(图2-20),营造出自然的花境景观,广泛应用于各类绿地中。

图 2-20　花镜景观(左:2019年日照杜鹃花节;右:2021年常州杜鹃花节)

10. 杜鹃花与其他园林要素的配置

(1) 杜鹃花与山石的配置

杜鹃花还可与山石搭配成景,一般用鳞类高山杜鹃亚组中的杜鹃,其植株矮小、枝条生长紧凑,可用来点缀岩石园。一般选择株型较为自然的杜鹃品种与山石相组合(图2-21),植株高度0.2～1.5 m为宜。适宜点缀山石的杜鹃有昭通杜鹃(*R. tsaii*)、光亮杜鹃(*R. intricatum*)、密枝杜鹃、苍白杜鹃(*R. tubiforme*)、矮生疏叶杜鹃(矮小杜鹃)、迎红杜鹃、平卧杜鹃、腋花杜鹃、怒江杜鹃(*R. saluenense*)、杯萼杜鹃、圆叶杜鹃、雅库杜鹃等。除了露地栽植的杜鹃花可与山石搭配外,造型独特的杜鹃盆景和盆栽也是山石的上佳点缀。杜鹃、山石组合既可单株搭配,亦可三至五株散点种植,一般花色应与石色相协调,可置于庭院、开阔草坪,也可置于河湖岸边,相映成趣。

图 2-21　杜鹃与置石搭配

图 2-22　杜鹃与水体搭配

（2）杜鹃花与水体的配置

水体是园林四大基本要素之一,杜鹃花秀美的株型可与其形成自然的景观效果。可选择单株或数株点缀于水边(图 2-22),或以带状、片植的形式形成一定景观序列。孤植或散点可选用映山红、满山红等株型自然的品种,营造自然柔和的气氛。片植和带状种植则可选用花大叶大的栽培品种,形成花开热烈的气势。但考虑到杜鹃花对生长环境的要求,在配置的同时还应考虑其生态习性。

若为带状水体,可将杜鹃花带状种植,并与水体方向形成平行相对的格局,营造自然的节奏与韵律。若为开阔的聚水,则可在水岸片植或孤植或散点种植一些株型自然的杜鹃花品种,相映成趣。若为规则式人工水体,则可将杜鹃花种植于池内作地被,与其他地被植物组成色块或模纹花坛,营造热烈的景观氛围。

（3）杜鹃花与建筑的配置

植物与建筑的搭配在园林中极为常见,二者相辅相成,互为屏障,互为陪衬,联系紧密。杜鹃花可对植于建筑入口,起到突出作用,或带植于建筑外墙、墙角,起到弱化协调作用(图 2-23),同时盆栽杜鹃还可用于室内建筑装饰。

株型优美的杜鹃花与古典木结构建筑搭配可营造古典气质,与白墙灰瓦的徽派特色建筑搭配则可在景观色彩上产生强烈的对比,更具景观效果。现代新古典建筑则可与各类杜鹃花相互搭配,融为一体。

三、南京市杜鹃花的应用状况

南京市城市干道绿地中均有杜鹃的应用,所用杜鹃主要为锦绣杜鹃,以紫色为主,仅极少数为粉色、白色或混色品种,另有极少数夏

图 2-23　杜鹃与建筑搭配

鹃和西洋杜鹃的应用。杜鹃在道路绿地中主要作为绿篱或地被植物使用,广泛应用于建筑道路绿地、街头绿地、交通岛及分车绿带中,并与其他地被、小乔木及行道树搭配种植,主要配置方式为带状种植及片植,极少数为散点种植,另有种植于造型观赏花池内,以作花境景观(图 2-24)。但是在所应用栽培的杜鹃中也有一部分由于生境郁闭度过高或过低,生长状况较差,从而影响了绿化的整体效果。道路绿地中杜鹃植物群落如图 2-25、表 2-1 所示。

图 2-24　南京道路绿地中杜鹃花的应用

龙蟠中路　　　　　　　　　　　　　　太平北路

中山路

图 2-25　南京道路绿地中杜鹃植物群落

表 2-1　南京道路绿地中景观效果较佳的杜鹃植物群落

城市干道	常用配置群落
龙蟠中路	榉树＋香樟＋桂花＋女贞＋红叶李－山茶＋洒金桃叶珊瑚＋红花檵木＋木槿－杜鹃
北京东路	银杏＋桂花＋紫叶李－红花檵木＋洒金珊瑚＋八角金盘＋金边黄杨＋杜鹃－萱草－黑麦草
珠江路	悬铃木＋金森女贞＋海桐＋红花檵木＋瓜子黄杨＋杜鹃
中山路	桂花＋日本晚樱＋鸡爪槭＋洒金珊瑚＋红叶石楠＋红花檵木＋杜鹃＋麦冬
太平北路	悬铃木＋桂花＋刺槐＋珊瑚树＋洒金桃叶珊瑚＋海桐＋小叶黄杨＋红花檵木＋小叶女贞＋杜鹃＋沿阶草
御道街	女贞＋红枫＋红叶李＋紫薇＋孝顺竹＋珊瑚树－洒金桃叶珊瑚＋海桐＋红花檵木＋杜鹃－麦冬
建邺路	广玉兰＋香樟＋桂花＋紫薇－八角金盘＋洒金桃叶珊瑚＋海桐＋红花檵木＋小叶黄杨＋金叶女贞＋杜鹃－六月雪＋沿阶草
梦都大街	桂花＋红叶李－红叶石楠＋云南黄馨＋红花檵木＋小叶女贞＋小叶黄杨＋杜鹃－吉祥草
奥体大街	银杏＋紫荆－洒金桃叶珊瑚＋海桐＋八角金盘＋金边黄杨＋红花檵木＋杜鹃－阔叶麦冬
乐山路	广玉兰＋国槐＋椤木石楠＋垂丝海棠＋紫藤－洒金桃叶珊瑚＋大叶黄杨＋杜鹃

　　公园绿地中杜鹃花通常栽培在开阔草坪、林下、路缘、种植池内、湖畔、缓坡、陡坡、墙角、建筑物或景石旁,或盆栽种植(图 2-26),大部分生境为林下或有物或建筑遮蔽的半阴地段,也有一部分种植于开阔草坪上同时搭配其他乔灌木用以遮挡阳光。杜鹃还常种植于湖畔,与水生植物搭配成湖畔景观。杜鹃整体生长状况较好,但也有部分开花数量较少,景观效果较差。一般地处过于郁闭或过于开阔空间的杜鹃生长状况较差,成景效果也不好。生境差异对杜鹃花类植物的开花时间有一定的影响,处于荫蔽地段的杜鹃花开花比向阳地段的稍晚。

图 2-26　南京公园绿地中杜鹃花栽植生境

  杜鹃花的配置形式多样,包括散点种植(包括孤植)、丛植、成片种植、带状种植及室内外盆景、盆栽观赏应用(图 2-27)。其中应用最多的为带状种植及散点种植,其次是片植和丛植,搭配建筑物的造景,盆栽观赏杜鹃也应用较多,盆景园内也不乏盆景杜鹃的观赏。杜鹃造景的整体成景效果较好,但也有部分植物群落由于杜鹃的生长状况较差,未能达到枝繁叶茂的效果,开花数量较少,使得整体景观失色不少。另外杜鹃生长状况良好,但是种植形式及数量未能与周围植物景观良好搭配,亦会影响整体观赏效果。

散点   丛植

带状   片植

室内盆栽   室外盆栽

图 2-27 南京公园绿地中杜鹃花栽植形式

南京市公园绿地中以玄武湖公园对杜鹃花的应用最为全面,涵盖了最多的栽植生境、种类及形式。玄武湖公园绿地类型丰富,有山有水,地形略有起伏,生境多样,给杜鹃花的造景提供了有利的条件,既能显示出成片栽植的气势,亦有孤植杜鹃的个体美。另外清凉山公园内杜鹃花应用也较为频繁,且杜鹃成景效果较佳。

第三节　杜鹃花专类园

植物专类园是指根据地域特点,专门收集同一个"种"内的不同品种或同一个"属"内的若干种和品种的著名树木或花卉,运用园林配置艺术,按照科学性、生态性和艺术性相结合的原则构成的观赏游览、科学普及和科学研究场所。我国目前的杜鹃花专类园都是以"园中之园"的形式存在,通常以植物园的专类植物收集区、园的形式出现,如贵州百里杜鹃园、苏州拙政园内的杜鹃园,另外还有以杜鹃谷、杜鹃山的形式出现。

一、专类园的营建原则

1. 科学定位原则

首先要确定杜鹃专类园的性质。杜鹃专类园既可设计成独立的杜鹃园,也可于植物园中作园中园的设计;杜鹃园的性质有专门为杜鹃研究而设的或纯粹为杜鹃花观赏或集两者于一体的营造;在景观布局上,既可作纯杜鹃配置景观,也可以杜鹃为主,同时与其他观赏植物进行搭配造景。在进行性质定位时,建议以科研、科普结合观赏,因为人们最常见到的园林绿地中,杜鹃花品种应用单一,人们对杜鹃花的认识不广,了解不深。研究结合观赏应用既可进行新品种的培育,也可举办杜鹃花展或生态旅游的观赏应用,让专类园取得事实上的经济效益,推进杜鹃花的研究及开发利用。

2. 生态性原则

不论是哪一种营建模式,首先要遵循生态性原则,适地适树。杜鹃选种、配置时要充分考虑不同种(品种)杜鹃对温度、光照、水分等的需求,保证杜鹃花能健康生长,在进行营建地的选择时应对当地环境多加考量。一般杜鹃园应置于野生杜鹃资源本身较为丰富的地区,有利于杜鹃花资源的引种驯化及育种工作的进行。多数杜鹃专类园位于远离城市的自然环境中,具有一定的海拔,可适宜一些高山杜鹃的生长。

3. 文化性原则

展现文化内涵,营造优美意境,也应该作为营建的一大原则。杜鹃花专类园不仅是一种景观应用形式,也是一种艺术表现形式,因此在充分展现杜鹃个体或群体姿态美的同时,更要融入源远流长的杜鹃花文化,在赏花的同时,加深人们对杜鹃花文化内涵的了解。杜鹃花具有悠久的栽培历史,也流传着许多美丽动人的历史传说和诗词歌赋,这就要求我们在杜鹃花植物景观营造的过程中,将杜鹃花的文化内涵与杜鹃花的配置应用巧妙结合,为整个园林平添几分艺术氛围和浪漫气息。

4. 人性化原则

进行杜鹃花植物景观营造的同时,还应为游人营造全方位的观赏空间,或群观,或孤赏,同时配备必要的游憩服务设施,还可增设一些游玩设备,如秋千、花凳等。

5. 多样化原则

杜鹃专类园虽然是以杜鹃花植物景观为主,但为突出植物景观,可适当配置园林建筑、山石、小品和雕塑等园林要素,不仅可以突出主体,还可丰富景观要素,加强景观效果。

二、杜鹃专类园内植物的配置

1. 花期的合理配植

杜鹃花种类繁多,整体花期长。因此在进行杜鹃花配植时,应首先明确杜鹃花花期,并进行合理搭配。杜鹃花花期集中在 4～5 月,在配植时将花期相近的杜鹃花品种安排在同一区域,这样可使游人在开花的季节内总能看到大片盛开的杜鹃,迟开或早开的杜鹃花分别集中在一起,将杜鹃花可观赏的时间拉长,尽量让不同时期来观赏的游人都有花可赏。

2. 花色的合理组合

在引种之前,弄清当地可栽种的杜鹃花花期及花色。在色彩搭配上,主要有同色系配色法、近似色配色法、对比色配色法及三等距配色法等。同色系配色,可利用同一色系、颜色浓淡不一的杜鹃品种进行搭配,让人感到和谐、平静、安适。杜鹃花大多为红色系,可将浓淡有别、花期相近的种类种植在一起。红、紫红、橙红、粉红等色虽然颜色有差别,但都以红色为基调,聚在一起仍具有协调感,属于近似色配色,容易调和,在情感上能引起轻度兴奋,装饰性较强。同一亲本及其育出的后代,色系相近,也可组群配置,如云南产的朱红大杜鹃(R. griersonianum)和它的杂种后代'五月天''白日梦''火枪兵''他来好'等,许多品种种植在一起,有协调感,效果引人入胜。

还可利用对比色,如红配绿、黄配蓝等,在大草坪中种植红花杜鹃,对比强烈,景观效果较佳。杜鹃花还有许多白色品种,白色对其他色调有冲淡的作用,大面积的白色会略显单调,因此,可用白色杜鹃花来隔离不同色系的品种,效果较佳。颜色强度的变化相差越大,对比的效果也越强烈。如在大面积的深色杜鹃中栽植少数浅色杜鹃,或大面积浅色杜鹃中栽植少数深色杜鹃,在效果上便用多数杜鹃衬托了少数杜鹃。

黄色杜鹃花往往是园中最亮最精彩的部分,如羊踯躅及系列园艺栽培品种、弯果杜鹃。黄色系有长药杜鹃(R. dalhousieae)、乳黄杜鹃(R. lacteum)、黄杯杜鹃(R. wardii)、黄花杜鹃(R. lutescens)、黄钟杜鹃(R. lanatum)、银灰杜鹃(R. sidereum)、宏钟杜鹃(R. wightii)、羊踯躅等。可根据各地的生态环境选择适宜的杜鹃种类。

3. 其他园林植物的选择与配置

将不同品种的杜鹃花进行搭配造景,乔木型杜鹃及灌木型杜鹃搭配可营造出杜鹃花林的景观,不同花色的灌木型杜鹃则可营造出壮观的花海。但是由于杜鹃花花期大多集中于4～5 月,考虑到季相变化时的景观效果,在杜鹃园景观布局时应搭配杜鹃花与其他植物的景观,如杭州植物园内的槭树杜鹃园。在与其他园林植物配置时,应尽量做到四时有景可观,有花可赏。因此在植物的选择时应有不同花期的观花植物及色叶植物,常绿与落叶相搭配,要求搭配植物的花、叶、果、枝能够补充、丰富和提升杜鹃花的景观效果。通过对南京市园林绿地中杜鹃花植物景观的调查与分析,发现适合与杜鹃花搭配造景并能形成较佳园林景观的植物如下:

(1)与乔木的配植。高大的乔木树种一方面可以作为杜鹃花的遮阴材料,另一方面也可拔高天际线,丰富杜鹃花的景观结构层次。通常园林中能与杜鹃花搭配的常见常绿乔木有马尾松、广玉兰、香樟、桂花、珊瑚树、国槐、椤木石楠等,落叶乔木有银杏、无患子、合欢、垂丝海棠、樱花、紫薇、鸡爪槭、紫叶李等。

（2）与灌木的配植。杜鹃花可与其他观叶、赏花、观果灌木配置,组成花境景观。常配植的常绿灌木有山茶、八角金盘、大叶黄杨、火棘、紫叶小檗、红叶石楠、南天竹等,常配植的落叶灌木包括贴梗海棠、棣棠、木槿、红花檵木、木绣球、八仙花、金丝桃、迎春、栀子等。一般以常绿观叶植物为背景、观花植物为主体,注意花期的搭配,尽量做到四时有景。

（3）与地被植物的配植。杜鹃园内的地被植物既可用常绿的观叶地被如麦冬、沿阶草,也可用时令的观花植物如红花酢浆草、紫花地丁、地被菊、萱草、郁金香、二月兰等。

三、国内杜鹃专类园的介绍

1. 华西亚高山植物园龙池杜鹃园

华西亚高山植物园龙池杜鹃园位于四川都江堰市西北 30 km,海拔 1 700～1 800 m,东经 103°37′,北纬 31°00′,处于四川盆地向青藏高原过渡区的“华西雨屏带”范围内。基地内年均温 10.2 ℃,年平均相对湿度 87%,年降雨量达 1 600 mm,极端最高温仅为 25 ℃,为杜鹃花生长极为理想的环境。华西亚高山植物园龙池杜鹃园背靠现代杜鹃花分布与进化中心——东喜马拉雅和横断山区,具有引种栽培杜鹃花得天独厚、难以替代的地理优势。从建园伊始,华西亚高山植物园就十分重视对野生杜鹃花的搜集与迁地保护研究工作。历经15 年,足迹遍及四川、云南、西藏、贵州、湖南、重庆、广西等地,特别是在东喜马拉雅和横断山区。野外工作人员经过艰苦的工作,到目前为止,已搜集、保存有野生杜鹃花 300 余种,20万余株,其中常绿杜鹃亚属（Subgen. *Hymenanthes*）177 种,杜鹃亚属（Subgen. *Rhododendron*）108 种,映山红亚属（Subgen. *Tsutsusi*）7 种,马银花亚属（Subgen. *Azaleastrum*）5 种,糙叶杜鹃亚属（Subgen. *Pseudorhodorastrum*）6 种,毛枝杜鹃亚属（Subgen. *Pseudazalea*）4种,羊踯躅亚属（Subgen. *Pentanthera*）1 种,为保护杜鹃花这一宝贵的野生花卉资源作出了贡献。该植物园引种栽培的杜鹃花,多为“高山杜鹃”,即原产于海拔 2 000～4 000 m,罕为世人所见的常绿有鳞或常绿无鳞杜鹃。华西亚高山植物园主要进行杜鹃花的收集和保护,同时也兼顾亚高山地区珍稀濒危植物的保护,可以称得上是国家级杜鹃花资源保存中心。有杜鹃核心景观区、杜鹃回归引种区等。

华西亚高山植物园兼具科研、保育、科普、开发和旅游功能,自 2001 年春季起,每年与龙池森林公园管理局联合举办的“中国龙池杜鹃节”成为当地旅游的一张名牌。园内有源自我国云南、贵州、四川、西藏亚高山及高山地区的常绿无鳞类和常绿有鳞类杜鹃,花色有白色、淡红、粉红、深红、蓝紫、深紫等,花期从 3 月上旬一直持续到 6 月下旬。

2. 无锡锡惠公园杜鹃园——中国杜鹃园

中国杜鹃园位于无锡市西的锡惠公园内,背枕惠山,东望锡山,北邻映山湖,是一座以观赏杜鹃花为主的山麓园林,该园 1979 年开始规划设计,1981 年 9 月建成开放,全园占地超过 2 hm²。1983 年定名为杜鹃园,2007 年被中国花卉协会命名为中国杜鹃园。该园的规划设计,在继承我国造园艺术优秀传统和弘扬江南地方特色上作了积极努力,造园艺术独特卓著,1984 年杜鹃园曾获国家城乡建设部优秀设计一等奖,1985 年获国家优秀设计奖,并获国家科技进步三等奖。

杜鹃园造园艺术上体现简朴自然的风格,充分利用原有地形地貌及植被,以杜鹃饰山,以建筑和山涧映带景物,园内种植映山红、毛鹃及高山杜鹃等杜鹃数万种,系目前国内杜鹃花栽培品种最多的一个专类花园。园内有黄石突兀、曲折深邃的沁芳涧,有清澈可鉴、睡莲浮水的鉴塘,有潜于一角终年不枯的醉春泉,有盘桓而行的踯躅长廊,还有供赏花观景的云锦堂、绣霞轩、照影槛、枕流亭、山花烂漫亭等清雅的风景建筑。园虽建于现代,却深得古园神韵。

杜鹃园内遍植杜鹃,数量有上万株。园内品种以盆栽观赏为主,达 300 余个。每当盛开时节,便构成了一幅"千丛相向背,万朵互低昂;照灼连朱槛,玲珑映粉墙"的绚丽多姿的画面。整个花园既有山野情趣,又有庭院小景,林木葱郁,清丽幽静。池边的海棠,涧旁的萝蔓,绿林中的红枫,花窗前的紫竹,都布置得体,景色美不胜收。

3. 庐山植物园杜鹃园

江西庐山植物园位于庐山鄱口山谷中,1934 年由中国科学家胡先骕、秦仁昌、陈封怀三位教授创建,是著名的亚高山植物园。其气候属于亚热带东部湿润性季风山地气候。土壤为山地黄棕壤,呈弱酸性,pH 为 5.0～6.5。这种环境一般符合杜鹃花生长的要求,为引种成功创造了条件。当时庐山植物园就引进了黄山杜鹃等多个种类,如今杜鹃花种(品种)已超过 300 个,是国内引种栽培杜鹃花最多的植物园之一。

杜鹃花研究是庐山植物园在中科院植物园系统中的学科定位和传统优势。为了进一步做强做大杜鹃花这一特色学科,近年来该园先后与英国苏格兰国家托管保护组织(The National Trust for Scotland)、比利时农业与渔业研究所(Instituut voor Land-bouw-en Vis-serijonderzoek,Ministry of Flanders,ILVO)建立了项目合作关系,先后多批次聘请国外杜鹃花专家来华参与项目研发,派出多名技术人员赴国外交流学习,进一步巩固了该园杜鹃花研究的优势地位,扩大了国际影响力。

现在庐山植物园的杜鹃园内有国际杜鹃园、杜鹃谷、杜鹃分类区,各园首尾相连。杜鹃花不仅品种多,而且花期长,每年 3 月份便有杜鹃花开放,各种杜鹃花次第开放,5 月前后为极盛期,至 7 月底才缓缓结束花期。每年来庐山植物园观赏杜鹃花的游客达数万人,赏杜鹃花已成为庐山的一大旅游亮点。

4. 杭州植物园槭树杜鹃园

杭州植物园槭树杜鹃园最早建成于 1958 年,后于 1992 年和 2012 年进行扩建和提升改造。2012 年的提升设计项目是由北京林业大学林学院王向荣、林菁教授设计,该设计获得"2014 年度国际类英国国家景观奖"。槭树杜鹃园现占地面积 24 hm^2,是以种植槭树和杜鹃花为主,以"春观杜鹃花、秋赏槭红叶"为主题,集"江南自然山水和风景园林"于一体的植物专类园,有槭树科植物 20 多个种、杜鹃花 200 多个种(品种),分为观赏区、精品区、品种区、自育杂交区。

槭树杜鹃园上层有栲树、青冈栎、樟树等高大乔木,中层有三角枫、秀丽槭、五角枫、鸡爪槭等槭树,下层有毛白杜鹃、锦绣杜鹃、映山红等各色各型的杜鹃花。空间构图上高低错落、富于变化,色彩搭配上或红绿相间,或红白相映,符合各物种的生态特性,是极为成功的植物配置范例。开花时节姹紫嫣红,风景如画;在无花无色叶时,叶另有一番葱郁、深幽、恬静的情趣。园中既有真山真水,又不乏亭台楼阁,更有古树名木;徜徉在泉、涧、溪、瀑旁,既可领略"小桥流水"的诗意,也可体会"一路山花不负侬,清溪倒照映山红"的意境;在色碧如玉的泉水中更有"鱼乐人亦乐,泉清心共清"的乐趣。

槭树杜鹃园所在地"玉泉"是"西湖十八景"之一,极富历史和文化底蕴。不仅是观花、赏鱼、品茗的理想场所,更是珍稀植物和金鱼的发源地。每年不定期举行各种植物、花卉、盆景和鱼类展览,是传播植物、鱼类、名胜文化的长廊。玉泉景点主要以地栽和盆景形式展示珍稀和精品杜鹃,注重杜鹃与建筑、水体、景石的搭配;姿态优美的根雕、别致的几架本身也成为园景的一部分。200多盆映山红根桩、浙派杜鹃盆景、日本皋月杜鹃盆景为玉泉景点增添了一道亮丽的风景。

5. 昆明植物园羽西杜鹃园

昆明植物园是中国科学院昆明植物研究所的重要组成部分,羽西杜鹃园是昆明植物园一项重要的建设内容(图2-28)。羽西杜鹃园占地1.4 hm²,是由欧莱雅中国有限公司旗下的羽西品牌冠名赞助建设,是一个集科研成果、保存种质资源和科普推广为一体,富有云南高原特色的杜鹃专类园。

昆明植物园长期以来系统地开展杜鹃类植物的野外调查、引种繁育及驯化栽培研究,培育了'朝晖''红晕''金踯躅''紫艳'等一批具有自主知识产权的杜鹃花新品种,并引种保存了云南高原及横断山南段的杜鹃类植物百余种,有杜鹃花220多种(含品种)。园里共定植杜鹃类植物243种,共计19 677株,其中有原生种127种,具有自主知识产权的观赏品种7个,归类移植、搭配种植的其他植物有26种1 092株(丛)。

图 2-28　昆明植物园羽西杜鹃园

第四节　杜鹃花切花的应用价值及保鲜技术

一、杜鹃花切花的应用价值

插花花材根据形态差异可分为线状花材、团块状花材、异形花材、散状花材、衬叶等五种。杜鹃花作为切花应用,其花、枝条、叶片和根部都有着很高的观赏价值。根据花材在插花作品中构图作用的不同,可分为主体花材、焦点花材、骨架花材和填充花材。杜鹃花型有管状、辐状、漏斗形、管状钟形、钟形、杯形、碟形等,并且花朵硕大,在插花中作为团块状花材,可作为主体花材或者焦点花材使用(图2-29 和图2-30)。杜鹃花作为木本植物,枝条线性飘逸,花枝苍劲古朴,也是很好的线性花材,可以作为骨架花材构筑插花作品整体造型。杜鹃花属植物叶片形态多样,大小差异显著,长度从不足 1 cm 到40~50 cm,同时因植株是否被毛或鳞片的差异,杜鹃叶片质感也不同,因此杜鹃叶片也是很好的插花艺术材料,可以增加插花艺术作品的层次感,或用于填补剩余空间。杜鹃干枝或枯枝也在插花作品中有所应用,充分体现杜鹃花在不同季节的季相美。现代插花艺术根据用途不同,主要分为艺术插花和礼仪插花,杜鹃花因其丰富的花色,或素雅,或浓艳,既可用于东方式艺术插花,又可用于西方式插花,同时也可用于礼仪插花中的花篮和手打花束等。

图 2-29　2018 年孟河镇首届"裕华"杜鹃花节［作者:夏婷(左);文书生(右)］

图 2-30　梧桐山杜鹃花展

(图片来源:https://baijiahao. baidu. com/s? id=1563859979286054&wfr=spider&for=pc&qq-pf-to=pcqq. c2c)

日本各个插花流派也常用杜鹃花作为插花花材,插置不同风格的插花艺术作品。如图 2-31 的作品名为《松黄山客》,是嵯峨御流的作品,花材为松和杜鹃花,该作品是从清代诗人施闰章《山行》中的一句"春深无客到,一路落松花"获得灵感创作的,"山客"有两层含义,一是"山客"本为杜鹃花的雅称,二是来源于诗词中所蕴含的意境,山中居住者对时间流逝的一种感伤、寂寞。图 2-32(左)是池坊流山下祐己雄的插花作品《薰风》,运用了松、杜鹃、百合、枯根等花材,表现出枯木逢春、万物复苏的春季景观。图 2-32(中)《生花》是松月堂古流的作品。图 2-33 作品名为《一阳来復》,是小出鹤翠的作品,运用了杜鹃花的

图 2-31 作品名:《松黄山客》
(来源:《文人华·寓意之花》)

枯枝、木瓜海棠和兰花等花材。杜鹃适合倾斜式和水平式插花,从图 2-30 到图 2-35 的作品可以看出,杜鹃花作为切花材料,可与多种花材配置,营造不同风格的插花艺术作品,用途广泛。

图 2-32 中日插花艺术展作品
[作品名:薰风(左)—池坊流作品;生花(中)—松月堂古流作品;生花新风体(右)—池坊流作品]

图 2-33 作品名:《一阳来复》
(小出鹤翠作品,来源:《石田流插花·文人华展作品集》)

中国插花艺术源远流长,各个历史时期赏花方式虽有不同,但对花的赏评一直注重其自然之美和人文之善。杜鹃花花型、花色丰富,枝条飘逸,可以与传统名花、各类山花野草配置,营造各类自然景观。也可以结合其文化内涵,进行各类艺术插花创造,来表达某种理念。同时因其较长的花期,插置花篮、手打花束等礼仪插花也深受消费者的欢迎。但目前杜鹃花作为切花材料,在市场上还未形成成熟的商品,花材基本来源于山中的野生植株,这严重

破坏了野生杜鹃花资源和生态环境。因此今后的研究应注重杜鹃花切花品种的选育、配套栽培繁殖和切花保鲜技术等的研究，丰富中国切花品种，促进杜鹃花产业的进一步发展。

图 2-34　作品名：《回响》（左）和《呵护》（右）
（图片来源：《花涧小拾》，倪志翔和贾军主编）

图 2-35　第十六届（2019 年）中国杜鹃花展：杜鹃插花作品展区

二、杜鹃花切花的保鲜技术

切花离开母株，失去能源和水分的供应，剪切口易滋生细菌，堵塞导管，从而导致吸水不畅等问题，因此水分、蔗糖和杀菌剂是各类切花保鲜剂的基本配方。在此基础上，进一步探讨各种植物生长调节剂、表面活性剂或抗氧化剂等的保鲜效果，进一步优化保鲜剂配方。鲜切花保鲜剂配方主要有预处理和瓶插保鲜剂两种，前者通常在切花贮藏和运输前进行，主要是由切花生产企业使用；后者在零售展示或瓶插观赏时由零售商和消费者使用。

（一）切花采后生理与保鲜技术

1. 水分变化
切花采后离开母体，失去水分供应来源，但离体的花朵和叶片仍需要进行正常的呼吸和蒸腾作用,从而导致切花养分和水分的供求之间的平衡被破坏,当花朵吸水与失水维持在一定的平衡范围之内时花朵能够维持正常的形态结构。花朵是植株的易失水部位,花瓣细胞需要维持一定的膨压才能使花瓣保持正常形态,失水会引起切花无法正常开放或者枯萎,切花采后水分胁迫是影响切花衰老的一个重要因素。

切花采收后,正常的生理代谢活动会持续一段时间,因此,切花的鲜重在瓶插水养过程的初期阶段呈增加趋势。随后,花茎基部的内外环境发生一系列变化,使得切花的鲜重逐渐减少。最后失水量大于吸水量,花瓣即丧失膨压,表现出萎蔫状态。缺水是导致切花衰老的主要原因之一,而木质部导管部分或全部堵塞,是导致水分运行减少以致最终缺水的主要原因。导管堵塞主要由三方面原因所致:① 水中微生物繁殖增多,水中常含有细菌、真菌、酵母菌等微生物,它们可以侵入导管,并分泌代谢产物,堵塞切花木质部导管,并导致切花腐烂。② 生理堵塞是由于切花采切时造成茎基部细胞损伤,后发生氧化作用,生成流胶、多酚类化合物或果胶类沉积物,堵塞导管,毒害茎组织,从而影响切花茎基的吸水和运输能力,最终引起吸水与失水不平衡,使切花因缺水萎蔫而失去观赏价值。③ 物理堵塞是由于切花花茎剪切后,在采后和贮运过程中,空气进入导管内形成气泡,从而阻碍水分输导。

2. 呼吸作用

切花是活的生物体,采收后呼吸作用仍在进行。呼吸作用是在氧的作用下,将糖类物质分解成二氧化碳和水并放出热量的过程。呼吸作用消耗切花体内的物质和能量,因此,呼吸不利于切花的保鲜。有实验证明,植物的呼吸速率与腐败速度通常成正比,而呼吸速率与环境温度密切相关。香石竹切花的呼吸速率随温度的升高而加快,同时产生热量,在达到室温时,呼吸速率明显增大,且温度系数达到最高。

3. 激素代谢

植物体内含有五大类植物激素(细胞分裂素、赤霉素、生长素、脱落酸和乙烯),它们是控制器官衰老的主要内因之一。它们的含量和变化对切花的品质和变化有着极大的影响。植物激素成分及含量的改变导致细胞结构破坏,使内含物降解,导致花大量失水而凋萎。鲜切花的衰老调控就是通过这些激素之间的相互作用完成的,其根本原因是与植物基因原表达调控有关。长寿花与短寿花的内源激素含量差异较大,这些差异恰恰反映出决定花寿命长短的关键因素。因此可以认为,花的内源激素对花的衰老具有重要的调节作用。植物激素的形成与温度、弱光、氧分、受伤及细菌感染有关,所以在切花采收后及处理的各个环节,应创造低温、弱光、低氧的环境条件,同时应尽量避免切花染病和减少机械损伤。总的说来,乙烯(C_2H_4)和脱落酸(ABA)促进花瓣衰老,细胞分裂素(CTK)和赤霉素(GA_3)延迟花瓣衰老,而生长素(IAA)具有促进和延迟花瓣衰老的双重作用。

乙烯是内源成熟激素,许多切花衰老时乙烯生成量增加。乙烯的生物合成以甲硫氨酸为前体,在 SAM 合成酶的作用下转变成 SAM,接着由 ACC 合成酶催化生成 ACC,ACC 在乙烯形成酶作用下生成乙烯。切花衰老过程中花瓣乙烯的生成可划分为跃变型、非跃变型以及乙烯末期上升型切花。跃变型切花在开花和衰老进程中乙烯生产量有突然升高的现象,这类切花通常也对外源乙烯处理比较敏感,代表种类为香石竹。非跃变型切花在开放与衰老进程中并不生产具有生理意义的乙烯,其衰老进程与乙烯没有直接的关联,对外源乙烯处理通常也不敏感,代表种类为唐菖蒲、部分百合品种等。末期上升型切花乙烯生产量随着切花的开放与衰老逐渐升高。切花中乙烯生成的自我调节包括两方面内容,即乙烯的自我催化和自我抑制。此外在某些情况下也会产生自动抑制现象,即外加乙烯抑制内源乙烯的生成。

赤霉素在衰老过程中的作用有两种情况。一种是起到延缓衰老的作用,如长寿花含有较高水平的 GA_3,约为其衰老时的 1～3 倍;而短寿花则较低。GA_1/GA_3 含量下降是贮藏切花寿命短、观赏品质差的主要原因之一。在对桂花的研究中也表明,维持高水平 GA 含量,可延缓花的衰老。另一种是无直接作用,主要表现为与衰老并非密切相关。

细胞分裂素对切花衰老的影响有三种情况:① 细胞分裂素的延衰作用。细胞分裂素能促进水分的吸收,防止蛋白质的分解,具有延衰的作用。有研究认为 CTK 延衰是因为能维持液泡膜的完整性,防止液泡中蛋白酶渗漏到细胞质中消解可溶性蛋白质及线粒体等膜结构的蛋白质;或是通过抑制羟基自由基和超氧化物的形成,避免自由基对膜的不饱和脂肪酸的氧化,保护膜体系免于降解,从而延缓衰老。另外 CTK 还可通过促进营养的运输来延迟切花的衰老。在切花月季中,长寿命品种细胞分裂素含量高于短寿命品种。② 内源细胞分裂素含量与植物衰老呈现明显的负相关。如切花衰老过程中细胞分裂素活性降低。③ 在少数种类切花中,细胞分裂素含量变化与植物衰老无关。在生产中,激动素(KT)、6-苄基腺嘌呤(6-BA)、异戊烯基腺苷(iPA)等细胞分裂素也都常作为衰老延缓剂用于切花保鲜。

生长素等激素对植物生长的作用往往具有两重性,有正的作用,也有负的作用。在切花衰老过程中它也有两方面的作用。① 生长素的延衰作用:生长素在一品红的衰老控制中起核心作用,在短寿命切花中下降速度快。② 生长素加速衰老的作用:反映在生长素和乙烯的关系上,生长素通过刺激 ACC 合成酶的形成,从而间接引起乙烯生物合成。

脱落酸作为引起植物衰老的另一重要激素,已有报道证明它与月季、香石竹等切花的衰老有关。伴随着月季切花的衰老,花瓣中脱落酸的含量增加,并且衰老较快的品种与瓶插寿命较长的切花品种相比,脱落酸含量较高。外源脱落酸的处理会加速月季、香石竹等切花的衰老。对于这些乙烯敏感型切花,脱落酸的重要作用机制是诱导 ACC 合成酶和 ACC 氧化酶的活性,诱导乙烯的合成来引起切花衰老。但也有研究表明,低浓度的脱落酸处理产生延缓切花衰老、保持切花品质的效果,并表明这与脱落酸所引起的气孔闭合从而抑制切花的蒸腾失水、萎蔫有关。有很多研究表明 ABA 可能是引起乙烯不敏感型切花衰老的主要因子之一。例如百合属于乙烯不敏感型切花,乙烯不是百合切花衰老的启动因子,而只是在一定程度上可以加快衰老的进程;脱落酸可能是影响百合切花衰老的主要因子,因为在脱落酸出现高峰后,花朵的外部形态很快表现出衰老的症状。牡丹在切花开花与衰老进程中虽伴随花药的开裂,出现乙烯释放高峰,但 ABA 含量变化出现多次高峰,并且每次高峰过后,切花衰老进程就加剧一次,因此 ABA 被认为是促进牡丹切花衰老的主要激素。

4. 活性氧代谢

Harman 自由基学说认为,衰老产生的原因是体内自由基过量,破坏了细胞。近年来,自由基的研究开始渗透到植物衰老、光合作用、辐射、损伤和植物抗逆性等研究领域,成为植物衰老机理研究的一个重要方面。研究认为生物体内自由基(主要指活性氧)来自生命活动本身,当生物体内自由基的产生与利用或清除之间达到动态平衡时,生命活动将正常进行;一旦由于内因或外因打破这种平衡,过剩的自由基就会加剧膜脂过氧化作用,使膜完整性破坏,电解质及某些小分子有机物大量渗漏,同时自由基还会攻击叶绿素、核酸等功能分子,从而引起一系列生理生化紊乱,最终导致千百万细胞衰老、死亡。在植物组织中,超氧化物歧化酶(SOD)、过氧化氢酶(CAT)、过氧化物酶(POD)等酶促和非酶促防御系统在清除活性氧中起着关键的作用。SOD 主要是清除超氧阴离子,CAT、POD 等则将 H_2O_2 歧化为无害化合物,二者协调作用,保护细胞尤其是膜系统免遭自由基的伤害。

(二)杜鹃切花保鲜

能够进行切花生产的杜鹃种类有很多,杜鹃切花的瓶插寿命因基因型不同存在显著差异,图 2-36 列出了部分切花品种的瓶插寿命。切花采收时期以及瓶插环境的温度、光照等不同时,杜鹃切花瓶插寿命会有很大差异,例如红珊瑚,如果利用催花技术,在春季前后采收切花,进行瓶插,因为春季期间温度较低,从花蕾期、切花盛开直至切花衰老失去观赏价值,瓶插期最长可达 1 个月左右。自然花期采收的切花,在 4 月前后,瓶插期约 10～15 d,与很多切花相比,有着较长的瓶插周期。母株的营养状况等对切花的瓶插寿命有很大影响。

A:映山红(6～7 d);B:马银花(3～4 d);C:'胭脂蜜'品种(15～17 d);D:锦绣杜鹃(11～13 d);E:满山红(6～8 d);
F,G:芽变系列'粉珊瑚'和'红珊瑚'(15～17 d);H:'火焰'品种(12～15 d)。注:括号中表示采后瓶插寿命。

图 2-36 适宜江苏省周边地区栽培的杜鹃切花品种

杜鹃开花至衰老不同时期划分为 5 级(图 2-37):1 级为花蕾期;2 级为初花期(花朵微微开放);3 级为盛花期(花朵全部开放);4 级为花朵边缘反卷;5 级为花朵干枯。

为解决切花采后的生理代谢变化所导致的瓶插寿命短、花朵不能完全开放等问题,可以从采后代谢机理出发,从杀菌、提供糖原、调节激素代谢等方面探索保鲜试剂。杜鹃切花保鲜方法主要有保鲜液瓶插法和保鲜液脉冲法两种,主要保鲜试剂涉及糖原、杀菌剂、抗氧化剂、植物激素等。

采后的杜鹃鲜花在包装贮运前,及时放入预处理液(脉冲处理)中进行预处理,减少流通过程中的损耗。不同的鲜切花有特定的预处理液配方,一般在适宜浓度的蔗糖的基础上添加杀

1级 2级 3级

4级 5级

图 2-37 杜鹃切花瓶插等级示意图

菌剂及其他保鲜剂成分,如 GA_3、6-BA 及各种乙烯抑制剂,可以起到很好的保鲜效果。笔者所在研究组研究了蔗糖、杀菌剂、GA_3 以及亚精胺等的脉冲保鲜效果,对于不同杜鹃切花品种,蔗糖、杀菌剂等的适宜浓度和保鲜效果存在显著差异,蔗糖浓度范围在 $30\sim60$ g/L、杀菌剂浓度在 $150\sim250$ mg/L 之间,GA_3 浓度一般为 $20\sim100$ mg/L、乙烯抑制剂亚精胺浓度一般为 $0.1\sim1.0$ mmol/L。适宜的保鲜剂配方能够增加花苞直径,保证切花的正常开放,有效延长杜鹃切花瓶插寿命。根据配方和切花状态的不同,延长的瓶插期也有差异,一般在 $2\sim6$ d。

保鲜液瓶插是指在瓶插期间,将花枝插入盛装有保鲜液的容器中,以延长切花瓶插寿命的方法。蔗糖和杀菌剂(8-HQS)作为保鲜配方的基本成分,8-HQS 在杜鹃切花中适宜的应用浓度范围为 $100\sim200$ mg/L,蔗糖的适宜浓度在 $15\sim45$ g/L,适宜浓度的蔗糖和 8-HQS 能够延长切花瓶插寿命 5 d 左右,同时,蔗糖的加入也会使花色更加艳丽。但是对于不同的切花,蔗糖的作用效果和最适宜的蔗糖浓度会有不同,蔗糖的处理能延长映山红瓶插寿命 $1\sim3$ d,延长'红珊瑚'瓶插寿命 $2\sim5$ d,'红珊瑚'最适宜蔗糖浓度略高于映山红。对于锦绣杜鹃来说,不同浓度的蔗糖能延长瓶插寿命 $1\sim2$ d。蔗糖保鲜效果与切花采收时母株的营养状况密切相关,母株营养状况不良,切花采收的蔗糖保鲜处理就尤为重要。

将蔗糖和杀菌剂作为基本配方,配以抗坏血酸($50\sim200$ mg/L)、GA_3($20\sim100$ mg/L)或 ABA($0.05\sim1.0$ mg/L)等,这些保鲜剂成分的添加能够从清除活性氧和调节激素平衡等方面起到延长杜鹃切花瓶插寿命、保持花色艳丽、增大花苞直径、加速花苞开放等作用。经研究发现,这 3 种保鲜剂配方的添加能延长'红珊瑚'瓶插寿命 $2\sim7$ d,抗坏血酸对锦绣杜鹃并未起到明显的保鲜作用,GA_3 的添加延长锦绣杜鹃瓶插寿命不到 1 d。

　　杜鹃作为我国传统名花,具有很高的观赏价值,并且在插花艺术中的应用历史悠久。但目前商业化杜鹃切花品种还比较有限,杜鹃产品多以城市绿地用苗、室内绿化的盆栽苗及杜鹃盆景为主,杜鹃切花产品在市场还很少见。近年来在网上销售的杜鹃切枝多为东北野生的兴安杜鹃,这种砍伐是对野生资源和生态环境的破坏。今后有必要进行杜鹃切花生产技术、保鲜技术等的研究,进一步开发杜鹃切花产品,满足消费者的需求。

主要参考文献:

[1] 陈进,刘小林.鲜切花采后生理变化特征及保鲜技术研究进展[J].现代农业科技,2017(15):136-137.

[2] 冯国楣.中国杜鹃花[M].北京:科学出版社,1988.

[3] 冯正波.华西亚高山植物园迁地保存的野生杜鹃花[J].植物杂志,2002(2):18-19.

[4] 耿兴敏,丁彦芬.植物激素在切花保鲜中的应用和作用机制研究进展[C]//2010首届植物免疫机制研究及其调控研讨会论文集.广州,2010:117-121.

[5] 李健.植物专类园管理与品质提升探析:以无锡市锡惠公园中国杜鹃园为例[C]//2014年中国公园协会成立20周年优秀文集.北京,2014:83-87.

[6] 林斌.中国杜鹃花园艺品种及应用[M].北京:中国林业出版社,2008.

[7] 芦建国.种植设计[M].北京:中国建筑工业出版社,2008.

[8] 毛洪玉,孙晓梅.杜鹃花[M].北京:中国林业出版社,2004.

[9] 倪志翔,贾军.花涧小拾[M].北京:中国林业出版社,2016.

[10] 彭永宏,宋丽莉,李玲.鲜切花衰老生理与保鲜技术研究进展[J].华南师范大学学报(自然科学版),2002,34(2):120-126.

[11] 沈渊如,沈荫椿.杜鹃花[M].北京:中国建筑工业出版社,1985:90-91.

[12] 石田秀翠.石田流插花·文人华作品集[M].名古屋:社团法人石田流华道会出版社,1990.

[13] 翁建斌.杜鹃盆景的制作培育[J].中国花卉盆景,2006(6):48.

[14] 薛秋华,林香.切花衰老过程中内源激素变化研究进展[J].江西农业大学学报,2005,27(5):792-795.

[15] 杨秋生,黄晓书,籍越,等.不同温度贮藏对百合切花内源激素水平变化的影响[J].河南农业大学学报,1996,30(3):203-206.

[16] 余金良,王恩,朱春艳,等.植物专类园的改造:以杭州植物园槭树杜鹃园的提升建设为例[J].浙江园林,2016(2):30-34.

[17] 余树勋.杜鹃花[M].北京:金盾出版社,1992.

[18] 张长芹,李奋勇,等.杜鹃花欣赏栽培150问[M].北京:中国农业出版社,2011.

[19] 张鸽香.植物造景的美学原则[J].南京林业大学学报(人文社会科学版),2005,5(4):92-94.

[20] 朱春艳,余金良.杜鹃花园[M].北京:中国林业出版社,2016.

第三章　杜鹃花栽培繁殖技术

第一节　播种繁殖

由于杜鹃种子较小,播种繁殖比较困难。杜鹃花种子繁殖虽然萌发率高,但成苗率低,加之幼苗生长极其缓慢,从播种到开花,少则 3～4 年,多则需 8 年以上,生长缓慢,并且播种繁殖培育的后代性状不稳定,所以生产上很少用播种繁殖。但优良种质资源引种驯化、嫁接繁殖需要大量砧木,或者杂交育种为获得新品种等情况下,也会采用播种繁殖。

通常根据种子周围有无翅状附属物将杜鹃花种子分为有翅类和无翅类。从形状来看,杜鹃花种子有长圆形、长圆状椭圆形、卵状椭圆形、近圆形、纺锤形等。杜鹃种子较小,通常长度为 1～2 mm(不含附属物),千粒重大约 0.05～0.3 g,例如,'夏玫红'千粒重约 0.051 g,马银花千粒重约 0.057 g,个别较大的种子,如桃叶杜鹃,种子千粒重可达 1.1 g 以上。种子采收期和成熟度不同,千粒重也会有明显差异,一般情况下,同种(品种)种子千粒重越大,种子萌发率越强,但不同种(品种)的种子千粒重主要由遗传因素决定,不同种(品种)的种子萌发率与千粒重没有相关性。部分高山杜鹃如大白杜鹃、露珠杜鹃和迷人杜鹃等种皮含有抑制种子萌发的物质,但不会显著影响种子的萌发。

种子的萌发速度与物种的系统位置有很大关系,发芽速度以羊踯躅亚属最快,常绿杜鹃亚属、映山红亚属、杜鹃亚属居中,马银花亚属最慢。而常绿杜鹃亚属的 4 个亚组中,以云锦杜鹃亚组萌发最快,银叶杜鹃亚组、露珠杜鹃亚组居中,长序杜鹃亚组最慢。出苗率及幼苗生长等指标显示育苗效果也与物种的系统位置有关,例如以上各亚属的育苗效果以映山红亚属最好,其次是马银花亚属、羊踯躅亚属、常绿杜鹃亚属和杜鹃亚属。另外,出苗率及幼苗的生长还与物种产地及来源有关。

一、采种与播种时期

杜鹃花果实一般在 10～11 月成熟,成熟时蒴果绿褐色或黄褐色,果瓣开裂,细小的种子就散开,随风飘落,因此必须在果实刚成熟时采收。刘乐等发现 11 月采收的种子在采后 1 个月播,发芽率明显高于采后直播及采后 2 个月播的。这或许因为采后 1 个月促进种子的进一步成熟,而之后随着贮藏时间的延长,种子活力下降。采收后一般将果实在室内自然风干,蒴果开裂后,取出种子去除杂质放于纸袋中,贮于室内干燥处,备用。因杜鹃花种子无明显的休眠期,有温室、具备播种环境条件的情况下,可随采随播。一些地区可以在 8 月采下果实,在 38 ℃的烤箱中烘 3 d,即可播种。在杂交育种时,这样采收种子,提前播种,可以有效缩短育种周期。在不具备温室的条件下,一般在翌年 3～5 月播种,此时气温适宜,可露地播种,播种的适宜气温在 9～28 ℃,较迟播种,温度、湿度升高,不利于种子的萌发及幼苗的生长。为了使幼苗第一年能充分生长,7 月中旬以前在室外生长的时间越长越好。

二、种子贮藏

杜鹃种子很小,采收后应妥善贮藏,避免外部刺激引起内部有限的养分发生变化,影响种子的活力。杜鹃花种子不耐贮藏,随着贮藏时间的延长,发芽率下降明显。杜鹃花种子适宜在－18 ℃和 4 ℃条件下进行长期贮藏,在这两种温度条件下贮藏 4～5 年后发芽率并无显著变化,这两种温度也适合杜鹃花科其他属,如木藜芦属(*Leucothoe*)、山月桂属(*Kalmia*)种子的贮藏。也有研究表明,在－80 ℃下杜鹃种子的贮藏效果更好。而常温(23 ℃左右)下长期贮藏效果较差,贮藏 1 年后发芽率开始降低,一些种在贮藏 3 年后发芽率几乎降低到零。张长芹等也报道在 0～3 ℃的贮藏条件下,大树杜鹃与蓝果杜鹃种子 3 年丧失发芽率,而在自然条件下(9～24 ℃)1 年就丧失了发芽率。但也有一些杜鹃花科的种子较耐贮藏,例如杜鹃花属的卡罗来纳杜鹃(*R. carolinianum*)在常温下贮藏 4 年发芽率并无显著下降。杜鹃种子贮藏温度越低,种子发芽启动时间越长,发芽持续时间越长,所以短期贮藏可以考虑选用室温干藏,比如大白杜鹃和露珠杜鹃等高山杜鹃的种子都可以在这种条件下贮藏 1 个月而且有较好的萌发率和生长势。

种子贮藏时的生理状态与含水量等对种子贮藏后的发芽率也有很大影响。种子成熟后蒴果开裂,细小的种子会开散,或高山地区因气候等原因均需要提前采收种子。若种子在未成熟状态下被提前采收,为了延长种子的贮藏寿命,提高发芽率,则需要进行采后处理。有研究报道,未成熟种子应模仿种子在母株上自然干燥的过程,使其干燥。但也有研究表明,保持高湿的环境,有利于促进种子的充分成熟,低温贮藏则能进一步提高未成熟种子的发芽率,使种子采收期至少提前 2～3 个月。种子成熟后,干藏与湿藏两种方式对种子的发芽率并无明显影响。

三、播种栽培基质

杜鹃花播种基质有基质根际土、河沙、腐殖土、苔藓、珍珠岩、园土和锯末等。种子萌发率、出苗、成苗率及幼苗生长与基质有密切关系,并且由于种子萌发与幼苗生长阶段对基质营养成分要求不同,两阶段对基质的要求也不同。张长芹等在碎米花、大白花、桃叶杜鹃等的播种栽培中发现:腐叶土和腐叶土＋山土(1∶1)有利于种子的萌发,尤其是腐叶土;珍珠岩＋水苔基质下种子发芽率虽然很高,但无法形成幼苗。对以上各种基质的 pH 及各种营养成分测定的结果表明,基质的酸碱度、矿物质和有机质含量对种子的萌发及幼苗的生长有直接的影响,杜鹃花播种的适宜 pH 为 5,幼苗对氮的需求不高,对速效磷、有效锌和铜的含量要求较高,对速效钾的需求不能超过 40 mg/kg。张乐华等在腐殖土基质的基础上,选择与杜鹃花自然更新苗生境相似的腐殖土＋苔藓(在腐殖土上面放一层苔藓,然后播种在苔藓上)进行育苗,发现出苗率以腐殖土基质为佳,而成苗及幼苗的生长则以后者为佳。腐殖土基质使种子紧贴土壤,萌发时不易失水,且基质速氮含量相对较高,有利于幼苗发芽初期的根系及幼叶生长,故出苗率高。但腐殖土基质相对酸度较强,速磷、速钾含量相对偏低,幼苗抗逆性较差,易引发猝倒病,故成苗率反而较低。用腐殖土+苔藓基质处理时,种子多附于苔藓上,萌发时苔藓尚未完全扎根成活,刚萌动的种子及新生幼苗易失水死亡,且速氮含量相对偏低,对根系生长有一定影响,故出苗率较低。但随着苔藓的成活、铺展,保水保湿性增强,且基质速磷、速钾含量相对较高,有利于提高幼苗抗逆性,故幼苗后期生长大多良好,病害少,成苗率高。

土壤中微生物对杜鹃花种子的萌发也有一定的影响。因为土壤中的微生物含量也是土壤有机物质的一个重要组成成分,并且显著影响着植物体对有机物质的吸收。有研究表明,同为杜鹃原生地的根际土,种子种在灭菌根际土的发芽率低于非灭菌根际土。类似的结果在锡金(位于喜马拉雅山脉南坡)原产的杜鹃花种子发芽实验中也被观察到,与灭菌土、森林土、退化土及单纯的杜鹃花根际土相比,杜鹃花在根际土与退化土的混合栽培基质上发芽率最高,其中以两者1:1比例混合的发芽率最高。不仅播种基质对播种发芽有很大影响,苗床对萌发速度、萌发率等也有一定的影响,其中泥瓦盆育苗效果较好,木箱次之,而地床效果与前两者相比效果最差。

四、播种前后的管理

播种及幼苗的管理是育苗成功的关键。种子播种前可以用一些药剂进行浸泡处理以加强种子的萌发能力,激素类如400~800 mg/L的赤霉素和适当浓度的萘乙酸(NAA),还有一些其他化学物质,比如高锰酸钾、硝酸、硝酸盐、过氧化氢和乙醚等。种子播种前用温水浸种48 h或置入混湿沙,放于温室或小拱棚,每天翻动两次并适时喷水,待种子刚发芽时,撒播到苗床上。或将种子撒在湿润的吸水纸上,并用报纸遮光,这种处理比直接播种效果好。但是不同杜鹃适宜的播种前处理也不同。例如云锦杜鹃种子的萌发与播种前浸水时间没有明显的关联性。不同浓度赤霉素处理均能增强大白杜鹃种子活力,马缨杜鹃种子经赤霉素浸泡处理也可以不同程度地提高发芽率和发芽势。高浓度情况下可以适当缩短处理时间。例如用2 000 mg/L GA$_3$处理马缨杜鹃种子,30 min为宜。利用3%的过氧化氢浸种处理30 min或乙醚浸种处理10 min能使露珠杜鹃种子发芽率极显著提高。二次浸种法(400~500 mg/L GA$_3$与浓度10%的PEG-6000分别浸种24 h)是促进短果杜鹃种子萌发的最优处理方法。在杂交育种中,也常常进行GA$_3$处理(200~1 000 mg/L)和40 ℃温水浸种处理来提高杂交种子的萌发率。

杜鹃花的播种量露地以1 000~2 000粒/0.05 m^{2}为宜。若播种在浅箱内,例如50 cm×40 cm浅箱,可播1 000粒。杜鹃种子的需光性还存在争议,但一般温室播种,种子不需要用基质覆盖,室外播种适当覆盖基质(基质表面覆盖一层切碎的厚约为2 cm的苔藓)或者遮阴有利于大多数种子的萌发。种子萌发及幼苗生长的最适温度为16~25 ℃,平均气温25 ℃以下,温度越高萌发越快,低于15 ℃发芽速度变慢,高于30 ℃,种子发芽也会受到很大影响。

温度和光照对杜鹃花种子萌发及幼苗生长有很大影响,并且两者之间具有互补关系。Arocha等以 R. chapmanii 为实验材料,观察温度和光照对杜鹃花种子发芽率的影响。结果发现,25 ℃恒温条件下,种子的发芽率随着光照时间的延长而提高,在光照时间大于或等于 8 h 情况下,种子发芽率达到 90％以上。8 h/16 h 的 25 ℃/15 ℃或 30 ℃/20 ℃的交替温度在一定程度上能够弥补光照时间的不足,25 ℃/15 ℃温度交替的光代替效果尤其明显,并且在这种温度条件下,以光照 8 h 的发芽速度和发芽率最高。类似的研究结果在 *R. carolinianumd* 和 *R. maximum* 的发芽实验中也被观察到。但 *R. catawbiense* 的发芽实验结果表明,杜鹃花种子在 25 ℃恒温无光条件下也能发芽,虽然发芽率很低 (约 5％左右)。在同样温度条件下,给予 30 min 的光照,发芽率就提高到 95％以上;而在 25 ℃/15 ℃温度交替处理条件下,即使没有光照,发芽率也达到 64％。另外有研究表明,杜鹃种子在吸胀阶段结束后,必须立即进行光照处理,否则会使种子进入次休眠状态。休眠的深浅与在暗处放置时间的长短及温度有关,这种休眠状态可以通过冷湿处理来打破。

如上所述,杜鹃花属植物的种子萌发需要光照,但也有研究表明种子萌发不受光照影响,遮光与否对种子的萌发时间及萌发率等影响不大。以上这些结果存在一定争议,这或许因为杜鹃花属植物存在种间差异,因此在播种育苗之前,应先进行种子发芽实验。但多数情况下杜鹃花播种期仍被建议用报纸等适当遮阴,避免直射光,以透光率 50％为佳。

播种后一定要注意浇水,一般采用喷雾器喷水补湿,喷嘴高度离基质 30 cm 为宜,切忌直接对准播种土,以免冲刷种子,引起种子密度不均。土壤湿度以 30％～40％为宜,空气湿度大约保持在 70％。一般在适宜的条件下大部分种子在播种后 3～4 d 明显吸水,第 12～14 d 胚根萌动,第 20～23 d 子叶逐渐展现,第 35～38 d 真叶展开。在真叶发出 2～3 枚时,仍要注意保持土壤和空气湿度,要经常用喷雾器喷水。

3～5 月播种的幼苗,至 9 月底 10 月初苗高 3 cm 左右时即可移苗,幼苗基质也以消毒的腐叶土为好,株行距 3～4 cm。待苗长至 7～8 cm 时再次移栽,并用塑料薄膜覆盖以保持苗床内的湿度,在次年 2 月可进行第一次施肥,一般施 5％的油枯水即可。适当的水肥管理下,2 年的实生苗大约可长到 30～40 cm,即可作为商品苗出售。

第二节 扦插繁殖

杜鹃花种子繁殖虽然萌发率高,但成苗率低,加之幼苗生长极其缓慢,从播种到开花所需周期很长,并且部分野生种如淀川杜鹃(*R. yedoehse*)不能结种。嫁接繁殖不多,组培繁殖成本高而不适应优良品种快速繁育,这些都严重影响了杜鹃在属植物的推广应用。而扦插繁殖养护管理得当,仅需 1 年时间即可开花,扦插植株可以较好地维持母本的观赏性状,是繁殖杜鹃花最常用的一种方法,也是目前杜鹃生产企业普遍使用的栽培繁殖方式。但野生杜鹃的扦插繁殖技术还不是很成熟,尤其是原产于高山上的常绿杜鹃,只有有鳞杜鹃亚属的扦插生根率较高,常绿无鳞杜鹃扦插生根率很低。在中国现有的栽培品种中,毛鹃、比利时杜鹃及其近似类型等都是以扦插繁殖为主。杜鹃花常用的扦插方法有两种:全光照喷雾法和封闭保湿法。前者适用于大批量生产,后者适用于家庭和小规模的生产或者实验,二者在生根效果上并无显著差异。

扦插繁殖的技术流程首先是选择适宜的插条,确定适宜的扦插时期,然后进行插条的生根处理,筛选适宜的生根剂、扦插基质等。扦插后温度、光照、水肥等的管理对扦插生根及扦插苗的成活也非常重要。

一、插条的选择

杜鹃花的扦插惯以枝条作插穗,即枝插,也有利用单芽进行芽插,但成功率只有枝插法的一半或低于一半。作为插条的母本应该是品种优良、生长健壮、无病虫害的植株。野生杜鹃长期处于无人管理状态,选取插条比较困难,因此在头年秋冬季需对母株进行复壮处理。母株最好长在荫棚或每天只有半阴的地方,向北或在荫蔽下的枝条容易生根,采自冠北的枝条扦插效果好于冠南和冠上的枝条。可在扦插前对母株进行遮光等处理,为大量冠外枝条营造一个冠北的光照条件,使其具有良好的生根性。冠北的漫辐射光照条件可以抑制生根阻碍物质的生成。杜鹃栽培品种'Anna Rose Whitney'全光照下母本插条的生根速度比80%遮阴下的母本枝条慢,在遮阴条件下,母本外皮层的葡萄糖、蔗糖和非结构性碳水化合物的含量比较高,内皮层,即扦插生根起源部位的果糖、淀粉和非结构性碳水化合物的含量比较低。

插条带顶芽与否、带踵与否也影响着插条的扦插效果。杜鹃花扦插时,插条带踵掰下,掰下的插穗与剪下的插穗扦插成活比例为 5∶1,但此方法容易对母株造成伤害,因此掰取插条时务必小心操作。马缨杜鹃也以带踵带顶芽的嫩枝扦插效果好。但也有研究表明带顶芽与否、带踵与否对扦插生根的影响与木质化程度相比并不显著。

二、扦插时期的选择

杜鹃花属植物种类繁多,不同种或品种扦插时对枝条木质化程度的要求不同,因此选取插条进行扦插的时期也不同。大多数杜鹃在扦插繁殖时多采用当年生的半木质化枝条,半木质化枝条细胞再生能力较老枝强,积累的营养物质比嫩枝多。适宜的扦插时期不同地区有所不同,取决于当地的气候、雨量、温度等。在不同气候条件下,同一杜鹃材料,枝条的成长成熟度、木质化程度不同。插条的木质化程度影响插条的扦插效果。扦插时期的确定还要考虑杜鹃的开花习性,早春开花的杜鹃品种枝条成熟也早些。

不同杜鹃品种扦插要求的温度也不同,例如大叶子的常绿杜鹃扦插时期要早些,枝条要嫩些,温度要高些,叶子最大的杜鹃类对温度要求较高,甚至要加底温,对空气湿度要求也大,在 6 月扦插比较适合(要用二年生枝条)。而高山上矮小的匍匐杜鹃,叶子小,繁殖时秋季采,插时不必加底温,并要在适当通风的条件下才生根。叶子中等大小的种类的要求则在两者之间。

对枝条的木质化要求较高的常绿杜鹃,扦插时期不可过早,东北地区要在 9 月 20 日到10 月底这一时期。在云南地区,基毛杜鹃、粗柄杜鹃和薄叶马银花(*R. leptothrium*)在 7 月扦插,新梢萌发2～3个月后扦插效果较好,5 月扦插,即使结合各种激素处理,插条也未能生根。有研究表明,木质化程度不同对马缨杜鹃等几种高山常绿杜鹃的生根率有很大影响,生根率(越冬前木质化的老枝扦插)＞生根率(越冬后木质化的老枝扦插)＞生根率(半木质化的嫩枝扦插)＞生根率(未木质化的嫩枝)。但这与李荜洁的实验结果不一致,即马缨杜鹃硬枝扦插没有生根,嫩枝扦插效果好,并且嫩枝扦插生根率与 IAA 含量、Z 含量、IAA/

ABA 和 IAA/Z 的比值呈正相关,与 ABA 含量、GA₃ 含量呈负相关关系。

比利时杜鹃嫩枝、半木质化枝条的扦插生根率比硬枝高,硬枝与幼嫩枝条的成活率较低,尤其以半木质枝条扦插效果最好。比利时杜鹃的扦插繁殖比较容易,一般在春秋季,甚至夏季都可扦插繁殖,但以5~8月之间扦插繁殖较好,这期间不管是否使用激素,扦插生根率都很高。2~4月初或9月以后,温度太低,细胞活力差,不利于生根。但7月以后因枝条花芽分化,不利于插条的选取。冬季结合适当的激素处理也可获得较高的生根率。

映山红亚属、羊踯躅亚属、杜鹃亚属的迎红杜鹃亚组及其杂种后代基本属于落叶或者半常绿杜鹃,落叶杜鹃的扦插一般在5~7月,用嫩枝或半成熟的枝条扦插,扦插床加薄膜覆盖,效果会更好。温室扦插全年均可进行,不过最好在花芽形成之前,如果已形成花芽,扦插时需要去除花芽。秋季落叶后的成熟枝要平放在湿沙中贮藏3个月(也可用吲哚丁酸处理后再埋藏),使其进入休眠状态,然后第二年春天取出进行扦插。

在吉林延边的大字杜鹃的扦插时期以春秋季为最佳,春秋季(5月、9月)扦插插条的生存率均高于夏季(7月);在吉林延边的迎红杜鹃在夏至以前扦插较好。在云南玉溪市的羊踯躅在8月扦插生根率最高,5月、6月刚花谢,枝条过嫩,而9月后温度太低不适合扦插。

三、插条的准备

1. 枝条长度、留叶处理

插条一般规格要求长度达到10 cm左右,下切口最好在节下,这正是根系形成的位置。比利时杜鹃扦插实验也表明从茎枝顶端算起长度为9~11 cm的杜鹃插穗生根率高。4~6 cm的枝条太嫩,纤细,容易脱水;12~16 cm的枝条木质化程度过高,细胞分裂能力减弱,生根率降低。插条上如果有花芽,插入土壤之前最好去掉,不然会影响生根。

叶对杜鹃花生根至关重要,没有叶的插条不能生根。通常为减少水分蒸腾而对插条进行去叶处理,保留2~4片叶片,太大的叶片应该剪去1/3至1/2,以减少蒸发。若插床水分环境能够保持良好,则保留叶量最好在1/2以上,对15 cm以下的短插穗可将叶全部保留,下部叶埋入插床,不仅可保持插穗的直立性,也能保持蒸腾作用的稳定。

2. 切制方式对插条生根影响差异明显

一般的插条切制方式分为直角切、斜切、双面反切和Nearing式。Nearing式为杜鹃花特有的切制方式,在插条的下方侧面,用快刀削去长约4 cm的一片,包括皮层、形成层和木质部。Nearing式切法的目的就是在削口部分多生新根,加快生根。与其他切制方式相比,Nearing式切制的插条生根早,扦插苗可以早点移植,从而缩短育苗周期。双面反切法切口干净利索,扦插时不易擦裂树皮,切口吸水面较宽,也是适用范围很广的一种标准切法。杜鹃花枝条各部位都有隐芽,条件适宜都会萌芽、生根,因此大量生产时不修削基部效果也很好。

四、扦插前的生根处理

插条生根处理的目的在于生根阻碍物质的清除和生根必需物质的补充。插条生根阻碍物质清除的处理方法有流水冲洗、温水浸泡,以及一些化学试剂的应用,常见的有酒精、乙醚和高锰酸钾溶液。迎红杜鹃是一种落叶杜鹃,其生根率因流水冲洗处理时间的不同出现了显著的差异,流水冲洗处理 1 d 的一组插穗生根率为 72.5%,而流水冲洗处理 3 d 的一组插穗生根率为 89.4%。生根率的高低与生根起源部位也有一定的关系。据文献报道,不同植物种类的不定根,可起源于木射线薄壁细胞、维管形成层、皮层、髓薄壁组织、愈伤组织等不同部位。不定根原基的起源部位则因不同的流水冲洗处理时间而有所差异。流水冲洗处理 1 d 的插穗,不定根原基起源于髓射线与维管形成层交叉的部位;而处理 3 d 的插穗,既有起源于上述部位的不定根原基发生,同时也有起源于髓薄壁组织的不定根原基发生。不定根的发生起源于两种部位的处理区扦插成活率比较高。石岩杜鹃(R. obtusum)在不做任何处理时扦插成活率也高达 90% 以上,通过系列切片观察到,其不定根的发生也同时起源于两种部位,其特征与流水冲洗处理 3 d 的迎红杜鹃的不定根发生基本一致,这说明杜鹃花属植物扦插成活率的高低与不定根起源部位有一定的关系。

插穗生根时需要一定的营养物质,一般脂肪利用得少,碳水化合物和氮素化合物则利用得多。碳水化合物通常被认为是须根产生的能源物质,母株中富含碳水化合物才能生根良好。大量的研究尝试通过增加 CO_2 浓度和增加光照等提高碳水化合物的供应,以提高生根率。对于不同的植物种类,这种处理有时会促进扦插生根,但有时也会有一定的抑制作用。'Anna Rose Whitney'杜鹃秋季扦插前或扦插期间的 CO_2 喷雾处理会抑制杜鹃栽培品种的生根率,增加母株光照处理也会抑制杜鹃的扦插生根率。但根据 Davis 和 Potter 的研究结果,'Roseum elegans'杜鹃的扦插生根率与插条的碳水化合物水平并没有关系。French 等也暗示扦插生根与碳水化合物的总含量并无太大关系,但果糖含量过高时会抑制插条生根。在几种营养元素中,氮素的供给对插条生根的影响最显著,过量的氮供给会抑制插条生根。氮素含量高的桃树插穗扦插生根率低。

杜鹃花属植物扦插生根困难,插条生根必需物质的补充,各种激素的处理一直是杜鹃花扦插繁殖的研究重点。常用的生长素有吲哚乙酸(IAA)、吲哚丁酸(IBA)、吲哚丙酸(IPA)、α-萘乙酸(α-NAA)、赤霉素等。以上各种生根激素中,IBA 是目前被广泛利用的生根激素,利用 IBA 处理促进了很多杜鹃品种的插条生根。例如,用 100 mg/L IBA 处理大叶常绿的江西杜鹃(R. kiangsiense)和百合花杜鹃(R. liliiflorum),获得了很好的生根效果。对高山杜鹃'Nova Zembla'扦插生根的研究发现,IBA 浓度在 0~15 000 mg/L 范围内,生根率随 IBA 浓度的增加而增加,且当 IBA 浓度>10 000 mg/L 时,生根率达 95% 以上;在相同的 IBA 浓度下,固态 IBA 处理比液态 IBA 处理的生根率高。在研究 IBA 和NAA 浓度对海南杜鹃扦插生根的影响中发现,600 mg/L IBA 处理插穗 600 s 时,生根率最高。

还有研究表明,50 mg/L GA_3 处理常绿的鹿角杜鹃(R. latoucheae)不仅生根率高,且扦插苗地上部分生长好、移栽成活率高,可用于鹿角杜鹃的规模化育苗。唐欣等用 GA_3、IBA、IAA、NAA 处理高山杜鹃的插穗发现:200 mg/L IAA 处理生根率最高;200 mg/LNAA 处理的最长不定根和根幅的生长状态最佳;200 mg/L IBA 处理插穗的不定根数最多;当激素浓度都为 100 mg/L 时,GA_3 处理插穗的生长状态最佳;高浓度 IBA 条件下,插穗的最适浓度为 1 000 mg/L。

另外一些复合型的生根剂,如 ABT 生根粉、TL 生根剂、GGR(作用于营养元素的吸收和代谢作用,调节植物生长发育和器官形态形成,提高作物产量,作为一种生根剂,近年来应用也很多)等在杜鹃花属植物扦插中也有应用,并且也有很好的生根促进效果。例如,100 mg/L 的 GGR 生根剂处理涧上杜鹃($R.\ subflummineum$ Tam)插穗,其扦插生根率最高,比 α-NAA、IBA 促生根效果好。特别注意 GGR 的溶液温度最好维持在 $18\sim22\ ℃$,因为在高温时生长调节剂可能产生毒害作用,而在低温时其活性则会降低。四季杜鹃(比利时杜鹃的一个栽培品种)的全光喷雾扦插结果表明,3 种生根促进剂 NAA、IBA、ABT-2 号生根粉对当年生半木质化插条具有良好的促根作用,其中以 ABT-2 号生根粉 0.6 mg/L 浸泡插条基部 2 h 效果最佳,生根率达 84%。另外也有实验表明,在用比利时杜鹃当年生半木质化枝条进行扦插时,从生根率及生根数量来看 IAA 的生根效果比 NAA 和 ABT 好。

利用不同浓度的生根剂(ABT、NAA、IBA)处理杜鹃园艺品种'粉妆楼'和'真如之月',结果表明,两者均以 ABT 效果最好;同一种生根剂一般低浓度促进其生根,而高浓度抑制生长,尤以 200 mg·L^{-1}效果最好;用相同浓度的同一种生根剂进行浸泡,一般根据低浓度浸泡高浓度速蘸的原则,以 1.0 h 浸泡时间的生根效果最好。这些研究都表明,不同种类的杜鹃扦插时适宜的处理激素种类也有所不同。

杜鹃生根剂可以考虑使用混合激素,混合激素处理比单独一种激素的生根效果好。大字杜鹃插条在 200 mg/L IBA+100 mg/L NAA 中浸泡 5 s,生根率显著提高。比利时杜鹃插条在 IBA、NAA 混合各为 5×10^{-4}中处理,扦插生根率达 95% 以上,并且生根多、粗壮、分布均匀。

生根激素主要有两种处理方式:一是液体浸泡;二是蘸取粉剂(混在滑石粉里的生长刺激素,称为粉剂),即先将插条在 10% 的酒精中蘸一下,再蘸取粉剂,或在粉剂中加入福美铁之类的杀菌剂效果更好。一般液体浸泡要比粉剂的处理效果好得多。卡罗来纳杜鹃($R.\ carolinianum$)插条生根的实验结果表明,浸泡与蘸取粉剂两种处理相结合更有利于生根。

扦插基质不同时,激素适宜的浓度也会有所不同。在蛭石、细砂、粗砂为基质时,使用生根粉的最适浓度为 100 mg/L,而当基质为森林土或珍珠岩时,使用生根粉的最适浓度为 50 mg/L。纯河沙与 200 mg/L IBA 组合为云锦杜鹃扦插生根的最佳组合,其腐烂率、生根率、老叶率、总根数及不定根数在所有组合中表现最佳;泥炭+珍珠岩(4:1)与 100 mg/L IBA 组合愈伤率最高,综合生根效果次之。当插条的形态结构不同时,比如带踵带顶芽、带踵无顶芽、无踵带顶芽、无踵无顶芽的插条,它们适宜的激素处理浓度因插条形态的不同也有一定的差异。插穗木质化程度不同也是影响生根激素浓度选择的一个重要因素,尤其是选择嫩枝做插条时要适当地降低浓度,具体要求还需进一步研究。淀川杜鹃扦插难以生根(生根率仅 6%),但 2 ℃的低温处理促进了生根(生根率可达 80%),尤其是与激素的结合处理效果尤为显著。

同时为了全面提高杜鹃扦插成活率,还可以利用维生素等对插穗基部进行处理。用适宜浓度的维生素 B_1 药液处理插穗可以促进薄叶马银花的插穗提早生根,并提高生根率。维生素处理也要注意浓度,不同的杜鹃种类对维生素 B_1 处理的反应也不同,一般低浓度(100 mg/kg)的维生素 B_1 处理能够促进杜鹃花的插条生根,高浓度的维生素 B_1 对扦插生根的影响较小。扦插前用维生素 C 预处理也可以提高高山杜鹃插穗的成活率。

综上所述,对于不同的栽培品种,激素的生根效果也不同,其适宜的处理浓度、方法与栽培基质、插条的形态及木质化程度等密切相关。因此在进行扦插繁殖时,针对不同的栽培品种进行扦插实验后才能大面积推广生产。

五、扦插基质的选择

用于杜鹃花扦插的基质主要有泥炭、腐叶土、珍珠岩、河沙、蛭石等。扦插基质的选用应着重考虑根系的适应性,即能满足根系生长需要。扦插要求插穗基部周围不仅有丰富的营养、良好的通气和水分条件,而且干净卫生。杜鹃根系纤细,要求根系环境湿度达 80％以上,甚至 100％,同时要求通气良好。杜鹃花扦插基质的 pH 在 4.5～6 之间为宜,针叶土、腐殖土、泥炭土、黄山土、河沙、珍珠岩及蛭石等都可以作为杜鹃扦插的基质。但杜鹃种类不同,适宜的基质和基质配比也不同。

一般认为珍珠岩是可以用于大量生产杜鹃的,其扦插生根率较高。比利时杜鹃扦插基质的实验结果表明,珍珠岩作为杜鹃花扦插基质时,与腐殖土、细石英砂、河沙相比,生根率高,生根速度也比较快,扦插效果显著。珍珠岩与蛭石相比,两者作为扦插基质时,比利时杜鹃的生根率都很高,并且两者之间无显著差异,但蛭石作基质插条生根较早,生根的数量与长度也比珍珠岩好。

但在河南省汝阳县产的野生杜鹃的扦插基质对比实验中,粗砂、蛭石和森林土,尤其是粗砂由于通气性能好,其扦插生根率较高。珍珠岩和细砂由于密度大,通气性能差,容易使插条根系发霉腐烂,扦插生根率较低。河沙作为扦插基质时比较有利于陇蜀杜鹃($R.$ $prze-$ $walskii$)的生根,其次是沙土混合,蛭石、山地草甸土基质上的生根成活率最低。这与比利时杜鹃的基质扦插实验结果稍有不同,这或许与杜鹃花种类、各地栽培基质的物理(颗粒大小)及化学性状(成分、酸碱度)等的不同有关。

另外,有研究表明珍珠岩、蛭石不能单独用于比利时杜鹃的扦插生根,即使单独应用,扦插苗生根后应及时移栽至合适的种苗生长基质中。珍珠岩＋水苔的通透性、保温性较好,扦插生根效果好于河沙、红土和蛭石。路黔等发现,在珍珠岩、腐叶土和园土的不同配比中以 2∶1∶0 的配合基质对比利时杜鹃的生根效果最好,最高可达 95％。珍珠岩与泥炭等的混合应用比较适合于杜鹃花的扦插。泥炭土容重小,孔隙度高,含有一定的养分,对水和氨还有很强的吸附能力。泥炭与蛭石的混合基质也有所应用,并且效果好于树皮与砂子的混合。

综合以上的实验结果,珍珠岩或粗砂还是比较适合作杜鹃花的扦插繁殖基质,尤其是泥炭或腐叶土的混合应用,这种混合也适合于野生杜鹃的扦插繁殖。羊踯躅扦插基质为60％珍珠岩＋40％泥炭土的扦插生根成活率也比较高。但注意砂要粗砂,颗粒大小在3 mm最好,甚至 6 mm 的砾石也可以。基质深度不得少于 7.5 cm,为了加底温,有时在基质下面放电热丝,深度要达 10 cm 才行。

六、外界环境对扦插生根及成活率的影响

在露地扦插要防止阳光直晒,但不能过分遮阴,光线不足会使杜鹃生长缓慢、纤弱。相

同条件下对比利时杜鹃进行扦插繁殖时,透光度为自然光照 50% 的比 70% 的插穗提前 4 d 生根。天目杜鹃嫩枝扦插在全光照扦插池上加一层 50% 遮阳网,天目杜鹃的生根率达 74%,比全光照高出 16%。杜鹃花扦插中,用有色玻璃和有色玻璃纸进行部分遮光实验,在不同光质下得到不同的扦插效果,蓝色和绿色的效果不显著,红色和黄色的效果显著。

杜鹃花插穗扦插成活对温、湿度的要求非常严格,长期的经验得出杜鹃花插穗扦插成活的环境指标为:最适气温 20 ℃,底温 20~24 ℃,相对空气湿度 80%~90%,基质湿度 60%~70%。当气温低于 10 ℃ 或高于 32 ℃ 时,插穗的愈合、生根及萌发就会减慢甚至停止。

七、扦插后的养护管理

将处理好的插条及时扦插到消毒基质(一般用 0.3% 的高锰酸钾溶液等对基质进行消毒处理,杀灭病虫和杂草,消毒处理后 2~3 h 才能用于扦插)中,插入深度一般为插条长度的 1/3(约 3 cm),株行距 5 cm,枝插直,插后压紧基质。但根据路黔等的研究,扦插深度为 5 cm 的扦插效果显著好于扦插深度 3 cm 的处理区。插完后立即用 500 倍多菌灵喷透基质,后每隔一周喷 1 次。注意浇水,以保证基质中有足够的水分和棚内一定的湿度,灌溉用水以弱酸性为好,这有利于插条的生根。扦插后需及时进行遮阴,日遮时数可根据天气及光照强度而定。一般扦插后 15 d 内遮阴度要高些,15 d 以后可适当逐渐减少遮阴,逐步增加光照,促使光合作用,提早生根,可以迟遮早揭。扦插生根的最适宜温度在 20~25 ℃,忌高温,如果温度过低,可采用塑料薄膜半封闭的方法来调节温度。另外,插条生根后要适当增加光照,定期喷 1 g/L 的多菌灵进行杀菌。

待扦插苗新根长到 2~3 cm 以后(即插后 1 个月),可进行移栽,移后要及时浇一次透水,使插条与土壤密切结合,以后正常管理,保持土壤一定湿度。还要注意扦插后叶面补湿 4~6 次,炎热夏季还应增加补湿次数。一般需水规律是插后 20 d 至生根前需水量稍大些,20 d 后生根阶段需适当控制,以增加土壤透气性,促使生根。插条生根后为促进生长,第 30 d 左右第 1 次追肥,每隔一周喷营养液 1 次,共 4 次。配方为 0.1% 尿素和 0.1% 磷酸二氢钾,每升加入 1 g 硫酸亚铁(用 pH 为 7 左右的水配制,营养液 pH 约为 4.5,若用碱性水质配制,需用稀盐酸将 pH 调至 4.5 左右),喷洒营养液在不浇水时进行,用喷雾器喷洒,用量为 1.5 L/m²。插条生根后追肥有利于获得壮苗。

第三节 压 条

压条繁殖是最简单、最常用的无性繁殖方法之一。压条繁殖不需要特别的技术,也不需要特殊的工具,简单易行。压条繁殖生根期间枝条不与母体分离,能将养分、水分供给被压枝条,对植株的破坏性小,生根快,成活率高,并能保持母本的优良性状,对于生根难、生根慢的杜鹃花品种,压条繁殖是比较好的繁殖方法。引种栽培数量极少、母株生长势较差、在引种栽培园种子不能发育成熟的种类等都可以选择压条进行繁殖。

压条繁殖的生根与成活同多方面因素有关,株龄、压条年龄、部位及发育状况是首先的考虑因素;其次,土壤肥力、温度、水分、氧气、光照等外界因素也都影响着压条的生根与成活。

一、压条生根的处理

1. 激素处理

生长素 IBA、IAA、NAA 等植物生长调节物质都能促进压条生根。喷施激素质量浓度为 100 mg/L 的 IBA，牛皮杜鹃（*R. chrysanthum*）和羊踯躅压条繁殖均能达到最佳生根及成活效果。原生环境下的牛皮杜鹃不进行激素处理，生根效果也很好。

2. 压条基质

基质须保湿和通气。在开始生根阶段，基质干燥、板结和黏重则阻碍根的发育。疏松土壤和锯屑混合物或泥炭、苔藓都是理想的生根基质。

3. 压条时期及枝条选择

压条分为生长期压条和休眠期压条。生长期压条，华北地区一般在 7～8 月进行，常绿树种南方多在梅雨季节进行。落叶杜鹃休眠期压条，一般以早春杜鹃花新生长开始前进行更好。休眠期压条应选择一年生枝条，生长期压条选用当年生枝，枝条应成熟。羊踯躅的压条时间宜选择在 7 月，1 年生枝条产生愈伤组织的平均值是 4.5 枝，愈伤组织率为 90%，2 年生枝条产生愈伤组织的平均值是 4.75 枝，愈伤组织率为 95%。原因是 1 年生枝条和 2 年生枝条的形成层细胞活动能力较强烈，易形成愈伤组织。

二、压条方法

根据所选枝条部位和对枝条处理的不同，压条繁殖可以分为简单压条（地面压条）和高空压条两种。压条繁殖需在拟生根处进行环剥处理，宽度为 0.5～1.0 cm，用竹管或薄膜包裹山泥或苔藓于环剥部位的上口，因压条生根多在环剥部位以上。设置扶木结牢竹管，以防枝条折断；或直接压至地面，用树杈固定，在环剥处埋山泥土。

（1）简单压条：选择生长健壮、无病的枝条，需要注意的是，所选枝条与地面的距离下压后埋入部分可以水平接触土壤。① 将选择好的枝条与地面接触部位的表皮用小刀切成长约 2 cm 的长条。② 疏松枝条埋入处的土壤深度 15～20 cm（可以根据土壤情况，考虑换土，选择适宜压条生根的疏松土壤）。③ 将切好的枝条用干净的水浸湿，进行适当的生根处理后，压埋入土壤内，表面盖土 20～25 cm 后充分浇水。为了防止压条后枝条移动或风吹土壤，影响生根，可以在盖土的上面加压石块或将压条的上部用木桩固定。

压条生根所需时间根据不同种类而异，一般需要 1～2 个生长季。部分杜鹃品种，压条 3 个月后，就发现长出须根，即可和母株分离，上盆培育。在压条移植前先切断与母株的联系，压条继续在原地保留 1 个生长季再进行移植，可以提高移植后的成活率。视压条大小或需要移栽至容器或直接地栽。

除将枝条直接压埋外，还可以将压条埋入合适大小的容器，容器安放的位置可以根据所选枝条位置而变化。这种方法对于离地面稍高的枝条更适用。整株压条通常是针对生长极差或植株老化但又需要保存资源的种类。压条方法是将植株整体水平压下，按上面简单压条的处理方法将需要压埋的枝条进行切口处理和压埋，要注意植株根部的保护。

(2)高空压条:对于生长较大型,枝条发根难又不易弯曲的常绿花木,高空压条是较理想的方法之一。高空压条就是将枝条由地面压入改为空中包埋,与简单压条一样,要选择2～3年生生长健壮、无病的枝条,由于高空压条是在植株的上部进行,因此选择枝条的位置还要注意不过于暴露、不影响树冠。例如,高压枝条应用在毛棉杜鹃(*R. moulmainense*)上十分合适,一般在生长旺季进行,挑选生长健壮的2年生枝条,在其适当部位进行环状剥皮,然后用塑料袋装入泥炭土、山泥、青苔等,包裹住枝条,浇透水,将袋口包扎固定,及时供水,保持培养土湿润。待枝条生根后自袋的下方剪离母体,去掉包扎物,带土栽入盆中,放置在阴凉处养护,待枝条大量萌发新梢后再见全光。梧桐山风景科研人员于2006年首先攻克无性繁殖技术,用高枝压条来繁育苗木,完成了毛棉杜鹃1万株的高压繁殖任务,实际成苗5000多株,首次获得毛棉杜鹃的批量苗木。

高空压条主要步骤和操作如下:① 在枝条的合适位置(离主茎至少10 cm以上距离,便于操作)削一近三角形的切口,切口的深度约达木质部的1/3,切口长度10～15 cm,注意不要切断枝条,保持与枝条的联系。② 用塑料袋装入泥炭土、山泥、青苔等,包裹住枝条,浇透水,将袋口包扎固定,及时供水,保持培养土湿润。基质首先用水浸透,湿度以手捏成团不出水为宜。包在枝条上的基质厚度为20～25 cm,宽25～30 cm,基质外面用黑色薄膜包裹,薄膜宽度35～40 cm。③ 将包埋好的薄膜两端口尽量扎紧,既可以防止多降雨地区雨水的大量浸入,导致切口因过度潮湿而腐烂,又可以在降雨不足的地区防止基质原有水分外流导致基质过干影响生根。

与简单压条相比,高空压条需要注意的是:① 选择的枝条与主茎要保证一定角度,如果是在降雨量较高的园地,选择近直立或与主茎角度较小的枝条,而降雨量较少的园地则尽量选择生长较平展的枝条。② 在降雨少的园地注意枝条湿度的保持。③ 高空压条生根所需时间稍长,至少需要2个以上生长季;与地面压条一样,空中压条也不需要特殊的管理,其移栽时间和移栽管理与地面压条相似。

三、压条后的管理

基质的保湿性和透气性对压条的生根有很大影响,压条后主要是要注意保持土壤湿润。在冬季严寒地区注意防寒。在生长期间注意松土除草,使土壤疏松,通气良好,以促进生根。在形成良好的根系后分割,将枝条切离母株,较大的枝条可以分2～3次切割,避免分割过早影响成活率。不同杜鹃种类压条生根所需时间不同,一般需要1～2个生长季。压条后经常浇水使土壤保持湿润,一般50 d左右发根,3～4个月后可剪离母株,之后的栽培、养护与扦插幼苗一样。

第四节 嫁 接

把一种植物体的枝和芽与另一种植物体的根或茎相接合,使接在一起的两个部分长成一个完整的植株,利用砧木根部吸收的营养供应接穗生长枝叶并开花结果,叶片光合作用制造的碳水化合物输送给根部,这种人工繁殖方法称为嫁接。杜鹃花的嫁接并不常用,因为嫁接的植物并不像扦插那样用自己生的根系吸收养分,以致营养不能充分供应生长。接口部分遇到大雪或大风会承受不起,引起断裂,而且嫁接后植物的寿命缩短。所以只有在一些特殊的情况下才用嫁接繁殖。

一、需要嫁接的几种情况

1. 为了杜鹃盆景加工制作或者得到特殊的株型:利用特殊造型的砧木进行嫁接,制作不同风格特色和造型的盆景,若将不同花色杜鹃嫁接于同一株桩上,可花开多色,五彩缤纷,提高观赏性。有一种酒红杜鹃的杂种,扦插苗直立生长,但嫁接在长序杜鹃(R. ponticum)上就变成矮生伏地或垂枝的树形,也有一定的市场空间。

2. 获得大规格乔木状杜鹃:在规整式园林中,有时需要多品种嫁接到独干杜鹃上。进行聚成嫁接时,可选用具备较大树体形态的弯蒴杜鹃(R. henryi)、鹿角杜鹃(R. latoucheae)、香宾杜鹃等作砧木,通过嫁接手段能够快速培育出大规格西洋杜鹃,还可把不同花色的西洋杜鹃完美组合于一棵树上,形成五彩缤纷、异常美丽的效果。

3. 为了满足杜鹃对特定生存环境的需要:有些杜鹃在热带雨林中是用自己的气生根吸取潮湿空气,像热带兰那样生活,离开热带雨林,一定要嫁接在长序杜鹃上才能正常开花。开美丽黄花的乳黄杜鹃及其杂种后代都喜欢酸性很强的土壤,如果嫁接在长序杜鹃上,即使在酸性不是很强的土壤中也能很好地开花。

4. 合理运用珍稀濒危植物:虽然嫁接植株的生长速度较慢,而且受到砧木、接穗及季节等因素的影响,难以达到恢复濒危物种的种群数量的目的。但嫁接培育观赏高山杜鹃,可缩短培育时间,在生产中有取材容易、操作方便、观赏效果好的优点,可以丰富高山杜鹃植物在园林方面的运用。

5. 为了缩短育种周期,进行嫩枝嫁接:将杂交实生苗的嫩枝嫁接到成熟的、可开花的植株上,嫁接成活后,第二年就可以开花。

二、砧木的准备

嫁接杜鹃常用毛鹃作砧木,以 6 月花谢后扦插为宜。嫁接前需要先育砧木,可在温室内用砖砌成宽 1.5 m、高 10 cm 的插床,长度以砧木扦插量的多少而定。将洁净的河沙填入插床作基质,用木板整平待插。砧木的插穗选用当年生带木质化的健壮新梢,剪成 7～8 cm长,除去下部叶片,上部带 3～5 片小叶,下部斜削一刀。随剪随插入已准备好的插床上,入土深度 2～3 cm(插穗的 1/3 左右),株行距为 5 cm×5 cm,插后浇足底水以后,常保持湿润,在插床上扣小拱棚,保温保湿,使拱棚内温度白天控制在 28～30 ℃,夜温控制在 16 ℃以上,白天温度过高时,在拱棚上盖遮阴网或用草帘遮阴,中午干燥时,及时向小拱棚内喷雾增加空气湿度,经 50 d 左右即生根。此时应逐渐增加光照,适当放风。当根生全后,定植在花盆中生长,盆土以针叶腐叶土为好。定植后加强肥水管理,及时整形,使保留的枝条疏密适当,整齐美观,以便于嫁接。如管理得当,2～3 年便可嫁接。

一些值得推荐的砧木品种如下:

(1) 长序杜鹃:原产于小亚细亚、高加索一带的中型灌木,生长强健,根系发达,在不同酸度土壤中均能发育良好,很耐寒,基生枝的叶片狭长,容易识别。亲和力十分广泛,但易生病。

（2）极大杜鹃（R. maximum）：原产美国中部，嫁接后不易生病。

（3）酒红杜鹃（R. catawbiense）：酒红杜鹃及其实生苗后代是很好的砧木。

（4）白花杜鹃（R. mucronatum）：属映山红亚属，是大量栽培的毛鹃的原始种，毛鹃中大叶大花的品种都适于作砧木，半常绿，亲和力强，形成层较厚，愈合快，成活率高，接活后生长快。砧木可选用 3 年生或多年生、生长健壮的植株。

（5）大白杜鹃（R. decorum）、云锦杜鹃、喇叭杜鹃：为无鳞类常绿杜鹃，这 3 种原产我国，都是属于同一亚组的。在美国西海岸的苗圃很喜欢用其作砧木。

（6）有鳞类杜鹃：此类杜鹃的嫁接必须接在有鳞类范畴内各种杜鹃或它的实生苗后代上。例外的是有鳞类的大花杜鹃（R. megalanthum）及其同一亚组的杜鹃，都能接在长序杜鹃（属无鳞类）上，生长很好。

（7）无鳞类中的杯毛杜鹃亚组（Subsect. Falconera）和大叶杜鹃亚组（Subsect. Grandia）：这类杜鹃在嫁接时，选择砧木一定要在本亚组内选择，否则亲和力很差。

（8）盆景嫁接中较为常用的砧木品种多为毛鹃，因为其具有生长快、易管理、抗病抗逆性强的优点。夏鹃也是一类可选择的砧木种类。在制作一些老桩盆景时会以映山红为老桩进行多头嫁接。

（9）进行大规格西洋杜鹃嫁接快繁时，弯蒴杜鹃、鹿角杜鹃和香宾杜鹃等大树杜鹃也可作为砧木。

三、接穗的准备

接穗应选择生长健壮、无病虫害、半木质化程度适宜（也有用未木质化的嫩梢），且与砧木有较强的亲和性的品种。选取 3～5 cm 长、带有花蕾或不带有花蕾的枝条作接穗（选备好的名贵品种），用刮脸刀片将接穗削成楔形，削好的接穗要保留 2～4 片叶，其余应立即剪掉，随采随接。如果嫁接数量多，应分品种，用湿毛巾包裹好，以保持接穗鲜嫩。

四、嫁接的时期及对应的方法

1. 休眠期嫁接：指在 11 月至翌年 1 月即晚秋至早春植物相对休眠的时间内进行的嫁接，其中以早春最适合。

（1）枝接：指常绿或落叶杜鹃用 1 年生枝的顶梢或中段进行嫁接。接在砧木顶端的有切接、劈接、鞍接等方法，统称顶接。接在砧木侧面的如腹接、镶接、嵌接、夹接等，统称侧接。

（2）芽接：接穗只是一个休眠的单芽，用各种切削的方式使这个单芽接入皮层内的形成层，逐渐发育成单株。

2. 生长期嫁接：指春、夏、秋 3 季杜鹃正在生长中进行的嫁接。

（1）靠接（又称诱接或贴接）：砧木与接穗是两株独立生长的杜鹃，使二者的形成层接触，成为连理枝，然后砧木剪去上部，接穗剪断下部。

（2）嫩枝顶接：将正在生长的枝梢接在砧木的枝顶上。

（3）嫩枝侧接：将 1 枝或多数嫩枝接在砧木的侧面，形成一株多色。

五、嫁接的具体操作方法

根据砧木杜鹃的萌芽和枝干 2 种不同形态而选择相应的嫁接方法。砧木杜鹃萌芽条嫁接宜用劈接方法。前期工作准备完毕后，在砧木新梢高度 2～4 cm 处剪断，摘除上端 2～3 片叶，用刀片在断面直径处纵切 1 cm 左右。接下来将接穗下端两边用利刀切削成楔形（V形），长 1 cm 以内，比砧木深度稍短，然后对准两边形成层插入砧木劈口至底部，捏住。操作时尽量一刀削成一面，切削面应平整，切面长度要和砧木切口长度一致。若接穗和砧木粗细不等，则对准一边形成层，使接穗形成层与砧木形成层对齐（至少一边对齐），这是嫁接成活的关键，最后用薄膜带自上而下绑扎或用棉线从下至上覆瓦交叉式扎缚接口处，松紧适度，以不伤及表层、接口处无缝隙为度，除此以外还可用嫁接夹进行固定。固定后将砧木叶片往上拢起，把接穗包裹在中间，然后套上塑料袋，把口扎紧。包进的砧木叶片越多越好，切不可剪去。因砧木叶片除了通过光合作用制造养分供应接穗外，还能蒸发水分，增加袋内空气湿度，保持接穗的湿润，加速伤口的愈合。枝干嫁接选用皮接法效果较好，皮接方法与劈接方法仅切砧不同，其余步骤相同。切砧具体方法是在枝干上平滑处锯断枝条，在锯口边上纵切 1 刀，深达木质部，长度为 1.5～2.5 cm，随即将刀片旋转约 90°沿圆周的形成层方向，刀片下方不动，上方向内顺推 1～1.5 cm，而后插穗、捆绑、套塑料袋。

六、嫁接后的管理

嫁接时选用的砧木和接穗不同，嫁接后的养护管理也存在一定差异。一般嫁接后将盆置于通风和光线充足处，但不能让太阳直晒。盆土可偏湿，但不可太湿，以防砧木腐烂。同时注意控制生长的温度。

以西鹃嫁接盆栽养护管理为主，对杜鹃嫁接后养护管理进行介绍。嫁接后将盆置于通风和光线充足处，能加速砧木生长，有利于伤口的愈合，但 15 d 内不能晒强光，可在早晨晒1～2 h，10 点钟后遮阳通风，以后逐步延长日照。盆土可偏湿，但不可太湿，以防砧木腐烂。约 10 d 后透过塑料袋做检查，如发现砧木的腋芽萌发应剥除。25～30 d 时解开外罩的塑料袋口扎绑线，解绑 5 d 后摘去塑料袋，每天向叶面喷雾数次，需要避开烈日直射。去袋一周后才可让阳光由弱至强照射，去袋半月后即可正常管理。嫁接时的环境温度需保持在 18～23 ℃，不高于 25 ℃，接后最好采用增加底温的办法，以加速伤口愈合。温度控制在 22～28 ℃，若高于 30 ℃，可遮阴或喷水降温。湿度控制在 85％以上。可在暖气设备上放块木板，再将盆置于木板上，并注意夜间温度不能高于白天温度，防止引起植物生理紊乱，导致嫁接失败。接口处的绑扎线或薄膜于翌年清明前后剪除掉。当年不要剪，以防胀裂或折损。

在浇水时注意水温不宜过冷，尤其在炎热和严寒季节中，如若骤然用过冷水浇灌，造成土温降低，会影响根系吸水，干扰植株生理平衡。水量要按植株大小、盆土多少、生长势强弱和季节气温而定，应以浇水就浇透为原则，否则从表层上看去，似已浇湿，但中下层尚未湿透，容易发生旱害。杜鹃喜肥，但不喜大肥、浓肥，一般稀淡为宜，每半月施 1 次稀饼肥水，施肥时最好在傍晚前进行,翌晨再补浇一次清水,冲淡土壤中残留肥液的浓度,以防肥料浓度不当,引起根系组织反渗透而造成肥害。适时修剪整枝、摘心,以利通风透光和养分集中,使株型均衡美观。

细心观察叶面的变化。若叶子发黄,可能是缺铁,也可能是缺锌、铝等微量元素或缺氮,遇到这种情况,可施用微肥或施少许食糖、食醋等。也可铲取车前草丛生地方的表皮土(土壤中含锌较多),连同车前草(根)一起倒入缸内,加水发酵后稀释施入盆中。梅雨季节(特别是7~9月)高温高湿,是杜鹃病虫害高发期,需每10 d喷洒一次等量或倍量式的波尔多液。

七、杜鹃嫁接在盆景上的应用

通过嫁接的盆景杜鹃不仅成型快,而且在嫁接时把不同花色品种杜鹃接在同一植株上,使杜鹃盆景五彩缤纷,花色艳丽。现将盆景杜鹃嫁接快速成型技术介绍如下:

(1)砧木选择:砧木应选用3年以上具有一定形态的夏鹃、毛鹃,树桩形态的选取最好最接近造型的需要。

(2)砧木处理:原地栽的夏鹃、毛鹃12月至翌年3月前起苗上盆,上盆后可立即定型。该项工作最迟应在3月上旬完成,定型可根据本身形态用铅丝将主杆和侧枝进行绑扎,扭曲成直杆式、悬崖式、双杆型、提升型、曲杆型、多杆型、卧杆型等。4月上旬新芽萌发,及时抹去不需要的和过密的芽。

(3)接穗选择:接穗宜用叶小、花色艳丽的春鹃。春鹃有70余个品种,如果制作多色的杜鹃盆景应选择不同花色、相同花期和叶型的品种。

(4)嫁接方法:同一般嫁接,每扎片嫁接5芽以上,以便盆景早日成型。

(5)扎片定型:待接穗生长半木质化后可逐步用细铅丝绑扎成片,并经常摘心,使叶芽萌生、稠密,每盆应有3片以上,左右、上下层次分明,定型后根据片子大小进行修剪,3年即可成为像样的盆景杜鹃。

杜鹃盆景的优点是枝短叶密,景观稳定,尤其是夏鹃,叶小油亮,嫁接后集观景、品叶、赏花为一体,可谓景花合璧,诗画交融。若将不同花色杜鹃嫁接于同一株桩上,即可花开多色,五彩缤纷,而且嫁接后杜鹃的抗逆性显著提高。管理上,除在4~5月注意防治红蜘蛛及黑斑病外,没有更多病虫害,养护十分简便,适宜千家万户莳养。

第五节　组织培养

一、组织培养技术概论

植物细胞的全能性是植物组织培养的理论基础,即植物组织或器官等任何具有完整细胞核的细胞在特定环境条件下均能表达产生一个独立的、完整的植株,因为它们都拥有遗传信息传递、转录和翻译能力,即拥有形成一个完整植株的全部必需遗传信息。植物组织培养是在无菌的条件下培养植物离体材料,这些用于无菌培养的离体植物材料称为外植体。外植体泛指第一次接种所用的植物组织、器官等材料,包括顶芽、腋芽茎段、茎尖形成层、皮层、花序、花瓣胚珠、叶片、叶柄、花粉、根、表皮组织、胚、胚轴、子叶、胚根、块茎、原生质体等。

植物组织培养根据其培养过程,分为初代培养、继代培养和生根培养。从植物体上分离下来的外植体的第一次培养为初代培养,以后将培养物质转移到新的培养基中,为继代培养。植物培养过程中,一个已分化的功能专一的细胞要表现它的全能性,首先要经过一个脱分化的过程,即脱离该细胞原来的分化途径,改变原来的结构和功能,恢复到无组织特异性的分生组织状态或胚性细胞状态。然后脱分化的分生细胞重新恢复细胞分化能力,沿着正常的发育途径,形成具有特定结构和功能的细胞、组织、器官,直至形成完整的植株。

在植物组织培养中,外植体的选择是进行组织培养建立无菌体系以及植株再生的关键一步。尽管所有的植物细胞都具有"全能性",即重新形成植株的能力,也就是植物的任何器官在理论上都可以用作外植体,但不是任何细胞都能表现出来。所以,接种时要选择那些在培养时易起反应,容易进行再分化产生植株的部位作实验材料。实际上,在同一植物的各个不同部位的组织、器官中,其形态发生的能力可因植株的年龄、季节及生理状态而有很大不同。这会影响到繁殖效果以及成本。因此,在决定选用一个合适的培养材料时应考虑以下几个方面:

(1) 植物的种质(种类及品种或类型)选择:应考虑选择具有良好表型的植物。例如针对园林植物,选择观赏价值高、抗逆性强的植物;对于作物,选择抗逆性强、产量高、产品质量好的植株。为育种选择的外植体,应根据育种目标,选择表型最优的材料。理论上任何一种植物都能进行组织培养,实际上物种间、品种间或类型间差异很大。一般选择原则:① 选易于离体培养的种类、品种或类型;② 选生产上或研究上意义比较大的种类、品种或类型;③ 考虑褐化问题等。

(2) 外植体的增殖能力:为扩大繁殖系数,外植体必须有良好的增殖能力。不同外植体的增殖能力与培养基类型及各种调节物质等密切相关,因此对外植体的选择需要考虑通过实验筛选繁殖不同基因型植物所需的特殊培养基,在适宜的培养基中继续筛选增殖能力最强的材料。

(3) 外植体的大小:培养效果是一个外植体细胞总体对各种培养因子的综合反映,因此外植体的表面积、体积、细胞数量等都会影响培养效果。一般选择的外植体大小可以在0.5~1 cm。外植体太大时容易污染,过小时不容易启动或启动后仅仅产生愈伤组织。在以植物的脱毒为培养目的时,一般要选用较小的外植体,如果选择的外植体过大,组织中仍含有病毒,就达不到通过组织培养脱毒的目的。一般用于脱毒培养的植物材料应在0.2~0.5 cm。对于仅用于诱导愈伤组织的外植体,材料大小并无严格限制,只要将茎的切段、叶、根、花、果实或种子等的组织切成一片片或一块块接种于培养基上就可以了。至于茎尖、胚、胚乳等培养,则按器官或组织单位切离即可。

(4) 外植体的年龄和着生部位:材料的幼化程度与植物的年龄和着生部位关系密切。外植体的幼化程度直接影响着组织培养的结果,一般来源于幼年植物的外植体要比来源于成年树的外植体容易培养。如果必须从成年树上选取外植体时,应考虑从成年植株的新分生的幼年期的部位取材。外植体的部位效应,不仅适合成年树,同时也适合幼年树,即同株植物体中,一般较低部位的外植体要比上部的外植体容易启动,培养成功可能性大。外植体大体上可以分为带芽的外植体和由分化组织构成的外植体两大类。前者包括茎尖、侧芽、原球茎、鳞芽等,后者指由分化的组织构成的外植体,如茎段、叶、根等营养器官及花茎、花瓣、花萼、胚珠、果实、花药等生殖器官,多由已分化的细胞组成。由它们再生植株,多有一个从分化状态恢复到分生组织状态的脱分化过程。所以,由这类外植体接种的材料常常要经过愈伤组织阶段再分化出芽或产生胚状体而成为再生植株。

(5)外植体的取样季节和时间:外植体的取样季节和时间,对培养材料的启动和培养至关重要。一般处于生长季,较幼嫩的外植体培养容易,春夏季取材灭菌容易,秋冬季取材难以成活,雨季湿热季节取材不容易成功。

(6)木本材料的特殊性:木本植物和草本植物相比,有着其特殊性。木本植物是一个高度分化的多年生植物,关于它的生物学方面还有许多未知的东西。与组织培养相关的主要表现在以下几个方面:① 纯系比较难以获得;② 年龄效应比较明显,高年龄材料难于培养;③ 野生大树取材困难,灭菌难,增生难,不同取样期结果不一;④ 位置效应比较明显,不同取样部位的培养结果不一;⑤ 经常需要进行幼化处理;⑥ 由于多年田间生长原因,杂菌感染严重;⑦ 木本植物材料经常出现深休眠,需要预先解除休眠。因此,应该首先选择已有的无菌植物材料,其次考虑选用温室植物,最后才从野外生长植株上取材。外植体取材部位不同可导致其生理生化状态的差异,从而影响组织培养的形态发生。

木本植物组织培养再生途径有三种。

(1)体细胞胚胎发生途径:在植物组织培养中,体细胞胚是起源于一个非合子细胞的双极性胚状结构,它由非合子细胞经过胚胎发生和胚胎发育过程而形成。体细胞胚胎发生途径是指在适宜条件下,体细胞经过多次分裂先形成原胚,然后经过球形胚、心形胚、鱼雷形胚等不同发育阶段,最后发育成具有明显子叶和胚轴的成熟体细胞胚。间接发生和直接发生是目前体细胞胚发生的两种方式。间接发生是指外植体分化形成胚的过程中先由外植体形成愈伤组织,然后愈伤组织细胞分化形成胚;直接发生是指器官、组织、细胞或者原生质体等外植体自身直接分化形成胚。

(2)器官发生途径:指原生质体、细胞、植物组织、器官等在离体状态下进行组织培养,最终形成无根苗、根、花芽等器官的过程。器官发生途径一般先诱导形成芽,芽增殖后将其分成单个芽培养成芽苗,然后通过创造合适的生根条件诱导这些芽苗生根,最终形成完整植株。木本植物器官发生途径主要有间接器官发生和直接器官发生两种。间接器官发生是指外植体先脱分化后再分化,即先形成愈伤组织,再从愈伤组织内部或表面分化形成芽和根的现象;直接器官发生过程是木本植物组织培养繁殖的主要途径,是指由块茎、原球茎、腋芽、茎尖、鳞茎、球茎等外植体直接分化出器官,不经过脱分化愈伤阶段。

(3)无菌短枝扦插途径:无菌短枝扦插又称为微型扦插,它是指在无菌条件下,创造适宜的培养条件促使有活力的潜伏芽长出芽,增殖产生丛生芽,生根,最终长成完整植株的方法。它在组织培养无性繁殖中被广泛应用,因为这种方法从芽到芽,不经过脱分化愈伤组织过程,繁殖速度快,遗传性状较稳定,移栽成活率高,培养过程相对简单,无论在质量、数量还是经济方面都优于其他传统繁殖方法。

二、杜鹃组织培养外植体的选择及灭菌处理

杜鹃花组培快繁采用的外植体种类较多(表 3-1),其中包括茎尖和茎段、种子、嫩芽、叶

片、花蕾、种子无菌苗等,即使是同一种类的不同外植体,组培效果也不尽相同。无菌环境是组培成功的关键。除操作人员对无菌操作流程技术掌握熟练之外,外植体本身灭菌彻底,会有效减少污染的发生。外植体的种类、取材的季节、部位和预处理方法及消毒方法等都会关系到外植体的带菌情况。在对材料进行表面消毒之前,应依照材料种类选择不同的消毒剂。不同材料对消毒剂种类、浓度、消毒时间的耐受力不同,选择合适的消毒剂才能达到预期的效果。由于植物材料本身具有生命力,而消毒剂使用不当会在一定程度上对其造成破坏,因此,对外植体进行灭菌的原则是以不损害或轻微影响植物材料生命力且完全杀死植物材料表面的全部细菌为宜。

表 3-1　杜鹃花属植物常用的外植体类型

外植体类型	种(品种)
茎段	高山杜鹃'火箭'(Rocket)、'Jean de Marle Montage'、'Nova Zembla'、'Cosmopolitan'、'Germania Donator'、苞叶杜鹃、大白杜鹃、银叶杜鹃、马缨杜鹃、云锦杜鹃、美容杜鹃、喇叭杜鹃、文雅杜鹃;迎红杜鹃、红枫杜鹃、西洋杜鹃、东洋杜鹃
茎尖	迎红杜鹃;马缨杜鹃、西洋杜鹃
叶	苞叶杜鹃;云锦杜鹃、牛皮杜鹃、大白杜鹃、大树杜鹃、桃叶杜鹃、银叶杜鹃、马缨杜鹃;亮毛杜鹃; 西洋杜鹃'红宝石'(Redjack)'粉冠军'(Brittania)
芽	牛皮杜鹃、马缨杜鹃、银叶杜鹃;照山白; 西洋杜鹃'britannia''america'
花蕾	西洋杜鹃
胚轴	大白杜鹃、马缨杜鹃 西洋杜鹃
根段	银叶杜鹃

灭菌药剂有化学药剂和抗生素两种。常用的化学药剂主是对外植体进行表面灭菌,特殊情况下,采用抗生素灭菌。灭菌药剂要求本身灭菌效果好,容易被蒸馏水冲洗掉或本身具有分解能力,对人体无害,对环境无污染。杜鹃是木本植物,内部和表面附着多种细菌、真菌,外植体消毒难度大且接种易污染。酒精(75%)、升汞(0.1%~1%)、次氯酸钠(2%~10%)、双氧水(约10%)、新洁尔灭等常用的灭菌药剂在现有杜鹃的组培中都有所应用。有人对杜鹃外植体的灭菌方式进行了探讨,以升汞灭菌方式较好。但也有人认为升汞毒性太大,容易造成外植体严重褐变,尝试用次氯酸钠比较温和,杀菌效果也比较好。但对于不同植物材料,适宜的杀菌方式都有所不同,杀菌是组织培养的第一步,有必要针对不同的外植体进行系统探讨,筛选适宜的杀菌方式。

参考近年来杜鹃花组培技术的文献资料,根据不同杜鹃外植体类型,对其适宜的灭菌方式进行了以下分类整理:

1. 茎尖和茎段:可在4~8月野外采集杜鹃当年生嫩枝,当新生的分枝长至5 cm左右、叶片刚转绿平展时剪下枝条,去叶,剪取其茎尖或长0.3 cm、带1个腋芽的茎段以备接种。休眠枝条则在实验室水培10~20 d,促使腋芽萌发。或者用盆栽材料,将进口种苗栽种在塑料花盆中养护,成活后剪去枝条顶部,以促进分枝生长。当新抽生的分枝长至 6 cm 左右,叶片刚转绿平展时,剪下枝条,去除叶片。

具体灭菌方式如下:① 洗洁精清洗,清水冲洗材料 2 h;② 饱和洗衣粉水洗 30 min;③ 自来水冲洗 15 min,用滤纸吸干其表面水分;④ 在无菌室超净工作台上用 75%酒精灭菌 30～60 s(根据酒精浓度可以适当缩短或者延长时间),也有直接用 0.1%升汞消毒 1～5 min;⑤ 无菌水冲洗(在这中间有人用 1∶50 新洁尔灭液消毒 20 min 后,再用升汞消毒 15 min);⑥用含 0.005%吐温-20 的 0.1%升汞消毒 15 min;⑦ 无菌水冲洗。

2. 种子无菌苗的制备:已开裂的种子先用 25 ℃温水浸泡 48 h,后用 250 mg/L 的 GA$_3$ 浸泡 4 h,滤纸吸干表面水分,放在超净工作台上尽量晾干种子,备用。用种子培育成无菌苗后作为外植体,在杜鹃播种后,待实生苗长到 1.0～1.5 cm 时作为组织培养的外植体。

种子具体消毒步骤如下:① 70%～75%酒精灭菌 30～60 s,用无菌水冲洗;② 用含 0.005%吐温-20 的 0.1%～0.5%升汞消毒 10～20 min;③ 无菌水冲洗 4～5 次。

3. 嫩叶:6～7 月采野生杜鹃新萌发嫩叶;或剪取杜鹃组培苗上部幼嫩叶片,切除叶柄;或者采用盆栽的 1～2 年生西洋杜鹃,取 1.5～2.5 cm 长的新发嫩叶,灭菌,修剪叶片边缘部分,将其剪成 2 片备用。

具体消毒步骤如下:① 用洗涤灵水溶液漂洗叶片,用自来水冲洗 30 min,取出置于超净工作台上;② 70%酒精灭菌 30～60 s(或 75%酒精灭菌 1 min);③ 0.005%吐温-20 的饱和次氯酸钠消毒 3 min 或 0.1%升汞消毒 6～10 min;④ 无菌水冲洗 8～10 次,用无菌滤纸吸干表面水分,切除被杀菌消毒剂损伤的部分,分割待用。

4. 新萌发的嫩芽:旺盛生长季节(3 月下旬到 4 月上旬)取杜鹃新发枝的幼嫩芽,因为这个时期外植体处于旺盛的生长状态,而且芽的苞片还未展开,将带苞片的芽进行消毒,即使灭菌时间长一些也不会伤害到里面的茎尖生长点,接种后成活率高,增殖速度快,褐变程度轻。也有 3 月采休眠枝条在实验室内水培促使腋芽萌发,待萌发并长至 2～3 cm 时剪下。

具体消毒步骤如下:① 清水冲洗材料 0.5 h 以上;加入适量洗衣液浸泡 30 min,再用清水冲洗 4 h;② 70%～75%酒精灭菌 30 s～3 min,无菌水冲洗 3～5 次;③ 用含 0.005%吐温-20 的 0.1%升汞消毒 5 min 或者用 5%青霉素浸泡 10 min,又或者用 0.5%饱和次氯酸钠浸泡 6～8 min;④ 无菌水冲洗后浸泡 2 min,重复冲泡过程 3～5 次。

5. 种子胚的培养:当杂交育种进行胚拯救时常常需要提前采收蒴果,直接灭菌,然后进行组培。也可以在种子成熟但蒴果还未开裂时取样,进行灭菌,可以解决蒴果开裂后,由于种子极细小,消毒灭菌较困难的问题。

消毒步骤如下:① 清水冲洗材料 2 h;② 在超净工作台上用 70%～75%酒精灭菌 30～60 s,无菌水冲洗 1～2 次;③ 用含 0.005%吐温-20 的 0.1%升汞消毒 10 min,无菌水冲洗 5 次;④ 用含 0.005%吐温-20 的 10%过氧化氢溶液浸泡 3～5 min,无菌水冲洗 5～6 次;⑤ 用消毒滤纸吸干表面水分,剥开蒴果,将种子抖撒在种子萌发培养基上。

6. 花蕾:带梗小花蕾,花蕾横径在 0.8 cm 左右。经 5%的次氯酸钠消毒 3 min 预处理后的花蕾,去除花蕾外苞片,转而用 0.1%升汞 2 再消毒 8 min;无菌水冲洗后接入培养基。培养 1 周后将无污染的花蕾转移到不定芽诱导培养基中。另外,未开花的休眠芽也可以进行组培:70%酒精浸泡 60 s,含 0.2%链霉素的 2%次氯酸钠浸泡 8 min,无菌水冲洗。

三、杜鹃初代培养及激素等的应用

（一）杜鹃初代培养的基本培养基类型

　　将外植体接种后的第一次培养称为初代培养。初代培养的目的在于获得无菌材料和无性繁殖系。初代培养时，常用诱导或分化培养基，即培养基中含有较多的细胞分裂素和少量的生长素。在离体培养条件下，不同植物由于各自的遗传特性、生物学特性都不一样，因此植物组织保持良好生长的营养要求随植物种类而变化，甚至同一植物的不同部位的组织以及同一部位的组织处在不同的生长时期对营养的要求也不一样，只有满足了它们各自的要求，才能正常生长，因此选择适宜的培养基对植物组织培养非常重要。

　　根据营养水平不同，把培养基分为基础培养基和完全培养基。基础培养基只含有大量元素、微量元素和有机营养物。完全培养基是在基本培养基的基础上，根据实验的不同需要，附加一些物质，如植物生长调节物质和其他复杂有机添加物等。基础培养基的配方种类很多，根据培养基的成分及其浓度特点，可将其分为四类：高盐成分培养基、硝酸盐含量较高的培养基、中等无机盐含量的培养基、低无机盐类培养基。常用的基本培养基有 MS、1/2MS、1/4MS、Read、WPM 和 Anderson 等。

　　MS 培养基：是 1962 年由 Murashige 和 Skoog 为培养烟草组织时设计的，是目前应用最广泛的一种培养基。其特点是无机盐浓度高，具有高含量的氮、钾，尤其是铵盐和硝酸盐的含量很高，能够满足快速增长的组织对营养元素的需求，有加速愈伤组织和培养物生长的作用，当培养物长久不转接时仍可维持其生存。但它不适合生长缓慢、对无机盐浓度要求比较低的植物，尤其不适合铵盐过高易发生毒害的植物。在使用中，可以将 MS 培养基的大量元素减少到原来的 1/2、1/3 甚至 1/4，以降低无机盐的含量。

　　Read 培养基：1982 年 Read 在进行耐寒落叶杜鹃花组织培养时，将 MS 培养基中大量元素含量约减少为原来的 1/4，并减少硝酸铵和硝酸钾的用量，加大了硫酸铵的用量，将铵根离子和硝酸根离子的量调整为 1∶1，并去掉了可能对杜鹃有害的 KI，这就是 Read 培养基。Read 培养基很适合对矿物盐的需求量低的一些杜鹃花的组培，尤其适合耐寒落叶杜鹃花。

　　WPM 培养基：Lloyd 与 McCown 为山月桂茎尖培养研制出木本培养基（Woody Plant Medium），缩写为 WPM，根据 MS 培养基改良而来，用硫酸钾替代了硝酸钾，硝酸钾的含量也降低到了 MS 培养基的 1/4，氮盐主要以硝酸钙的形式供应，大大促进了杜鹃离体培养的实验进程。这种培养基对杜鹃花科的一些木本植物的离体培养非常有效。

　　Anderson 培养基：1975 年 Anderson 培养山杜鹃所用培养基被称为 Anderson 培养基，随后他发现这种培养基的高盐对某些杜鹃有毒害作用，于是他用一种生物测试系统修改了 MS 培养基中的盐分比例，研制出新的配比，称之为 Anderson 的改良 MS。

　　Read、MS、1/2MS、1/4MS、WPM 和 Anderson 等各种培养基在杜鹃初代培养中都有应用。表 3-2 到表 3-4 列出杜鹃不同外植体进行组织培养时所采用的基本培养基类型及各种激素配比，从这些研究报道可以看出不同种类的杜鹃、同一杜鹃不同的外植体类型，其适合的培养基不同，需根据具体杜鹃种类具体探讨。

　　杜鹃茎段与茎尖组培时，Read、改良 Read、改良 MS 等培养基都有应用（表 3-2）。研究表明,西洋杜鹃茎段组培时,改良 Read 培养基的出芽率最高,优于 Read 培养基和 1/4MS 培养基。梁巧玲和赵鹏发现嫩枝茎尖组培时,相比 MS、1/2MS、1/4MS,Read 培养基对西洋杜鹃初代培养物的诱导有更好的表现。在迎红杜鹃茎尖或带芽茎段诱导组培时,Read 和改良 MS 作基本培养基明显好于 1/4 MS 和 Anderson,以 Read 诱导分化的效果最好,在该培养基上外植体不仅生长良好,还可以分化出较多的幼芽,其次为改良 MS 培养基。

杜鹃叶片组培常使用 WPM、MS 以及降低无机盐浓度的 MS 培养基。张杨军等发现与 MS、6,7 - V 培养基相比,WPM 培养基有利于云锦杜鹃幼嫩叶片愈伤组织的诱导。梁晓华和李晓刚用 ER、Anderson、杨乃博、1/10MS 四种培养基分别对茎尖、叶片、花芽和带侧芽的器官进行组培,均获得成功,其中叶片在 1/10MS 培养基中生长状况良好。

王亦菲等在两种西洋杜鹃('britannia'和'america')的顶芽与侧芽诱导培养中,发现 Read 培养基比较适合,丛生芽的诱导率达 85%,其次是 Anderson 培养基。其他外植体适用的培养基种类各有不同。周艳等以 30 d 苗龄的无菌苗下胚轴为外植体,进行芽诱导培养实验,结果表明不同培养基之间芽的诱导率差异性显著,1/4MS 培养基的诱导效果好于 MS 和 Anderson 培养基。李朝婵等对大白杜鹃无菌苗的上、下胚轴及嫩叶进行愈伤组织诱导时发现,1/2MS 诱导效果好于 MS、1/4MS、WPM、1/2WPM 及 1/4WPM,同时上胚轴的诱导效果较好。西洋杜鹃花蕾离体培养中,ER 培养基组合整体好于 MS,这与 MS 中无机盐中氮浓度过高有关,再则 ER 中 KH_2PO_4 含量也是 MS 培养基中的 2.4 倍,高浓度磷、钾对木本植物来说是必需的,有利于下一步的继代或无根苗直接外移成苗打下基础,这在实验中表现明显。

（二）激素种类及浓度的探讨

基本培养基保证了培养物的生存与最低的生理活动,但只有配合使用适当的植物生长调节剂才能诱导细胞分裂、分化、生长、发育。已有研究表明生长素有利于愈伤组织的形成,而细胞分裂素有利于不定芽的分化,因此在诱导愈伤组织的过程中经常在培养基中添加较多的生长素,而在分化培养中则增大细胞分裂素与生长素的比例。有研究表明细胞分裂素和生长素的比例还会决定器官直接再生与否,一般细胞分裂素和生长素的比例为 (10~100):1。

常使用的生长激素主要有 NAA、IAA、IBA 等,细胞分裂素主要有 2 - ip、ZT、KT、6 - BA 等。现在有一种新型的细胞分裂素噻苯隆(TDZ)也被运用到杜鹃的组培中,诱导丛芽效果较好,但我国仍主要采用 ZT 和 6 - BA。6 - BA 在目前植物组织培养研究中是较常用的一种细胞分裂素,能使大部分植物发生分化获得植株再生,然而对有些植物来说却不合适并常常表现出毒害。TDZ 由于活性较强,是用来培养较顽固的尤其是木本植物的一类较合适的细胞分裂素。但还有相关报道指出,TDZ 易产生玻璃化苗,且随着浓度增大,玻璃化苗发生频率会上升。ZT、KT 浓度一般为 2.0~5.0 mg/L,NAA 与 IAA 浓度一般为 0.1~0.5 mg/L,TDZ 浓度一般为 0.2~0.5 mg/L 时能很好诱导杜鹃不定芽形成。

各种杜鹃茎段组培常用的初代培养基配方及激素配比如表 3-2 所示。陈妹幼在高山杜鹃茎段不定芽诱导时发现,ZT 具有较强的诱导分化能力,BA 和激动素 KT 未出现芽分化,ZT 2.0 mg/L+IAA 0.5 mg/L 效果较好。而 KT 1.0 mg/L+2,4 - D 0.5 mg/L 能诱导出大量胚性愈伤组织,继代后可观察到胚状体。周兰等以迎红杜鹃茎段为外植体研究不同细胞分裂素(KT、BA 和 ZT)和生长素(NAA、IBA 和 IAA)对初代培养的影响时发现,不同类型的生长素差异不明显,但细胞分裂素种类间差异极其显著,3 种细胞分裂素中 ZT 的效果明显好于 KT 和 BA,ZT+NAA 组合的分化率最高,达到 94.82%。同样地,陈凌艳等与于岩等也发现茎段组培时 ZT+NAA 组合出芽诱导率较高。陈平芬等以文雅杜鹃茎段作为外植体,WPM 为基本培养基,研究不同激素浓度和组合对不定芽诱导的影响时发现,初代培养以 WPM+ZT 2.0 mg/L+IAA 0.5 mg/L 培养组合较好。

表 3-2　茎段(茎尖)初代培养常用的基本培养基类型及其激素配比

外植体	种类	培养基
茎段	大白杜鹃	改良 MS+TDZ 0.8 mg/L+NAA 0.2 mg/L
	美容杜鹃	
	喇叭杜鹃	
	迎红杜鹃	改良 MS+ZT 5.0 mg/L+NAA 0.05 mg/L
	常绿杂交杜鹃	1/2MS+ZT 1.8 mg/L+IBA 0.1 mg/L
	红枫杜鹃	1/4MS+ZT 4.0 mg/L+2,4-D 0.03 mg/L+NAA 0.1 mg/L
	高山杜鹃	1/4MS+ZT 2.0 mg/L+IAA 0.5 mg/L
	高山杜鹃	1/4 MS+2-ip 2.0 mg/L+NAA 1.0 mg/L+活性炭(AC) 1.5 g/L
	高山杜鹃	1/4MS+MS 铁盐+KT 1.0 mg/L+维生素 B$_5$ 0.2 mg/L+水解乳蛋白(CH) 300 mg/L
	高山杜鹃	1/4MS+MS 铁盐+1/10MS 微量元素+ZT 2 mg/L+维生素 B$_5$+CH 500 mg/L
	文雅杜鹃	WPM+ZT 2.0 mg/L+IAA 0.5 mg/L
	云锦杜鹃	WPM+ZT 1~5 mg/L
	高山杜鹃	WPM+TDZ 0.5 mg/L
	马缨杜鹃	WPM+TDZ 0.8 mg/L+IBA 0.2 mg/L
	西洋杜鹃	改良 Read+ZT 2.0 mg/L+NAA 0.5 mg/L
	高山杜鹃	Read+ZT 1.0 mg/L+IBA 0.05 mg/L
	迎红杜鹃	Read+ZT 5.0 mg/L+NAA 0.05 mg/L
	东洋杜鹃	K&B+IAA 1 mg/L+2,4-D 4.0 mg/L
	银叶杜鹃	Anderson+6-BA 2.0 mg/L
	西洋杜鹃	DJ+ZT 0.5 mg/L+NAA 0.05 mg/L
茎尖	西洋杜鹃	Read+ZT 1.0 mg/L+NAA 0.05 mg/L
	迎红杜鹃	Read+ZT 5.0 mg/L+NAA 0.05 mg/L
	西洋杜鹃	Read+AC 0.15%
	迎红杜鹃	改良 MS+ZT 5.0 mg/L+NAA 0.05 mg/L

注:培养基中蔗糖浓度为 30~40 g/L,并且大多数为 30 g/L。

表 3-3　叶片初代培养常用的培养基及其激素配比

外植体	种类	培养基
叶	牛皮杜鹃	改良 MS＋TDZ 0.3 mg/L＋IBA 0.5 mg/L
	牛皮杜鹃	改良 MS＋TDZ 1.0 mg/L＋2,4-D 0.3 mg/L
	大白杜鹃	1/2MS＋ZT 1.0 mg/L＋NAA 2.0 mg/L＋CH 100 mg/L
	牛皮杜鹃	1/4MS＋ZT 3.7 mg/L＋IAA 0.02 mg/L＋KT 1.0 mg/L
	毛叶杜鹃	1/4MS ＋ZT 2.0 mg/L
	苞叶杜鹃	1/4MS ＋ ZT 2.45 mg/L＋NAA 0.08 mg/L
	亮毛杜鹃	1/10MS
	高山杜鹃	WPM＋TDZ 0.2 mg/L＋NAA 0.4 mg/L
	大树杜鹃	WPM＋TDZ 1.5 mg/L＋NAA 0.1 mg/L
	桃叶杜鹃	WPM＋TDZ 1.0 mg/L＋NAA 0.2 mg/L
	银叶杜鹃	WPM＋TDZ 1.0 mg/L＋IBA 0.2～0.4 mg/L
	马缨杜鹃	WPM＋TDZ 0.1 mg/L＋NAA 0.2 mg/L＋ IBA 0.2 mg/L
	'Hellmut Vogel'	WPM＋TDZ 0.2 mg/L＋NAA 0.5 mg/L
	毛白杜鹃	Anderson＋ZT 4.0 mg/L＋2,4-D 3.0 mg/L
	云锦杜鹃	6,7-V
	东洋杜鹃	K&B＋2,4-D 1.0 mg/L＋6-BA 0.05 mg/L K&B＋6-BA 0.5 mg/L＋NAA 5.0 mg/L
	西洋杜鹃	DJ＋ZT 2.0 mg/L＋NAA 0.2 mg/L
	西洋杜鹃	Read＋ZT 1.0 mg/L＋NAA 0.01 mg/L

以茎段作为外植体时除了添加上述的激素外,也有添加琼脂、活性炭等物质以促进不定芽诱导。杨丽娟等以 Read＋ZT 5 mg/L＋NAA 0.05 mg/L 为基本培养基,进行琼脂浓度、pH 的探讨,结果表明培养基中 pH 5.0、琼脂质量浓度为 6.5 g/L 的组合在迎红杜鹃芽尖或茎段诱导不定芽时效果最好。以常绿杂交杜鹃茎段为外植体,也发现 pH 5.0 的培养基上诱导率可达96.67％。周艳和陈训研究发现活性炭虽然对激素有一定的吸附作用,但活性炭的添加有利于茎段不定芽的诱导,也降低了外植体的褐化率。在活性炭与激素之间找出合适的浓度配比,既可以保证较高的出芽率,又可以减轻外植体的褐化程度。

以杜鹃叶片作为外植体时,常使用 NAA 和细胞分裂素 ZT。单独使用一般 NAA 效果不如 ZT 明显,但两者以一定比例组合效果较好。顾地周和裴育宏以 1/4MS 为基本培养基,进行了 ZT、NAA 和 KT 激素种类与浓度的探讨,结果表明 ZT 对苞叶杜鹃(*R. bracteatum*)嫩叶直接再生苗的影响远大于 NAA,高浓度的 ZT 和适当浓度的 NAA 有利于诱导嫩叶直接再生芽苗。培养基以 1/4MS＋ZT 2.45 mg/L＋NAA 0.08 mg/L 诱导效果较好,随着培养时间的延长和继代次数的增加,可适当降低 ZT 和 NAA 的浓度。刘燕和陈训以Read 为基本培养基,附加不同浓度的 ZT、NAA、2,4-D,进行正交验验设计,探讨适合西洋杜鹃叶片诱导愈伤的适宜培养基,结果表明 ZT 影响显著,NAA、2,4-D 影响不显著,ZT 5.0 mg/L 为适宜用量,ZT 1.0 mg/L+NAA 0.1 mg/L 的 Read 培养基分化率高。于岩等在进行西洋杜鹃无菌苗嫩叶不定芽诱导实验时,以 DJ 为基本培养基,在 ZT(2.0 mg/L)浓度一定的情况下,NAA 设置 3 个浓度梯度,结果表明 ZT 与 NAA 比值为 10∶1 时不定芽诱导及增殖效果较好。

IAA、TDZ 在叶片诱导培养基中也有应用,如李玉梅等研究发现,最适合牛皮杜鹃嫩叶直接再生芽苗的诱导培养基为 1/4MS+ZT 3.70 mg/L+IAA 0.02 mg/L+KT 1.00 mg/L,诱导率达 95.5%。刘淼等以牛皮杜鹃组培苗为试材,研究以改良 MS 为基本培养基,不同质量浓度 TDZ、ZT 与 IBA 组合对叶片愈伤组织诱导及分化的影响,结果发现 TDZ 对组培苗叶片愈伤组织诱导及分化的效果显著优于 ZT,TDZ 0.3 mg/L+IBA 0.5 mg/L 处理的叶片分化效果最好,分化率高达 97.44%。TDZ 往往也配合 NAA 使用。范玉清研究发现叶片无论是在维持愈伤组织生长方面,还是在诱导不定芽形成方面,NAA+TDZ 处理都优于 TDZ处理。管耀义等研究发现高山杜鹃适宜的叶片诱导不定芽再生的培养基为 WPM+TDZ 0.2 mg/L+NAA 0.4 mg/L。

表 3-4　芽及其他外植体初代培养的培养基配方

外植体	种类	培养基
芽	牛皮杜鹃	1/4MS+6-BA 2.5 mg/L+NAA 1.0 mg/L
	短果杜鹃	MS+6-BA 4.0 mg/L+IBA 0.5 mg/L
	银叶杜鹃	Anderson+6-BA 0.1 mg/L+NAA 0.01 mg/L
	照白杜鹃	DR+ZT 3.0 mg/L
种子胚	大白杜鹃	1/4MS+ZT 2.0 mg/L+NAA 1.0 mg/L
下胚轴	马缨杜鹃	1/4MS+2-ip 2.0 mg/L+NAA 0.75 mg/L
上、下胚轴	大白杜鹃	1/2MS+ZT 1.0 mg/L+NAA 2.0 mg/L+CH 100 mg/L
带梗小花蕾	西洋杜鹃	ER+ZT 6.0 mg/L+IAA 1.0 mg/L
根段	银叶杜鹃	Anderson+6-BA 2.0 mg/L+2,4-D 0.1 mg/L

ZT 激素对大白杜鹃无菌苗的上、下胚轴及嫩叶的愈伤组织的诱导效果比较显著,而 6-BA 和 NAA 诱导效果不显著。对大白杜鹃无菌苗子叶和胚轴进行愈伤组织诱导时,发现适宜的 ZT 和 NAA 浓度配比为 ZT 2.0 mg/L+NAA 1.0 mg/L。对大萼杜鹃种子繁殖的无菌芽苗进行培养,发现活性炭(AC)对愈伤组织的诱导效果不显著,TDZ 效果最显著,愈伤组织的诱导培养基是 Read+TDZ(0.2~0.4 mg/L)+NAA(0.01~0.1 mg/L),愈伤组织的再分化培养基是 Read+TDZ 0.3 mg/L+NAA 0.01 mg/L+AC 0.2%。AC 是大萼杜鹃再分化的主要影响因素,适量的 AC 不仅能提高芽的分化率,还能保证苗的正常生长,不会出现畸形苗。以西洋杜鹃花蕾作为外植体,研究发现初代诱导时较高浓度的 ZT 诱导率高,促进不定芽的分化,而不论高浓度还是低浓度的 6-BA 均不适宜。在 ZT 6 mg/L+IAA 1 mg/L 固体培养基中诱导不定芽,诱导率高达 94%,而在增殖时适当降低 ZT 浓度的效果比较好。

四、继代增殖培养基及各种有机营养成分、激素等的应用

组织培养中，外植体或培养物培养一段时间后，为了防止培养的细胞老化、培养基养分利用完而造成营养不良及代谢物过多积累导致毒害，或改变培养物增殖、生长、分化的方式，要及时将其转接到新鲜培养基中，继续进行培养，以使其能够按照人们的意愿顺利地增殖、生长、分化乃至长成完整的植株。这一过程称为继代培养。继代培养常应用增殖培养，根据外植体分化和生长的方式不同，继代培养中培养物的增殖方式也各不相同。主要的增殖方式有：① 多节茎段增殖；② 丛生芽增殖；③ 不定芽增殖；④ 原球茎增殖；⑤ 胚状体增殖。

杜鹃继代增殖培养常使用的基础培养基为 Read 和 WPM 培养基。在高山杜鹃组培丛生芽增殖培养时，发现增殖的最优培养基为 WPM 培养基＋NAA 0.01 mg/L＋TDZ 1 mg/L，其中培养基种类对其影响大，通过方差分析达到了极显著水平，WPM 培养基好于 1/2MS。大树杜鹃带芽茎段增殖时，在改良 MS 培养基上，材料生长不好，有的甚至死亡，而 Read 和 WPM 较为适合。

不同种类的杜鹃对不同培养基类型的反应存在差异。大树杜鹃带芽茎段增殖时 Read 和 WPM 之间差异不显著，而对于桃叶杜鹃 Read 培养基效果最好。杂交杜鹃（'Lord Robert' 'Purpureum Grandiflorum' 'Rocket' 'Furni-vall' s Daughter' 'Taurus' 'Germania' 'Nova Zembla' 'English Roseum'）茎段不定芽增殖时，各杂交种对培养基类型的反应存在显著差异，从增殖系数来看 Anderson 培养基最高，从枝条质量和叶色来看，WPM 优于 Anderson 和 Read，综合各指标，整体 WPM 较好。

继代培养基中常添加的激素为 ZT、NAA、TDZ 和 KT 等，一般 ZT 对不定芽的增殖效果好于其他激素。陈平芬等以 WPM＋NAA 0.05 mg/L 为基本培养基，添加不同浓度的 ZT 和 KT，比较其对不定芽增殖效果的影响，结果表明 0.8 mg/L ZT 有利于不定芽的增殖。同样地，杨丽娟等在 Read＋NAA 培养基的基础上，添加不同浓度的细胞分裂素（6-BA、KT、ZT），结果表明，ZT 丛生芽诱导效果、增殖效果好。刘淼等以牛皮杜鹃组培苗为试材，研究以改良 MS 为基本培养基，不同质量浓度的 TDZ、ZT 与 IBA 组合对叶片愈伤组织诱导及分化的影响，结果发现在继代培养时 TDZ 增殖效果不如 ZT。但也有研究表明其他激素如 KT 对继代培养的效果好于 ZT，如管耀义等在高山杜鹃继代培养中对 6-BA、NAA、ZT、KT 及 TDZ 激素进行比较，发现最适宜的培养基为 WPM＋KT 2.0 mg/L＋NAA 0.2 mg/L。

NAA 也是常使用的继代增殖的激素，对芽的增殖影响不如 KT 大，但对芽的生长影响很大，与 KT 组合，有着很好的增殖效果。如表 3-5 所示，ZT 1.0 mg/L＋NAA 0.1 mg/L 组合最适合迎红杜鹃的继代增殖培养。TDZ 0.5 mg/L＋NAA 1.0 mg/L 适合高山杜鹃茎段诱导的不定芽增殖。除了常见的 KT 与 NAA 组合外，也有用其他激素和 NAA 组合促进继代增殖。对云锦杜鹃不定芽继代增殖培养，添加 NAA 的效果好于 IAA，同时添加 NAA 和 IAA，有一定的交互促进作用。2-ip 能促进马缨杜鹃单芽茎段增殖，但仅添加 2-ip，增殖系数高而植株较矮，与 NAA 同时添加，增殖系数高且植株生长健壮。迷人杜鹃组织培养最适丛芽增殖培养基为 Anderson＋2-ip 1.2 mg/L＋NAA 0.1 mg/L 。但对于某些杜鹃

种类,NAA 可能对继代增殖没有显著的效果。NAA 不是影响大树杜鹃带芽茎段增殖的显著因素,而 IBA 是影响大树杜鹃、桃叶杜鹃带芽茎段增殖的显著因素,效果好于 NAA。

通过对凸尖杜鹃和泡泡叶杜鹃实生苗的继代培养,发现 TDZ 的浓度为 6 mg/L 时,增殖倍数最高。虽然通过提高细胞分裂素浓度,可迅速提升芽苗的繁殖系数,但随着丛生芽数量的增加,芽苗变细变弱,质量急剧下降。因此,在继代增殖培养时,要注意数量与质量的平衡,保证增殖芽苗均匀健壮,进入生根培养阶段,健壮芽苗生根率及移栽成活率明显高于细弱的芽苗。由于细弱的组培苗难于诱导生根,因此植物快繁体系中有时壮苗培养不可或缺。TDZ 0.5 mg/L+GA 1.0~2.0 mg/L 配比有利于大白杜鹃壮苗。迷人杜鹃组织培养最适壮苗培养采用的培养基为 Anderson+2-ip 0.5 mg/L+NAA 0.1 mg/L。也有研究表明,适当调高培养基中磷素养分浓度既能够快速繁殖大量不定芽,又能保证生产出又高又壮的优质试管苗。

表 3-5　继代培养常用的培养基类型及其激素配比

培养物	种类	培养基
愈伤组织	'Hellmut Vogel'	WPM+TDZ 0.5 mg/L
	银叶杜鹃	Read+TDZ 1.5 mg/L+IBA 0.1 mg/L
	红枫杜鹃	1/4MS+ZT 1.0 mg/L+NAA 0.1 mg/L
	牛皮杜鹃	1/4MS+6-BA 3.5 mg/L+NAA 0.2 mg/L
	牛皮杜鹃	改良 MS+ZT 0.2 mg/L+IBA 0.5 mg/L
	高山杜鹃	WPM+KT 2.0 mg/L+NAA 0.2 mg/L
不定芽	常绿杂交杜鹃	1/2MS+ZT 1.2 mg/L+NAA 0.1 mg/L
	迎红杜鹃	改良 MS+ZT 1.0 mg/L+NAA 0.1 mg/L
	文雅杜鹃	WPM+ZT 0.8 mg/L+NAA 0.05 mg/L
	高山杜鹃	WPM+TDZ 0.5 mg/L+NAA 1.0 mg/L
	桃叶杜鹃	Read+TDZ 0.3 mg/L+NAA 0.05 mg/L
	迎红杜鹃	Read+ZT 5.0 mg/L+IBA 0.5 mg/L+GA$_3$ 0.5 mg/L
	云锦杜鹃	6,7-V+ZT 0.5 mg/L+NAA 0.1 mg/L+IAA 0.1 mg/L
	大白杜鹃	1/4MS+ZT 2.0 mg/L+NAA 1.0 mg/L
	高山杜鹃	1/4MS+ZT 0.5~1.0 mg/L+IAA 0.5 mg/L+GA$_3$ 1.0 mg/L
	高山杜鹃	1/4 MS+ZT 3.0 mg/L+NAA 0.1 mg/L
	高山杜鹃	Read+ZT 0.6 mg/L+IBA 0.05 mg/L+AC 0.3 g/L
	迎红杜鹃	Read+ZT 2.0 mg/L+NAA 0.5 mg/L
	西洋杜鹃	Read+ZT 1.0 mg/L+NAA 0.05 mg/L
	马缨杜鹃	WPM+TDZ 0.8 mg/L+IBA 0.2 mg/L
	美容杜鹃	WPM+ZT 1.5 mg/L+NAA 0.5 mg/L

培养物	种类	培养基
不定芽	迷人杜鹃	Anderson＋2‑ip 1.2 mg/L＋NAA 0.1 mg/L
	银叶杜鹃	Anderson＋6‑BA 1.0 mg/L
带芽茎段	短果杜鹃	MS＋6‑BA 3.5 mg/L＋IBA 0.4 mg/L
	大树杜鹃	WPM＋TDZ 0.40 mg/L＋IBA 0.05 mg/L
	高山杜鹃	WPM＋NAA 0.01 mg/L＋TDZ 1.0 mg/L
	云锦杜鹃	WPM＋ZT 0.5～1 mg/L
	常绿阔叶杂交杜鹃	WPM＋ZT 0.5～1.0 mg/L
	马缨杜鹃	1/4MS＋2‑ip 1.5 mg/L＋NAA 1.5 mg/L
	高山杜鹃	1/4MS＋MS 铁盐＋1/10MS 微量元素＋维生素 B_5＋ZT 2.0 mg/L＋CH 500 mg/L
	西洋杜鹃	DJ＋ZT 0.5 mg/L＋NAA 0.5 mg/L

五、生根培养及各种有机营养成分、激素等的应用

生根培养前应选较粗壮的,生长良好,无病虫害的幼苗或经过壮苗培养后的幼苗,这样的幼苗在生根培养基上更容易生根。材料表面灭菌后,切掉部分老叶及与消毒剂有接触的切口,以减少污染,减轻褐变,最后保留 1.5 cm 左右的茎尖接种在生根培养基上。待继代增殖的组培苗长至 2～3 cm 时,将生长健壮的小苗接种在生根培养基中诱导生根。

杜鹃采用的生根培养基主要为 MS、1/2 MS 和 Read 等。在迎红杜鹃组培苗生根中,1/4MS 好于改良 MS 和 1/2MS 培养基。有人在西洋杜鹃不定芽生根培养的研究中发现,在添加一定浓度的 NAA 和 AC 情况下,Read 培养基好于 1/4MS 和 DJ 培养基。低盐分浓度、高硝酸铵比值的培养基适合露地杜鹃(东北野生映山红与盆栽比利时杜鹃杂交后的新品种)的组培生根培养,最适基本培养基为 Read 培养基,生根率可达 70%～80%。以常绿杂交杜鹃一年生半木质化茎段为外植体,发现最适生根培养基为 1/2MS＋1.0 mg/L IBA＋1.5 mg/L NAA＋30 g/L 蔗糖＋7 g/L 琼脂＋3 g/L 活性炭,pH 5.0,此时生根率可达 95%。各种培养基中蔗糖的浓度范围基本在 15～30 g/L,个别研究中使用 5 g/L。蔗糖浓度对生根效果也有着显著的影响,蔗糖对生根率影响不大,但影响着组培苗的叶色、平均生根数。

除了以上常见的培养基外,也有用 DR、改良 MS 培养基、WPM 培养基进行生根培养。苞叶杜鹃茎段生根的最佳培养基为 DR＋IAA 0.10 mg/L＋NAA 0.08 mg/L＋GA_3 1.90 mg/L。牛皮杜鹃最适生根培养基为改良 MS(1/4 大量元素、1/3 微量元素、1/3 铁盐和 1/3 有机成分)＋0.10 mg/L IAA＋0.07 mg/L NAA,生根率达 98%。云锦杜鹃种子无菌苗获得的组培不定芽,接种到 MS、1/2MS、1/4MS 以及 1/2WPM 4 种培养基中进行生根培养,结果表明 1/2WPM 的生根率显著高于其他培养基,并且幼苗健壮。

杜鹃采用的生根激素主要为 IBA、NAA、IAA 等。IBA 和 NAA、IAA 均有一定的生根

促进效果,大多数情况下 IBA 的生根效果最好。在马缨杜鹃生根培养中,加入 IBA 的处理,生根率最高,平均根数也最多,其次是 IAA,然后是 NAA。生长素 IBA 与 NAA 单独使用均可使部分文雅杜鹃幼苗发根,IBA 促根效果优于 NAA,2 种生长素混合使用呈现明显的放大效应,生根效果明显增强。但也有研究发现,在云锦杜鹃离体再生培养中 NAA 好于IAA,IBA 生根效果最差,NAA+IAA 生根率最高。

以二乔杜鹃组培苗为材料,在一定浓度范围内,NAA 浓度的增加会促进二乔杜鹃的生根培养。NAA 含量对大白杜鹃组培苗生根有很大影响,低浓度 NAA 不能诱导根的发生。当 NAA 浓度在 2.0 mg/L 以上时配以 IBA 1.0 mg/L,对组培苗生根有一定的促进作用。当 NAA 浓度较低时,添加一定浓度的 IBA 和 AC,芽苗仍然没有生根。天目杜鹃种子无菌苗的组培不定芽在进行生根培养时,NAA 适宜浓度为 2.0 mg/L,IBA 适宜浓度为 0.5 mg/L。其他杜鹃种类的生根培养基激素配比可以参考表 3-6。

表 3-6　生根培养常用培养基类型及其激素配比

种类	培养基
西洋杜鹃	Read+ZT 0.2 mg/L+IBA 1.0 mg/L+NAA 2.0 mg/L
西洋杜鹃	Read+NAA 0.2 mg/L+AC 3.0 g/L
高山杜鹃	Read+NAA 1.5 mg/L+IBA 0.5 mg/L+AC 0.3 g/L
牛皮杜鹃	MS+IBA 0.46 mg/L+AC 450 mg/L
高山杜鹃	1/2MS +NAA 5.0 mg/L+AC 5.0 mg/L
高山杜鹃	1/2MS+IBA 0.5 mg/L+AC 2.0 g/L
高山杜鹃	1/2MS+IBA 5.0 mg/L+AC 5.0 g/L
红枫杜鹃	1/2MS+NAA 0.1 mg/L+IBA 0.5 mg/L+AC 1.0 g/L
常绿杂交杜鹃	1/2MS+IBA 1.0 mg/L+NAA 1.5 mg/L+AC 3.0 g/L
短果杜鹃	1/4MS+IBA 0.05 mg/L+KT 0.1 mg/L+AC 0.4 g/L
高山杜鹃	1/4MS+IBA 2.0 mg/L+NAA 2.0 mg/L
大白杜鹃	1/4MS+IBA 1.0 mg/L+NAA 3.0 mg/L+AC 0.8 g/L
照白杜鹃	改良 MS+IAA 0.5 mg/L+IBA 0.1 mg/L+KT 0.2 mg/L
迎红杜鹃	改良 MS+IAA 0.1 mg/L+GA_3 1.2 mg/L
兴安杜鹃	改良 MS+IBA 0.1 mg/L+GA_3 1.2 mg/L
小叶杜鹃	改良 MS+IAA 0.15 mg/L+NAA 0.12 mg/L+GA_3 1.80 mg/L
照白杜鹃	改良 MS+IAA 0.1 mg/L+IBA 0.12 mg/L+KT 0.3 mg/L+GA_3 1.8 mg/L
毛毡杜鹃	改良 MS+IAA 0.1 mg/L+IBA 0.3 mg/L+NAA 0.12 mg/L+GA_3 1.8 mg/L
苞叶杜鹃	DR+IAA 0.10 mg/L+NAA 0.08 mg/L+GA_3 1.90 mg/L
牛皮杜鹃	改良 MS+IAA 0.1 mg/L+NAA 0.07 mg/L
牛皮杜鹃	1/4 改良 MS+IBA 1.5 mg/L

种类	培养基
迎红杜鹃	1/4 改良 MS＋IBA 0.5 mg/L
迷人杜鹃	Anderson＋2‐ip 0.2 mg/L＋NAA 1.0 mg/L＋AC 0.5 g/L
银叶杜鹃	Anderson＋AC 1.0 g/L
毛白杜鹃	1/4 改良 Anderson＋IBA 0.5 mg/L＋ZT 0.2 mg/L
'Hellmut Vogel'	WPM＋IAA 1.75 mg/L＋AC 2.5 g/L
桃叶杜鹃	WPM＋IBA 1.0 mg/L＋NAA 0.5 mg/L＋AC 2 g/L
大树杜鹃	WPM＋IBA 1.5 mg/L＋NAA 1.50 mg/L＋AC 2 g/L
高山杜鹃	1/2WPM＋IBA 0.25 mg/L＋NAA 0.25 mg/L
天目杜鹃	1/2WPM＋IBA 0.5 mg/L
马缨杜鹃	1/2WPM＋IBA 2.0 mg/L＋AC 0.05 g/L＋NAA 0.5 mg/L
二乔杜鹃	1/4 WPM＋IBA 0.5 mg/L＋NAA 1.5 mg/L

除了上述的生长素外,生根培养基中还会添加 AC 等物质,这有利于根的正常生长与发育。有研究表明,AC 对大萼杜鹃组培苗生根的影响极为显著。露地杜鹃生根培养时,添加浓度 2～4 mg/L 的活性炭能达到最佳的生根效果。高山杜鹃生根培养增加 0.4 g/L 活性炭,其幼苗生长比无活性炭时生长健壮。

影响杜鹃组培苗生根的因素还有培养条件(温度、光照)、培养基 pH 等。毛元荣等从培养基 pH、培养条件、碳源等方面讨论了影响高山杜鹃生根的因素,研究表明无琼脂的液体培养基生根明显快于固体培养基,培养基的 pH 5.0～5.5 最适合杜鹃生根。杨照邦和曲静研究发现露地杜鹃组培生根培养的最适培养温度是 23～27 ℃。顾德峰等研究发现变温变光培养较恒温培养更适于西洋杜鹃的壮苗及生根。何丽斯等研究表明在生根阶段添加适量的黄光能促进根系的形成。

组培的生根方式也会影响生根率。任启闯对西洋杜鹃进行了组培最佳生根方式的实验,结果表明叶芽(茎尖)组织培养的新株,用生根粉处理进行扦插水培,其生根率达 90％以上,较试管培养高 16％,较基质扦插高 50％;育苗周期较试管培养和基质扦插缩短约 20 d;移栽成活率较试管培养和基质扦插分别高 35％和 84％。汤桂钧等将试管新梢转至生根培养基中,从苗的健壮程度及根系数量看,不用 MS 固体培养基,瓶内微型扦插培养方式较好,即在培养瓶中加入半瓶 50％珍珠岩＋50％泥炭混合成的基质,经高温、高压(121 ℃、0.12 MPa)消毒并自然冷却,然后将新梢切口处在生根粉中蘸一下,再接种至培养瓶中培养(即瓶内微型扦插培养),这样就可以较好地解决木本植物在 MS 培养基及其他用琼脂作固体的培养基中枝条易褐化及通气不良导致难生根的问题,同时基质中泥炭养分较足,能促进枝条的健壮生长。

朱春艳等对常绿阔叶杂交杜鹃('Lord Robert''Purpureum Grandiflorum''Rocket''Furni-vall's Daughter''Taurus''Germania''Nova Zembla''English Roseum')采取瓶内与瓶外生根两种方法。瓶内生根方法:切取生长粗壮的继代苗,接种于附加 NAA 和 IBA 的

基本培养基中,约培养 1 个月后可将生根苗移入无土栽培基质中。瓶外生根方法:选取生长良好的继代组培瓶苗,在室内散射光条件下炼苗 1 周左右,取出丛生苗,洗去与根部粘连的培养基,将丛生苗分成小枝条,移入无土栽培基质中。小枝条移入基质后均需浇足水分,喷施杀菌剂,加盖塑料薄膜。结果瓶外生根效果好。陈凌艳等研究表明以微枝试管外生根技术取代传统的瓶内生根,是解决西洋杜鹃组培生根率低的有效途径。Read 100 倍稀释液＋生根促进剂 GGR6 0.5 mg/L＋草炭土的组合进行试管外生根效果最佳,能够大幅提高西洋杜鹃试管苗生根率。西洋杜鹃试管外扦插基质的 pH 会影响其生根率,在酸性基质条件下能提高西洋杜鹃组培微枝扦插成活率和生根率。

六、炼苗驯化与移栽

杜鹃组培苗移栽能否成活是组培成败的关键之一。杜鹃移栽一般采用"二步法"的组培苗假植育苗技术。具体步骤如下:

第一步是假植。① 当苗基部诱导出 4～5 条不定根且根长 1.5～2.5 cm 时,将培养瓶移到室温条件下适应 3 d。培养条件:保湿(80％),自然光照 10 h,每天中午通风换气 30 min。② 将培养瓶的薄膜盖掀开,在常温和散射光下炼苗 3～4 d。如遇晴天强光,用 50％～75％遮光率的遮阳网遮光。③ 用镊子将培养苗从培养瓶中取出,并洗净根上附着的培养基,把根部放到 0.1％多菌灵液中浸泡 3 min 左右,移栽于消毒过的基质穴盘。塑料大棚上覆盖遮阳网,使苗处于半阴环境中。注意刚移入大棚时,要保持较高的环境湿度(≥85％),前 2 d 每天要喷雾 3～4 次,大棚温度控制在 20～25 ℃。之后每天喷雾 1～2 次,10 d 后新根新叶均长全,用 0.2％硝酸铵＋0.2％磷酸二氢钾喷洒叶面补充养分,15 d 后用 0.1％自配营养液施肥,每月 2 次。

常见的移栽基质有河沙、草炭＋腐叶土(1∶1),珍珠岩＋泥炭(1∶1),腐烂松针＋泥炭土＋细河沙(3∶2∶1),腐烂松针＋泥炭土＋细河沙(2∶1∶1),腐殖土＋黄沙(透气)＋珍珠岩(保温)(5∶1∶1),松毛土＋腐殖土＋河沙(1∶2∶1)等,曾被用于杜鹃移栽基质。

第二步是上盆移栽。当苗高 6～8 cm,叶片 6～8 对,主茎粗 0.2～0.3 cm 时,也有杜鹃组培在苗高 3 cm,3 对叶片以上,在幼苗炼苗 2 个月后,将假植于穴盘中的苗移栽上盆。把组培苗置于常温自然光照下 7～10 d,将组培苗根部的培养基洗去并将组培苗消毒。将处理好的组培苗放入清水中,防止失水萎蔫。基质上盘后,贴好标签,浇透水。在苗穴中心用镊子挖一个小洞,大小和深浅与组培苗的根系相当。要求移植后根系舒展,深度在根茎部上 2～5 mm。注意不能把第一片叶掩埋。

移植好后,用喷雾方式浇透水,等叶片表面水干后,喷 3 000 倍金雷多米尔,以防治苗期病害。保持温度在 18～28 ℃,平均温度在 26 ℃左右。在组培苗上盘初期约三周内应保持较高的湿度,相对湿度在 80％以上,有利于组培苗的成活与生长。幼苗上盘恢复生长后要及时施肥,可以叶面喷施和灌根。苗期病害的防治也是十分重要和必要的。

不同基质的物理性状及化学成分不同,其保水性、保肥能力以及透气性就不同,对组培苗的移栽成活和后期生长有着重要的影响。泥炭是组培苗移栽基质的主要成分,保水性较强,通透性一般,单独使用易造成植物根部积水导致烂根现象。但有研究发现,杜鹃组培苗移栽时单独使用泥炭,杜鹃幼苗成活率也很高,并且幼苗生长良好。珍珠岩、蛭石混合使用在组培苗栽培基质筛选中也可以得到很好的效果。在大多数情况下,混合基质比单一基质移栽效果好,存活率也较高。杜鹃炼苗驯化与移栽往往采用混合基质。泥炭＋珍珠岩(体积比为 4∶1,以下括号中均为体积比)、腐殖土＋黄沙＋珍珠岩(5∶1∶1)、腐殖土＋锯末＋珍珠岩(3∶1∶1)、泥炭＋河沙＋珍珠岩(3∶2∶1)、泥炭＋黄心土(1∶1)等混合基质都曾用于杜鹃幼苗的移栽,并且获得较高的成活率。

除了栽培基质外,不同的栽培环境、栽培措施对杜鹃组培苗的移栽成活率与生长状况也有不同的影响。环境条件可控的温室有利于组培苗移栽成活,移栽后应该适当遮光,因此温室加棚膜可以提高幼苗成活率。另外,杜鹃花属植物大多喜温暖、半阴、凉爽、通风、湿润的环境。杜鹃花的根须细,粗的主根很少,它既怕干又怕湿,还怕重肥。施肥应做到薄肥勤施,能淡莫浓,施 0.1% 尿素＋0.1% KH_2PO_4 可使根系健壮,植株生长旺盛。杜鹃花炼苗时放置地点要通风,而且尽量少移动,不通风则易患黑斑病,致使大批落叶。

兴安杜鹃组培瓶苗出瓶移栽最好选择在秋、冬季进行,选择阴天的下午 6 点左右出瓶能提高存活率,最高可达 91.56%(实验地区:吉林),如出瓶后采用塑料薄膜进行苗木遮阴,能使移栽存活率提高到 97.85%。最适合牛皮杜鹃组培苗快速生长的主要条件是光照时间为每天 13 h,营养液追施间隔时间为 21～22 d、光照强度为700～800 lx 和温度为 26 ℃。

七、组培中常见问题及解决方式

(一)褐化现象

在完整的植物体的细胞中,酚类化合物与多酚氧化酶是分隔存在的,切割外植体使其受到创伤刺激,受伤细胞内的酚类化合物和多酚氧化物便流出,酚类化合物被多酚氧化物氧化成褐色的醌类物质和水。醌类物质又会与酪氨酸酶发生作用使外植体蛋白质聚合,导致外植体生长停顿,直至死亡。外植体褐变是离体快繁初期脱分化及再分化的重要障碍。许多植物特别是木本植物组织中含有较多的酚类化合物,褐变现象比较严重,往往使培养难以继续进行。

影响褐变的因素有:① 基因型;② 外植体的生理状态;③ 培养基;④ 温度和光照;⑤ 外植体大小;⑥ 外植体组织的受伤程度;⑦ 材料转移时间;⑧ 用于外植体体表灭菌的化学药品。克服外植体产生褐变的措施:① 选择适宜的外植体和培养条件;② 连续转移(继代培养);③ 加入抗氧化剂;④ 结合暗黑处理。

杜鹃是木本植物,含有较多的酚类化合物,导致杜鹃在组织培养过程中具有高褐变率,因此降低褐变率是杜鹃组织培养成功的关键因素。克服杜鹃外植体产生褐变的措施通常是进行暗培养或者加入维生素 C、聚乙烯吡咯烷酮(PVP)、活性炭等抗氧化剂。活性炭的添加有利于降低外植体的褐化率。在活性炭与激素之间找出合适的浓度配比,既可以保证较高的出芽率,又可以减轻外植体的褐化程度。有很多研究表明,活性炭的抗褐变作用优于维生素 C 和 PVP,AC 还具有壮苗作用,组培苗显得叶色浓绿,幼茎壮实。加入维生素 C 可以阻止酚类物质氧化为醌类物质而损伤组织细胞。

（二）玻璃化现象

试管苗的玻璃化也即所谓玻璃苗,就是试管苗的茎、叶变成透明水浸状,生长畸形,增殖系数明显下降,难以诱导生根,即使诱导生根,其根系质量极差,移栽成活率极低。一旦发生玻璃苗,如果再连续在相同的培养基和相同的培养条件下进行继代培养后必趋死亡。这一现象在许多植物的组织培养中经常发生,是组织培养工作中的一个严重问题。尽管到目前为止,对引起玻璃苗的原因与其生理机制仍无统一看法,玻璃化形成的根本原因和机理还不明确,但有些植物的玻璃化已得到了有效控制。玻璃化问题的实质可能是适应性问题,是不同种类植物、不同个体的适应性差异的问题。目前防止试管苗玻璃化的主要措施有:① 使用透气性好的封口材料,尽可能降低培养容器中的空气湿度,改善氧气的供应情况;② 选择合适的激素种类和浓度;③ 采用固体培养基,适当增加琼脂含量,降低培养基中的水势;④ 高温季节培养室要有降温措施,避免培养温度的突然升高;⑤ 改变供氮形态;⑥ 在培养基中适当地添加间苯三酚或根皮苷、青霉素 G 钾、活性炭、聚乙烯醇(PVA)均可以有效地抑制玻璃苗的产生;⑦ 可适当地延长光照培养的时间或增加自然光照,提高光照的强度,有利于克服玻璃化;⑧ 适当提高培养基中无机盐的含量。

何芳兰等采用单因子实验设计,以高山杜鹃茎尖作为外植体,Read 为基本培养基,研究了培养基中添加物 6-BA、蔗糖、琼脂、活性炭的浓度及培养温度等因子对高山杜鹃试管苗生长的影响。结果表明 6-BA、蔗糖、琼脂、活性炭的浓度及培养温度均对试管苗玻璃化率有显著影响。附加了 1.5~2.0 mg/L 6-BA、3%~4%蔗糖、0.6%琼脂、0.3%活性炭的 Read 培养基和 25 ℃的培养温度能有效地降低高山杜鹃试管苗玻璃化率,而且增殖系数较高,有效生长较快。

主要参考文献:

[1] Arocha L O, Blazich F A, Warren S L, et al. Seed germination of *Rhododendron chapmanii*: Influence of light and temperature [J]. Journal of Environmental Horticulture, 1999, 17(4): 193-196.

[2] Carlson M C. The formation of nodal adventitious roots in salix cordata [J]. American Journal of Botany, 1938, 25(9): 721-725.

[3] Chalfun N N J, Hoffmann A, Chalfun J A, et al. Effect of auxin and gridling on rooting of semihardwood azalea cutting [J]. CienciaE Agrotecnologia, 1997, 21(4): 516-520.

[4] Davis T D, Potter J R. Physiological response of rhododendron cuttings to different light levels during rooting[J]. Journal of the American Society for Horticultural Science (USA), 1987.

[5] French C J. Propagation and subsequent growth of rhododendron cuttings: Varied response to CO_2 enrichment and supplementary lighting[J]. Journal of the American Society for Horticultural Science (USA), 1989.

[6] French J. Rooting of Rhododendron 'Anna rose Whitney' cuttings as related to stem carbohydrate concentration [J]. HortScience, 1990, 25(4): 409-411.

[7] Gensel W H, Blazich F A. Propagation of *Rhododendron chapmanii* by stem cuttings [J]. Journal of Environmental Horticulture, 1985, 3(2): 65-68.

[8] Holt T A, Maynard B K, Johnson W A. Low pH enhances rooting of stem cuttings of rhododendron in subirrigation[J]. Journal of Environmental Horticulture, 1998, 16(1): 4-7.

[9] Johnson C R, Roberts A N. Effect of shading rhododendron stock plants on flowering and rooting [J]. Journal of the American Society for Horticultural Science (USA), 1971.

[10] Rober R, Fiseher M. The culture of azalea mother Plants [J]. Gartenwelt, 1976, 76(4): 70-71.

[11] Rowe D, Blazich F A, Goldfarb B, et al. Nitrogen nutrition of hedged stock plants of Loblolly Pine. II. Influence of carbohydrate and nitrogen status on adventitious rooting of stem cuttings[J]. New Forests, 2002, 24(1): 53-65.

[12] Warren S L, Bilderback T E, Tyler H H. Efficacy of three nitrogen and phosphorus sources in container-grown azalea production[J]. Journal of Environmental Horticulture, 1995, 13(3): 147-151.

[13] 蔡建国, 胡本林, 涂海英, 等. 生根剂对2个杜鹃花品种扦插生根的影响[J]. 科技通报, 2015, 31(9): 89-92.

[14] 蔡艳飞, 宋杰, 李世峰, 等. IBA浓度和使用方法对高山杜鹃'Nova Zembla'扦插生根的影响[J]. 中国农学通报, 2018, 34(14): 75-80.

[15] 陈春福, 赖钟雄. 二乔杜鹃组培苗生根培养体系的优化研究[J]. 园艺与种苗, 2012(12): 36-39.

[16] 陈凌艳, 何天友, 陈礼光, 等. 西洋杜鹃组培苗微枝试管外生根技术研究[J]. 福建林业, 2013(3): 31-33.

[17] 陈凌艳, 徐芬, 郑宇, 等. 西洋杜鹃快繁增殖培养技术[J]. 福建林学院学报, 2010, 30(3): 252-255.

[18] 陈妹幼. 高山杜鹃组织培养快速繁殖技术研究[J]. 现代农业科技, 2008(17): 13-14.

[19] 陈平芬, 刘家迅, 李兴贵, 等. 文雅杜鹃组织培养研究[J]. 北方园艺, 2011(17): 134-136.

[20] 陈平芬, 王连润, 高飞, 等. 常绿杂交杜鹃组培快繁技术研究[J]. 安徽农业科学, 2012, 40(36): 17482-17484.

[21] 陈训, 巫华美. 比利时杜鹃的扦插繁殖试验及栽培[J]. 贵州科学, 2000, 18(4): 311-312.

[22] 陈怡超, 宋希强, 赵莹, 等. 基质和激素对海南杜鹃扦插生根的影响[J]. 热带生物学报, 2018, 9(3): 328-332.

[23] 陈玉波, 刘伟坚, 邓旭. 激素组合增效对杜鹃扦插发根影响初探[J]. 广东园林, 1990(2): 37-39.

[24] 程雪梅,赵明旭,何承忠,等.马缨杜鹃的组织培养与快速繁殖[J].植物生理学通讯,2008,44(2):297-298.

[25] 段旭.几种高山杜鹃无性繁殖技术研究[D].贵阳:贵州大学,2008.

[26] 范玉清.杜鹃叶愈伤组织的培养与不定芽的形成[J].晋东南师范专科学校学报,2000,17(3):8-10.

[27] 冯颖,鞠月秋,顾地周.应用均匀设计法优化两种野生药用及观赏杜鹃花的高效快繁体系[J].安徽农业科学,2009,37(28):3566-3568.

[28] 高航洋,张启香,胡恒康,等.天目杜鹃组培苗生根培养体系的优化[J].浙江农林大学学报,2011,28(6):982-985.

[29] 耿芳,张冬林,李志辉,等.IBA生根剂对卡罗来纳杜鹃插条生根的影响[J].华中农业大学学报,2008(1):127-130.

[30] 耿兴敏.杜鹃花属植物种子育苗研究进展[J].中国野生植物资源,2010,29(2):8-11.

[31] 耿兴敏,祝遵凌,李敏,等.杜鹃花属植物扦插繁殖研究进展[J].中国野生植物资源,2011,30(6):1-6.

[32] 耿玉英.中国杜鹃花属植物[M].上海:上海科学技术出版社,2014.

[33] 宫汝淳,姜云天,顾地周,等.短果杜鹃的组织培养与快速繁殖[J].植物生理学通讯,2008(1):133.

[34] 顾地周,高捍东,郭玉昕,等.毛毡杜鹃离体培养及种质试管保存体系的建立[J].西北农林科技大学学报(自然科学版),2009,37(4):151-157.

[35] 顾地周.基于均匀设计法优化苞叶杜鹃高效快繁体系研究[J].广东农业科学,2010,37(8):70-72.

[36] 顾地周,裴育宏.苞叶杜鹃嫩叶再生芽苗及植株再生体系的建立[J].林业实用技术,2010(7):6-8.

[37] 顾地周,孙忠林,何晓燕,等.牛皮杜鹃的组培快繁及种质试管保存技术[J].园艺学报,2008(4):603-606.

[38] 顾地周,朱俊义,姜云天,等.东北刺人参组培快繁培养基的筛选[J].林业科学研究,2008,21(6):867-870.

[39] 顾地周,禚畔全,王秋爽,等.牛皮杜鹃一步成苗技术[J].林业实用技术,2014(8):70-73.

[40] 管耀义,袁惠贞,杜鹃,等.高山杜鹃叶片再生植株的研究[J].河北林业科技,2009(S1):19-21.

[41] 韩彤平.大规格西洋杜鹃嫁接快繁技术[J].福建林业科技,2012,39(2):120-122.

[42] 何芳兰.高山杜鹃组织培养关键技术研究[D].兰州:甘肃农业大学,2006.

[43] 何芳兰,李毅,赵明,等.影响高山杜鹃试管苗玻璃化的几个因素研究[J].西北林学院学报,2008,23(1):104-107.

[44] 何丽斯,苏家乐,刘晓青,等.不同基质对高山杜鹃组培苗移栽生长的影响[J].江西农业大学学报,2012,34(3):455-459.

[45] 胡本林.杜鹃花品种繁殖栽培及园林应用研究[D].杭州:浙江农林大学,2014.

[46] 黄承玲,周洪英,陈训,等.GA₃浸种对大白杜鹃种子萌发的影响[J].植物生理学通讯,2010,46(8):793-796.

[47] 黄闯敏,刘晓芳,曹青爽,等.离体培养高山杜鹃增殖的影响因子研究[J].新疆农业科学,2010,47(2):256-259.

[48] 姬文秀,权英华,李虎林.大字杜鹃扦插繁殖技术的研究[J].延边大学农学学报,2009,31(2):97-100,118.

[49] 吉庆勇,柳旭波.叶片自然凋落与插穗营养状况对桃扦插生根的影响[J].浙江农业科学,2006,47(3):272-274.

[50] 贾军.比利时杜鹃扦插繁殖和化学整形技术的研究[D].哈尔滨:东北林业大学,2002.

[51] 金慧,赵莹,代玉红,等.不同激素处理对牛皮杜鹃原生境野外压条繁殖的影响[J].吉林林业科技,2016,45(6):23-24.

[52] 雷祖培,章书声.泰顺杜鹃扦插繁殖试验研究[J].中国野生植物资源,2015,34(1):64-67.

[53] 黎武.野生杜鹃扦插育苗及栽培技术[J].南方农业,2014,8(24):54-55.

[54] 李长慧,孙海群,杨元武,等.陇蜀杜鹃枝条扦插试验[J].青海大学学报(自然科学版),1998,16(2):14-16.

[55] 李畅,苏家乐,刘晓青,等.一种促进短果杜鹃种子萌发的前处理方法:二次浸种法[J].安徽农业科学,2014,42(34):12068-12070.

[56] 李朝婵,周凤娇,巫华美,等.野生大白杜鹃无菌苗愈伤组织诱导研究[J].种子,2011,30(6):78-79.

[57] 李俊强.银叶杜鹃组织培养技术体系研究[D].雅安:四川农业大学,2003.

[58] 李书琦,王定跃.毛棉杜鹃的培育技术[J].园林,2017(4):68-69.

[59] 李苇洁.马缨杜鹃生态学特性与繁殖技术研究[D].贵阳:贵州大学,2006.

[60] 李玉梅,姜云天,孙智慧.基于均匀设计优化牛皮杜鹃嫩叶直接再生芽苗及植株再生体系[J].安徽农业科学,2009,37(2):678-680.

[61] 梁巧玲,赵鹏.西洋杜鹃组织培养影响因素分析[J].江苏农业科学,2010,38(2):58-59.

[62] 梁晓华,李晓刚.亮毛杜鹃组织培养技术研究初探[J].楚雄师范学院学报,2003,18(3):65-66.

[63] 梁宇,顾地周,朱俊义,等.照白杜鹃离体快繁体系建立及种质试管保存[J].中南林业科技大学学报,2008,28(5):16-21.

[64] 林方喜,潘宏.西洋杜鹃设施栽培技术[J].安徽农学通报,2014,20(20):45-46.

[65] 林魁,魏宾斌,潘宏.高山杜鹃组培快繁工艺研究[J].现代农业科技,2018(16):126-127.

[66] 林玲,唐卫东,李华雄,等.杜鹃花实用繁殖技术及优缺点比较[J].现代农业科技,2017(12):154-155.

[67] 刘乐,盘李军,蔡静如,等.广东省几种野生杜鹃花植物的种子发芽条件研究[J].广东园林,2007,29(5):41-43.

[68] 刘淼,曹后男,宗成文,等.TDZ对牛皮杜鹃叶片分化及继代增殖的影响[J].西北农业学报,2012,21(12):158-162.

[69] 刘晓青,苏家乐,项立平,等.高山杜鹃茎段组织培养和优化体系的建立[J].扬州大学学报(农业与生命科学版),2007,28(3):91-94.

[70] 刘燕,陈训.西洋杜鹃叶片离体培养及植株再生[J].种子,2008,27(11):46-49.

[71] 刘燕,王济红,陈训,等.大白杜鹃种子胚组织培养研究[J].贵州农业科学,2010,38(12):30-33.

[72] 路黔,巫华美.比利时杜鹃的茎枝扦插研究[J].贵州科学,2002,20(3):69-71.

[73] 罗彭,庄平,白洁.大白杜鹃、美容杜鹃和喇叭杜鹃的组织培养[J].植物生理学通讯,2007(2):326.

[74] 毛元荣,路群,汤敏,等.影响高山杜鹃生根的几个因素[J].曲阜师范大学学报(自然科学版),2004,30(1):88-91.

[75] 苗永美,简兴.杜鹃组培的研究[J].北方园艺,2004(3):76-77.

[76] 苗永美,王永清,庄平,等.大树杜鹃组织培养技术研究[J].安徽科技学院学报,2007,21(6):23-26.

[77] 苗永美,王永清,庄平,等.桃叶杜鹃组织培养技术研究[J].生物学杂志,2006,23(6):29-31.

[78] 秦静远,黄玉敏.杜鹃的组织培养及快速繁殖[J].植物生理学通讯,2003,39(1):38.

[79] 任启闯.叶芽组培西洋杜鹃最佳生根途径试验研究初报[J].河北林果研究,2007(1):87-88.

[80] 石长德,孙忠颜,王继涛.杜鹃花嫁接技术[J].吉林蔬菜,2011(1):64.

[81] 石德军,孙海群,杨元武,等.青海几种野生杜鹃花引种方法初探[J].青海农林科技,1998(3):11-13.

[82] 孙学东,张艳红,王兆东.淀川杜鹃扦插繁殖技术的初步研究[J].辽东学院学报,2006,13(4):4-6.

[83] 孙扬吾,任雪芹,朱元娣,等.不同生长调节物质对迎红杜鹃组培快繁的影响[J].北方园艺,2011(6):149-151.

[84] 孙振元,徐文忠,刘淑兰,等.毛白杜鹃耐碱突变体的离体筛选与鉴定[J].中南林学院学报,2003(5):53-55.

[85] 汤桂钧,覃娟.高山杜鹃组培快繁技术体系研究[J].北方园艺,2009(3):114-116.

[86] 汤桂钧,张建安,蒋建平,等.高山杜鹃的组织培养快速繁殖技术研究[J].上海农业学报,2004,20(3):15-18.

[87] 王荃,胡宝忠.杜鹃花组织培养技术研究[J].东北农业大学学报,2003(4):459-464.

[88] 王世平.杜鹃扦插繁殖技术研究[J].现代园艺,2018(3):31-33.

[89] 王世荣,黄瑞海,张春凤.西洋杜鹃的聚成嫁接及开花培养[J].北方园艺,2005(4):62-63.

[90] 王书胜,单文,张乐华,等.基质和IBA浓度对云锦杜鹃扦插生根的影响[J].林业科学,2015,51(9):165-172.

[91] 王书胜,单文,张乐华,等.植物生长调节剂对鹿角杜鹃扦插繁殖的影响[J].植物科学学报,2014,32(2):158-167.

[92] 王书胜,张雅慧,邹芹,等.IBA浓度、扦插时间对江西杜鹃和百合花杜鹃扦插生根的影响[J].广西植物,2016,36(12):1468-1475.

[93] 王思家,李荣全,周海峰,等.兴安杜鹃组培苗出瓶移栽存活环境影响因子试验[J].农业与技术,2012,32(10):92-93.

[94] 王团荣.野生杜鹃扦插技术研究[J].河南林业科技,2008,28(1):16-17.

[95] 王亦菲,孙月芳,周润梅,等.两种西洋杜鹃的组织培养[J].上海农业学报,2003,19(2):9-11.

[96] 翁建斌.杜鹃盆景的制作培育[J].中国花卉盆景,2006(6):48.

[97] 翁明武.羊踯躅压条繁殖和组织培养技术研究[D].贵阳:贵州师范大学,2008.

[98] 吴虎南,徐安珍,吴锦华.吲哚丁酸浓度及穗条形态对杜鹃扦插的影响[J].南京农专学报,1998,14(1):15-18.

[99] 吴金寿,林庆良,林顺权,等.西洋杜鹃花蕾离体培养再生植株与工厂化育苗[J].厦门大学学报(自然科学版),2004,43(1):128-132.

[100] 吴雅文,李枝林,白天,等.迷人杜鹃组培快繁技术的研究[J].种子,2015,34(3):112-116.

[101] 吴增荣.杜鹃花的压条繁殖及栽培管理[J].山西农业,1998(9):36-37.

[102] 杨丽娟,马立军,秦树林,等.迎红杜鹃组培繁殖技术的研究[J].吉林农业大学学报,2010,32(2):172-176.

[103] 杨乃博.毛叶杜鹃叶片的不定芽分化[J].植物生理学通讯,1986,22(4):54-55.

[104] 杨照邦,曲静.露地杜鹃生根要点[J].新农业,2012(15):40.

[105] 于秋艳.牛皮杜鹃组培快繁技术及有效成分研究[D].延吉:延边大学,2010.

[106] 于岩,王海峰,顾德峰.西洋杜鹃组织培养的初步研究[J].中国园艺文摘,2010,26(1):15-17.

[107] 余树勋.杜鹃花[M].北京:金盾出版社,1992.

[108] 张波,田振东,刘小林,等.四季杜鹃全光喷雾扦插技术研究[J].甘肃农业大学学报,2001,3(36):336-340.

[109] 张长芹,冯宝钧,吕元林,等.大树杜鹃 *Rhododendron protistum* var. *giganteum* 和蓝果杜鹃 *Rhododendron cyanocarpum* 的濒危原因研究[J].自然资源学报,1998(3):276.

[110] 张长芹,冯宝钧,赵革英,等.杜鹃花的种子繁殖[J].云南植物研究,1992(1):87-91.

[111] 张长芹,冯宝钧,赵革英,等.激素和基质对基毛杜鹃插条生根的影响[J].西南农业学报,1993,6(3):113-115.

[112] 张举印,姬慧娟.杜鹃花不同繁殖技术比较[J].现代园艺,2016(24):22-23.

[113] 张乐华,刘向平,王凯红,等.杜鹃属植物种子育苗研究[J].园艺学报,2006,33(6):1361-1364.

[114] 张士亮,俞玖.迎红杜鹃萌蘖条不定根起源和形态发生的研究[J].北京林业大学学报,1998,20(2):48-50.

[115] 张文香,游娟.乙醚、过氧化氢浸种处理对露珠杜鹃种子萌发的影响[J].农业科学研究,2017,38(2):27-30.

[116] 张信,李新,李娜,等.凸尖杜鹃组培快繁体系的构建[J].湖北农业科学,2019,58(9):124-127.

[117] 张艳红,沈向群,赵凤军,等.红枫杜鹃组织培养技术体系的构建[J].沈阳农业大学学报,2009,40(1):25-29.

[118] 张杨军,涂艺声,彭先全,等.云锦杜鹃离体再生培养基的条件优化[J].安徽农业科学,2010,38(11):6008-6010.

[119] 赵冰,张冬林.IBA生根剂对3个杜鹃花品种嫩枝扦插生根的影响[J].东北林业大学学报,2014,42(7):83-86.

[120] 赵云龙,陈训,李朝婵.糙叶杜鹃扦插生根过程中生理生化分析[J].林业科学,2013,49(6):45-51.

[121] 郑立云,周志刚,郑勇平.不同基质对杜鹃扦插成活率的影响[J].中国花卉园艺,2013(12):28-29.

[122] 郑茜子.不同花色系杜鹃色素分析及美容杜鹃组培快繁体系建立[D].杨凌:西北农林科技大学,2016.

[123] 钟宇,张健,罗承德,等.西洋杜鹃组织培养技术体系研究(Ⅰ):基本培养基和外植体的选择[J].四川农业大学学报,2001,19(1):37-39.

[124] 钟宇,张健,罗承德,等.西洋杜鹃组织培养技术体系研究(Ⅱ):培养物的增殖和生根[J].四川农业大学学报,2001,19(2):141-143.

[125] 周兰,曹后男,孙博,等.迎红杜鹃组培快繁技术体系的研究[J].延边大学农学学报,2008,30(4):229-235.

[126] 周丽霞.嫁接法制作杜鹃微型盆景技法初探[J].南方农业,2016,10(21):108-109.

[127] 周艳,陈训.马缨杜鹃继代培养培养基配方研究[J].安徽农业科学,2007,35(29):9213-9214.

[128] 周艳,高贵龙,邹天才,等.马缨杜鹃下胚轴组织培养及全息现象的研究[J].种子,2010,29(1):47-49.

[129] 周志远,刘海石,徐毓泽,等.涧上杜鹃扦插繁殖研究[J].中国园艺文摘,2017,33(9):35-36.

[130] 朱春艳,李志炎,鲍淳松,等.云锦杜鹃组培快繁技术研究[J].中国农学通报,2006,22(5):335-337.

第四章　杜鹃花逆境生理

第一节　植物逆境生理概论

一、非生物逆境胁迫下活性氧（Reactive Oxygen Species，ROS）产生和清除系统

正常生长的植物，细胞内 ROS 的含量是很低的，但当受到环境胁迫后，CO_2 的固定受限，光呼吸途径的激活、光合反应中电子的传递会受到抑制，电子传递链过度还原，从而引起 ROS 的过量积累。在受到胁迫部位的细胞中 ROS 呈瞬间或持续增长，且增长剧烈，被称作氧化迸发。

ROS 的种类、作用和产生部位如表 4-1 所示。叶绿体是植物细胞 ROS 产生的主要部位，在光合电子传递链 PSI 的受体端存在大量的氧化酶，这些酶可通过米勒反应将水光解产生的电子传递给 O_2 形成超氧阴离子自由基（$O_2^- \cdot$）。与叶绿体相比，线粒体中 ROS 的产生速率较低。在呼吸作用电子传递链中，通过 NADH 脱氢酶的催化也可以产生 $O_2^- \cdot$ 和 H_2O_2。过氧化物酶体和乙醛酸体中的光呼吸和脂肪酸氧化过程也可以产生 ROS。另外细胞质外体和质膜中也有 $O_2^- \cdot$ 和 H_2O_2 等 ROS 的产生，这一过程主要涉及的酶有 NAD(P)H 氧化酶和细胞壁氧化酶。

表 4-1　活性氧产生部位和清除系统

ROS	作用方式	产生部位	清除系统
超氧阴离子自由基（$O_2^- \cdot$）	与 Fe-S 蛋白反应	叶绿体、线粒体、膜	SOD
单线态氧（$^1O_2$）	蛋白质，不饱和脂肪酸和 DNA 氧化反应	叶绿体、线粒体、膜	类胡萝卜素、生育酚、质体醌等
过氧化氢（H_2O_2）	蛋白质氧化反应；芬顿反应；$Fe^{2+}+H_2O_2 \rightarrow Fe^{3+}+OH^-+\cdot OH$	叶绿体、线粒体、过氧化物酶体、膜	APX、CAT、GPX、谷胱甘肽、抗坏血酸等
羟基自由基（$\cdot OH$）	极端活性，可以与 DNA、RNA、脂质和蛋白质等生物分子反应	叶绿体、线粒体、膜	类黄酮、脯氨酸等

过多 ROS 的积累会攻击植物体内的细胞膜、DNA 和蛋白质分子，造成过氧化损伤。植物在进化过程中，形成了酶促和非酶促活性氧清除系统，它们协同作用，控制 ROS 水平，减

轻过氧化损伤,提高植物抗逆性;同时,使 ROS 发挥信号传导作用,响应各种逆境胁迫。SOD 酶能将 $O_2^- \cdot$ 快速歧化为 H_2O_2 和 O_2,这个反应是活性氧清除防御体系的第一步,APX、CAT、GPX 等接着清除 H_2O_2。抗氧化酶几乎都有多种同工酶,分布在不同的亚细胞器中。例如 SOD 酶,根据酶活性中心辅基结合金属离子的不同,可分为 Fe - SOD(主要位于叶绿体)、Mn - SOD(主要位于线粒体)和 Cu/Zn - SOD(主要位于细胞溶质、过氧化物酶体和叶绿体)3 种类型。其他抗氧化酶的亚细胞分布如表 4-2 所示。因胁迫类型的不同,ROS 产生部位存在差异,各亚细胞氧化胁迫的程度不同会导致不同抗氧化酶和抗氧化物质在亚细胞分布的差异。

表 4-2　活性氧清除系统的功能和亚细胞定位

抗氧化清除酶	EC 编码	所催化的反应	亚细胞定位
超氧化物歧化酶(SOD)	1.15.1.1	$O_2^- \cdot + O_2^- \cdot + 2H + \rightarrow 2H_2O_2 + O_2$	叶绿体、线粒体、过氧化物酶体和细胞溶质
过氧化氢酶(CAT)	1.11.1.6	$2H_2O_2 \rightarrow O_2 + 2H_2O$	线粒体、过氧化物酶体
抗坏血酸过氧化物酶(APX)	1.11.1.11	$H_2O_2 + AsA \rightarrow 2H_2O + DHA$	叶绿体、线粒体、过氧化物酶体和细胞溶质
单脱氢抗坏血酸还原酶(MDHAR)	1.6.5.4	$MDHA + NADH \rightarrow 2AsA + NAD$	叶绿体、线粒体和细胞质
脱氢抗坏血酸还原酶(DHAR)	1.8.5.1	$DHA + 2GSH \rightarrow AsA + GSSG$	
谷胱甘肽还原酶(GR)	1.6.4.2	$GSSG + NADPH \rightarrow 2GSH + NADP^+$	
过氧化物酶(GPX)	1.11.1.7	$H_2O_2 + DHA \rightarrow 2H_2O + GSSG$	叶绿体、线粒体、细胞质和内质网
主要的非酶促抗氧化剂	功能		亚细胞定位
抗坏血酸(AsA)	通过 APX 酶清除 H_2O_2		叶绿体、线粒体、过氧化物酶体、细胞溶质、液泡和质外体
还原型谷胱甘肽(GSH)	参与 GPX 和 GR 等酶所催化的氧化还原		
脯氨酸(Pro)	$HO \cdot$ 和 $^1O_2$ 有效清除剂,防止脂质过氧化损失		叶绿体、线粒体和细胞溶质

注:DHA:脱氧抗坏血酸;GSSG:氧化型谷胱甘肽;MDHA:单脱氢抗坏血酸;NADH、NAD、NADPH 和 $NADP^+$ 是电子传递链中的辅酶。NADH:烟酰胺腺嘌呤二核苷酸(还原态);NAD:烟酰胺腺嘌呤二核苷酸;NADPH:烟酰胺腺嘌呤二核苷酸磷酸(还原态);$NADP^+$:烟酰胺腺嘌呤二核苷酸磷酸(氧化态)。

二、渗透调节物质

干旱、高盐、高低温等非生物胁迫都会对植物产生直接或者间接的水分胁迫,而植物细胞主要通过各种无机和有机物质的积累来提高溶质浓度,降低渗透势,增强植物的保水能力,从而适应胁迫环境,这种现象称为渗透调节(Osmotic Adjustment,OA)。参与渗透调节的物质大致分为 2 类:由外界引入细胞中的无机离子,如 K^+、Na^+、Ca^{2+} 等;在细胞内合成的有机溶质,如脯氨酸、甜菜碱、可溶性糖、可溶性蛋白质和多元醇等。渗透物质的分子质量比较小,能被细胞膜保持,不易引起酶结构变化,生成迅速且积累量能够达到调节渗透势的作用。渗透调节物质在植物非生物胁迫中发挥着重要的作用,其作用机理主要包括 3 个方面,分别是维持植物体细胞渗透压平衡,参与部分代谢反应和稳定某些蛋白质的结构。

逆境下,细胞内常常累积无机离子来降低渗透势,特别是盐生植物常依靠这种方式来调节渗透势。无机离子进入细胞后,主要累积在液泡中,因此无机离子主要是作为液泡的渗透调节物质。有机渗透调节物质必须具备以下一些特征:① 相对分子质量小,易溶于水(溶解度大)。② 在生理 pH 范围内不带电荷,必须能为细胞膜所接纳。③ 在高浓度时对细胞内的酶结构和活性无影响或影响最小。④ 生成迅速,并能积累到足以引起渗透调节的量。

渗透胁迫下脯氨酸的积累,有助于细胞和组织的保水,调节渗透压,保护酶和细胞结构。植物受到渗透胁迫时,主要通过谷氨酸合成脯氨酸,合成过程主要涉及两种酶:吡咯啉-5-羧酸合成酶(P5CS)和吡咯啉-5-羧酸还原酶(P5CR)。已有很多研究表明,通过基因工程提高转基因植物的脯氨酸含量,可以提高植物对高温、干旱及盐碱等胁迫的抗逆性。

在高盐、低温及水分等胁迫条件下,生物体内通过合成甜菜碱,调节胞内渗透压,维持胞内稳态,保护细胞膜和稳定胞内一些酶类的生物活性。甜菜碱的生物合成通过氧化胆碱进行,胆碱单氧化酶(CMO)和甜菜碱醛脱氢酶(BADH)是关键酶。向植物中导入与甜菜碱合成相关的基因,增加酶活性,提高植物甜菜碱积累水平,也是提高植物抗逆性的一种途径。

可溶性糖是作物体内重要的能源和碳源物质,参与其生命代谢的很多过程。一方面,水分胁迫使可溶性糖等碳水化合物积累,导致细胞水势下降,提高了作物自身吸水和保水能力。植物受到渗透胁迫时,细胞通过积累很多糖类和多元醇,维持细胞的膨压。糖类包括海藻糖、果聚糖等。甘露醇、山梨醇、肌醇等都属于多元醇。

三、光合作用

光合作用是植物重要的生理过程,在各种胁迫下维持较高的光合能力对植物的生长发育是非常重要的。植物光合速率的高低在一定程度上取决于自身的遗传特性,并且也受到外界环境的影响,不同的物种、品种之间光合速率不同。物种(或品种)光合特性的差别是影响作物产量及品质的先决条件,具有决定性的影响力。

在逆境胁迫下,光合作用被抑制与光合电子的传递中断、光系统Ⅱ(PSⅡ)光化效率的降低、CO_2 的固定与吸收以及核酮糖-1,5-二磷酸羧化酶/加氧酶(RubisCO)的活性下降等有关。用连续式激发荧光仪(PEA)测定的快速叶绿素荧光动力学曲线包含着大量光系统Ⅱ(PSⅡ)反应中心原初光化学反应的信息,目前在植物逆境胁迫研究中已有应用。通过对逆境胁迫下曲线荧光参数的分析,可明确逆境对植物光合机构(主要是 PSⅡ)的影响以及光合机构对逆境胁迫的适应机制。

四、逆境蛋白质

植物在高温、低温、干旱、高盐碱等逆境胁迫下,一些基因表达会发生改变,原来一些蛋白质的合成受到抑制,同时又会新合成一些蛋白质。这些蛋白质除了渗透调节剂(如脯氨酸、甜菜碱和糖类)的合成酶外,还包括一些重要的功能蛋白和一些调控因子,它们主要为 LEA 蛋白(Late Embryogenesis Abundant Protein)、水通道蛋白、转录因子等。

LEA 蛋白即胚胎发育晚期丰富蛋白,广泛存在于高等植物中,且受发育阶段、干旱、高盐碱、低温、脱落酸(ABA)等的影响。现已在近 20 种高等植物发育种子中检测到 LEA 蛋白。目前推测 LEA 蛋白可能有以下 3 个方面的作用:① 作为脱水保护剂;② 作为一种调节蛋白质而参与植物渗透调节;③ 通过与核酸合成而调节细胞内其他基因的表达。

植物在高于正常生长温度 10 ℃以上,体内大部分蛋白质的合成和 mRNA 的转录被抑制,同时刺激合成一些新的蛋白质,这类蛋白质称为热激蛋白(Heat Shock Protein,HSP)。HSP 具有"分子伴侣"作用,参与细胞内新合成蛋白质的折叠、加工、转运及蛋白质变性后的复性、降解,维持胞内环境的稳定,提高细胞的抗热性。除高温外,干旱、盐碱等都会诱导热激蛋白的产生。目前在细菌、真菌、动物和植物中都已经发现了这类蛋白质,它们的序列高度保守。根据分子质量大小将 HSPs 分成 HSP110s、HSP70s、HSP60s、LMW HSPs 或 smHSPs。

在植物低温诱导蛋白中,抗冻蛋白最早被发现于极地海洋鱼类中,它能非连续地降低体液冰点,并通过吸附于冰晶的特殊表面有效地阻止和改变冰晶的生长。研究表明,将极地海鱼中的抗冻蛋白基因转入番茄,其果实的冷藏性得到提高。

水通道蛋白(Aquaporin,AQP)可增加质膜和液泡膜对水的通透性,参与逆境条件下水分的吸收、转运和细胞水分平衡的维持。在植物中,Maurel 等最早从拟南芥中分离出第一个植物 AQP－rTIP。研究表明,水通道蛋白的活性受蛋白磷酸化及基因表达的调节。水通道蛋白的表达受到环境因素的影响,如在高盐胁迫下冰草中水通道蛋白的 mRNA 水平迅速下降,随着细胞中渗透物质如蔗糖、多胺等的积累,其 mRNA 水平将逐渐恢复到原先或更高水平。

植物在逆境胁迫下,转录因子不断合成,并将信号传递和放大调控下游基因的表达,从而引起植物生理生化的改变。转录因子根据表达的特点可以分为两种:一种是组成型转录因子,无论在逆境还是正常状况下基因都表达;一种是诱导型转录因子,只有在逆境下基因才会表达,决定了每个基因不同于其他基因的表达方式,它们所结合的 DNA 序列即特异型顺式元件。与植物逆境抗逆性相关的转录因子主要有 4 类:AP2/EREBP 类、bZIP 类、WRKY 类和 MYB/MYC 类。

五、植物叶片超微解剖结构

在光学显微镜下可以清楚地看到植物的细胞是由细胞壁、细胞质、细胞核、线粒体、质体和液泡等部分所组成的。利用电子显微镜(简称电镜)观察细胞时,可以发现更为细致的结构。这种只有用电镜才能观察到的细胞结构称为细胞的超微结构,电镜的放大倍数越大,看到的结构越精细(图 4-1)。

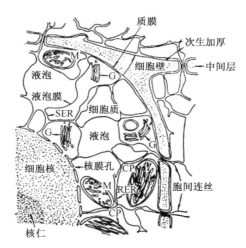

CP:叶绿体;SER:光滑的内质网;RER:粗糙的内质网;G:高尔基体;M:线粒体

图 4-1　植物细胞超微结构模式图（韩锦峰,1991）

（一）叶绿体、线粒体

叶绿体和线粒体是光合作用和能量流动最重要的细胞器,其形态结构、数目和分布因植物发育的不同阶段或在环境条件发生变化时而发生相应变化。在正常条件下,叶绿体内有发育良好的相互交联的基粒片层和基质片层,即类囊体,其外部的双层被膜是完整的,通常还包含着一些淀粉粒。线粒体呈椭圆形或长椭圆形,双层被膜结构完整,内嵴较丰富。叶绿体和线粒体在逆境胁迫下结构和生理功能会发生明显的变化,随逆境胁迫程度的加深,叶绿体和线粒体受损伤程度加重,如对银沙槐进行干旱胁迫发现,叶绿体和线粒体从开始受影响直到最后细胞死亡,大致可分为几个阶段:① 干旱胁迫后,细胞首先发生质壁分离,叶绿体基质类囊体和基粒排列紊乱,线粒体基质开始变稀,内嵴减少;② 细胞器挤入细胞中央,叶绿体类囊体肿胀,变成球形,基质类囊体和基粒模糊,大量线粒体外膜模糊,内嵴断裂;③ 叶绿体膜破裂,类囊体碎片进入细胞基质,线粒体膜破裂、解体,细胞中出现小空泡及髓样结构,细胞死亡。另外,叶绿体及类囊体膜对逆境胁迫比较敏感,抗逆性强的品种能较好地保持叶绿体结构的完整性和稳定性,可以作为判定植物抗逆性的依据。线粒体一般被认为是对逆境胁迫表现比较稳定的细胞器,逆境胁迫下,线粒体的耐受力要比叶绿体强,受损也比叶绿体晚。

（二）细胞内膜系统

细胞绝大多数代谢反应是在细胞内膜系统中完成,同时细胞整体性和内部分区结构的保持、代谢的协调及物理化学特性变化与细胞内膜系统更是密切相关。细胞的内膜系统受到逆境胁迫后,明显地表现出膜的破坏,如高尔基体的囊池不再呈现规则的排列,高尔基体小泡也被扩大,并空泡化,内质网表现为囊的扩展,出现不规则的小泡,液泡中出现膜所包围的小泡。对盐生植物细胞内膜抗盐机理的研究发现,盐胁迫反应最敏感、变化最快的是内膜系统这一动态结构,盐地植物对盐渍适应的一个重要特征是细胞内膜的区隔化,即在细胞内部形成许多泡状结构,而且在质膜下常常形成泡状结构层。细胞内膜系统的区隔化是植物适应逆境胁迫的重要标志,逆境胁迫下高尔基体、内质网以及液泡中发生的相应变化可能与细胞内膜的区隔化有关。

(三)细胞核

细胞核是非常重要的结构,是细胞遗传和代谢的调控中心,内部含有细胞中大多数的遗传物质,也就是 DNA。这些 DNA 与多种蛋白质,如组织蛋白复合形成染色质。而染色质在细胞分裂时,会浓缩形成染色体,其中所含的所有基因合称为核基因。细胞核的作用是维持基因的完整性,并借由调节基因表现来影响细胞活动。细胞核也是植物对逆境反应和适应的调控中心。正常情况下,细胞核膜完整,核仁边缘清晰,染色质分布均匀,细胞质内各种细胞器清晰。当受到逆境胁迫时,细胞核会出现皱缩,核膜裂解,染色质凝聚,细胞的核仁解体分散,核质呈高电子密度的颗粒或团块状态等现象。

第二节　高温胁迫

杜鹃属植物不同亚属间、组间,甚至同一组的亚组、系之间的不同杜鹃品种的耐热性都不同。同一个种因种子来源、产地等的不同,耐热性也有差异。一般植物耐热性与原产地的气候条件密切相关,高纬度、低海拔的杜鹃种相对比较耐热,例如映山红亚属、羊踯躅亚属的杜鹃种类耐热性较好,叶片较大的高山杜鹃,甚至马银花亚属的杜鹃花都很难下山,耐热性较差。常绿杜鹃亚属的台湾杜鹃($R.\ formosanum$)耐热性比较好,玉山杜鹃($R.\ morii$)和阿里山杜鹃($R.\ pseudochrysanthum$)耐热性也较好,但还是原产台湾的微笑杜鹃($R.\ hyperythmin$)耐热性很强。

不同杜鹃种类的抗热性和叶片形态结构表现出很大差异(表 4-3),一般耐热杜鹃(例如映山红)比热敏感杜鹃(例如云锦杜鹃)气孔密度高,气孔体积和开张度小,叶片和栅栏组织厚度大,栅栏组织与海绵组织比值较高,叶表皮细胞结构更紧密,且耐热品种的部分气孔在高温胁迫下呈关闭状态(表 4-3 和图 4-2)。这样的叶片细胞解剖结构能防止高温条件下叶表面水分过度蒸发,从而杜绝了叶片脱水而造成的伤害,而感热品种缺少这种能有效减少叶表水分蒸发的结构,从而导致了高温下严重失水,使植物细胞结构受到伤害。

表 4-3　高温胁迫下不同杜鹃叶片气孔特征比较

种类	气孔形状	长径/μm	短径/μm	长短径比	密度/(个/mm²)
映山红	近圆形	21.9b	20.1b	1.09a	288.8a
满山红	圆形或近圆形	22.8b	20.8ab	1.1a	232.9b
马银花	圆形或近圆形	22b	19.7b	1.12a	302.7a
云锦杜鹃	圆形或近圆形	24.6a	21.9a	1.12a	167.7c

注:a、b、c 表示多重分析的结果,字母不同表示差异性显著。

容丽等对 13 种杜鹃属植物的叶片解剖特征及其生态适应性的研究认为气孔密度、气孔长宽比等性状因其差异小可作为评价杜鹃耐热性的叶片解剖结构鉴定指标。但张春英在对 4 种常绿杜鹃花叶片耐热性的指标研究中发现,叶片气孔总面积、细胞膜相对透性、游离脯氨酸含量与植物耐热性存在相关性,气孔密度、超氧化物歧化酶活性与植物耐热性无相关性。

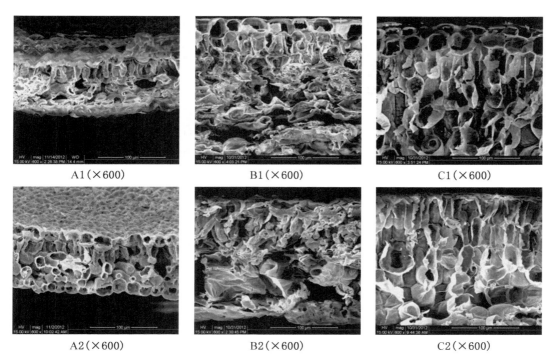

A1(×600)　　　　B1(×600)　　　　C1(×600)

A2(×600)　　　　B2(×600)　　　　C2(×600)

注:A、B、C 依次为映山红、满山红和云锦杜鹃,上排为对照区,下排为高温胁迫处理区

图 4-2　杜鹃叶片剖面解剖结构

高温胁迫导致杜鹃叶片光合速率降低,尤其是热敏感杜鹃种,光合速率下降显著(表 4-4)。由于在高温胁迫下气孔导度下降的同时,胞间 CO_2 浓度上升,因此推断非气孔因素是光合速率降低的主要原因。高温胁迫下杜鹃叶片细胞出现不同程度的损伤,主要表现在叶绿体、线粒体和细胞膜结构,其中叶绿体是最为敏感的器官(图 4-3)。高温胁迫下杜鹃叶片类囊体膜结构改变以及 PSⅡ反应中心的失活,应该是高温胁迫下杜鹃叶片光合速率下降的主要原因。严重高温胁迫,导致大部分杜鹃品种 NPQ(非光化学猝灭系数)迅速降低,热耗散保护机制丧失。高温导致光能转化效率降低,植物捕获的激发能超过光合作用所能利用的能量时,过剩的激发能会形成活性氧。

高温胁迫下 ROS 的积累,在不同程度上引起膜脂过氧化,造成细胞膜受损。杜鹃抗氧化酶活性水平高低与耐热性强弱有关。耐热杜鹃在相对高温胁迫下,抗氧化酶活性提高,但胁迫温度继续升高,抗氧化酶活性降低,并且随着胁迫时间的延长,其活性也会降低,这说明在一定胁迫范围内杜鹃可通过自身酶的调节以抵御高温胁迫带来的伤害。另外,高温胁迫下不同的抗氧化酶活性的升高比率存在种间差异。AsA 作为非酶促抗氧化剂,是检测高温逆境下杜鹃过氧化伤害程度及对高温适应能力的重要指标。

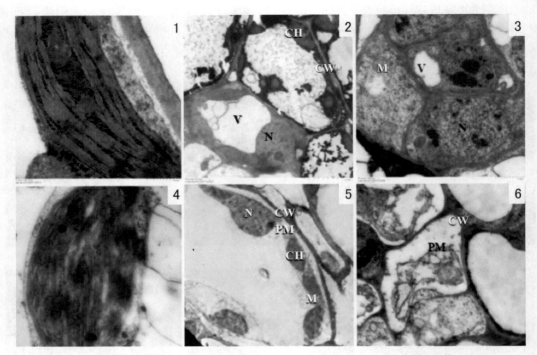

注:图片放大倍数:1和4,×7.0k;2和5,×1.0k;3和6,×3.0k;CH:叶绿体;
CW:细胞壁;M:线粒体;N:细胞核;V:液泡;PM:质膜

图4-3 高温胁迫下云锦杜鹃的超微解剖结构

表4-4 高温胁迫下4种杜鹃光合速率的变化

	处理	云锦杜鹃	马银花	映山红	满山红
Pn(μmol·m^{-2}·s^{-1})	对照	2.216±0.15	3.460±0.16	3.578±0.1	3.394±0.12
	高温	0.853±0.05	2.827±0.2	2.162±0.14	2.489±0.14
Ci(mmol·m^{-2}·s^{-1})	对照	318.9±10.05	283.445±17.86	249.679±11.13	256.91±14.87
	高温	359.67±12.37	296.852±18.87	262.251±16.83	272.438±9.35
Gs(μmol·m^{-2}·s^{-1})	对照	0.059±0.005	0.055±0.003	0.048±0.003	0.047a±0.007
	高温	0.063±0.002	0.049±0.006	0.033±0.006	0.035±0.007
Tr(mmol·m^{-2}·s^{-1})	对照	1.577±0.14	2.017±0.04	1.993±0.05	1.711±0.13
	高温	1.579±0.1	1.652±0.09	1.341±0.07	1.286±0.14

注:表中数据格式为平均值±标准差。

在不同种类的ROS中,由于H_2O_2相对分子质量较小,容易在细胞中扩散,或者被清除,或者会被转化成为毒性更强的活性氧类,因此被认为对细胞有很大的毒性。但是近年来大量研究表明,H_2O_2作为信号分子在植物逆境适应中发挥着重要作用,逆境胁迫下细胞内H_2O_2具有双重作用,被控制在适宜水平的ROS可以作为信号分子,诱导或活化多肽、激素、脂质等其他信号网络,调控植物生长发育,响应各种逆境胁迫,维持H_2O_2的动态平衡是植物适宜逆境能力的一种表现。笔者所在课题组通过实验发现,适宜浓度的 H_2O_2 处理可以通过调控杜鹃幼苗抗氧化防御系统,减轻高温胁迫下的过氧化损伤来提高杜鹃耐热性。

此外,还可以通过高温锻炼、Ca^{2+} 处理等途径提高杜鹃的耐热性。外源水杨酸、脱落酸处理也可以提高杜鹃耐热性,尤其是水杨酸与脱落酸+复合处理更能促进渗透物质合成,提高抗氧化能力和细胞完整性,从而提高对高温胁迫的抗逆性。

第三节　低温胁迫

杜鹃花属植物种类繁多,杜鹃的抗寒性是与自然分布区中冬温的严酷度相关的,抗寒种类起源于高寒地区,敏感种类起源于温暖地区。杜鹃花属植物从赤道到北极圈,从海平面到海拔 4 000 m 以上,在耐寒性上有很大的差异。Sakai 等人对这种多样性进行了抽样调查,这是迄今为止对物种和品种抗寒性最全面的调查。采用体外对照冷冻法对适应环境的植物组织和花卉组织的应答进行比较。花芽对冻害的敏感性高于营养芽、叶或茎(皮层和木质部),花与营养组织之间的耐寒间隙随耐寒性的增加而增大。花芽与叶片抗寒性之间存在显著的非线性关系,在低于 $-25\ ℃$ 的温度下,芽的抗逆性比叶片弱,且随温度的增加而增加,在 $-34\ ℃$ 附近达到最大值。常绿杜鹃组长序杜鹃亚组的杜鹃种是耐寒性最强的,其花芽和叶片分别能在 $-25\ ℃$ 和 $-40\ ℃$ 以下的低温条件下存活。有鳞杜鹃种最耐寒的杜鹃包括北美的 *R. minus*,中国北部、韩国、俄罗斯东部和俄罗斯西伯利亚的相关物种 *R. dauricum* 和 *R. mucornulatum*,以及在极地南部附近分布的 *R. lapponicum*。北美落叶杜鹃花(五药花组),如 *R. viscosum*、*R. arborescens* 和 *R. canadense* 的花芽耐寒性达 $-30\ ℃$,比亚洲寒冷地区的一些常绿杜鹃品种(映山红组),例如韩国的杜鹃品种 *R. yedoense* var. *poukhanense* 和日本高海拔地区的 *R. kiusianum* 更耐寒。Sakai 等发现耐寒性的变化与纬度或海拔的气候差异间有很好的对应关系,并观察到最耐寒的物种来自喜马拉雅地区多样性中心的地理异常区。

耐寒的杜鹃品种在叶片结构上存在一些共同的形态特征:如杜鹃叶为典型的异面叶,气孔器仅分布于下表皮,上表皮均无气孔器;下表皮均由 1 层细胞组成,排列紧密;栅栏组织由 1～3 层长柱状细胞组成,排列紧密;海绵组织细胞较短,排列较疏松;均有表皮附属物等。虽然一般情况下,多倍体植物对逆境胁迫有更好的耐受性,但有研究发现二倍体杜鹃品种比四倍体品种更加耐寒。

磷脂酰甘油的脂肪酸组成比总磷脂脂肪酸组成与杜鹃抗寒性之间存在着更密切的相关性。抗寒杜鹃品种自身或在耐寒适应过程中会积累较多的不饱和脂肪酸,较高的不饱和脂肪酸与饱和脂肪酸比值有利于杜鹃的抗寒。植物的膜脂脂肪酸不饱和度和磷脂酰甘油的饱和脂肪酸水平可作为抗寒性鉴别较为可靠的生理指标。低温半致死温度可以准确且直观地反映杜鹃的耐寒性。杜鹃叶片的黄酮含量与杜鹃低温胁迫受寒程度成反比,含较高黄酮含量的杜鹃品种抗寒性强,因此黄酮含量也被暗示可以作为杜鹃抗寒性的一个鉴定指标。

随着冬季气温的降低,杜鹃抗寒性增强,并且在低温适应过程中,杜鹃可以通过提高体内膜保护系统的活性来清除活性氧,降低 MDA 在体内积累,防止膜脂过氧化作用,维持膜结构的完整性和稳定性。这期间叶片相对含水量、自由水和淀粉含量下降,束缚水、可溶性糖、可溶性蛋白质和脯氨酸含量增加。因此低温锻炼可以有效提高杜鹃的耐寒性。Wei 等人以冬季采收的经过低温锻炼的杜鹃叶片(CA)和夏季采收的未经过低温锻炼的杜鹃叶片(NA)为实验材料,两者耐寒性存在显著差异。通过表达序列标签(EST)分子标记,发现 CA 和 NA 的叶片基因表达模式存在显著差异,暗示杜鹃叶片的低温适应与其渗透调节机理、脱水耐性、光抑制能力和光合作用调节能力等密切相关。

对经过低温锻炼和未经过低温锻炼的杜鹃叶片进行了蛋白质组学分析,鉴定了 54 种季节性调节蛋白质,其中与胁迫有关的蛋白质丰度增加,包括类似于脱水蛋白 ERD - 10、冷休克结构域蛋白(CSDP)和两个单脱氢抗坏血酸还原酶(MDAR)。冬季经过低温锻炼,组织中几种参与能量和碳水化合物代谢、调控/信号传递、次生代谢和细胞膜通透性的蛋白质也上调表达。与 EST 分析不同的是,蛋白质组学没有鉴定特异的 ELIPS,而是在冷适应组织中发现了两个叶绿素 a/b(CAB)结合蛋白。ELPs 是 CAB 基因家族中瞬时表达的成员,其功能可能是减少冬季常绿杜鹃花叶片吸收过多太阳能所引起的氧化应激。

分析比较基因表达和翻译具有良好的应用潜力,这些候选基因或基因产物可以作为杜鹃花抗寒性状的标记,使育种者能够间接选择标记基因,而不是表型。到目前为止,大多数研究都集中在使用杜鹃花脱水蛋白作为生化和遗传标记。例如,Lim 等人鉴定了在冷驯化的叶片组织中积累的一种 25 kDa 脱水蛋白,在超耐寒的北美种(R. catawbiense)中比不太耐寒的亚洲种更为丰富。Marian 等人在 21 种杜鹃的耐寒性研究中发现了 11 种脱水蛋白的存在,大部分杜鹃冬季叶片脱水蛋白含量明显高于夏季叶片,并且发现 25 kDa 脱水素存在于几乎所有的杜鹃花中,除了一种热带的杜鹃(R. brookeanum)。比较 6 个杜鹃(3 个非常耐寒,3 个不太耐寒)未驯化和冷驯化叶片组织中的脱水素谱表明,脱水蛋白与杜鹃叶片耐寒性显著相关。Lim 等发现杜鹃叶片抗寒能力与叶龄和发育时间呈正相关,且伴随着 25 kDa 脱水素的含量增加。短日照处理能够引起抗寒性增加并同时诱导 25 kDa 脱水素的合成,且短日照和低温诱导同时处理会使叶片的抗寒性和 25 kDa 脱水素含量达到最大。Peng 等发现来自酒红杜鹃的 RcDhn5 基因(编码酸性 SK2 型脱水蛋白)在拟南芥转基因植物中的过量表达提高了拟南芥的抗寒性,这进一步说明了 RcDhn5 基因表达有利于植物抗寒性的提高。25 kDa 脱水素可以作为一种遗传标记来区分抗寒和不抗寒杜鹃品种。

在证明脱水蛋白预测抗寒性表型的能力方面,研究结果更加模棱两可。豇豆近等基因系种子萌发期间的耐寒性与编码 35 kDa 蛋白的脱水蛋白基因共分离,35 kDa 蛋白与幼苗出苗间的耐冷性相关。在大麦('Morex'和'Dicktoo')中,脱水蛋白 Dhn1 和 Dhn2 定位于 7 号染色体上的一个数量性状位点(QTL)。然而,随后的研究表明,这两种脱水蛋白的表达并不是由低温诱导的,而低温诱导的大麦脱水蛋白基因家族的另一个成员——Dhn5并没有与耐寒表型相关的 QTL 区域相对应。在一个越橘属的蓝莓杂交群体中,利用编码 60 kDa 脱水蛋白的 2.0 kb cDNA 克隆序列,将该基因定位到第 12 连锁群,但该标记物不与花芽抗寒性共分离。

第四节　水分胁迫

　　杜鹃花根系细且分布浅,对水分反应十分敏感,杜鹃花原产地的雨量充沛,引种到低海拔地区后,即使在一些沿海地区,降雨量也远远低于杜鹃花原产地。杜鹃在形态上有许多可以减少蒸发的保护构造,如茸毛、鳞片、毡毛层等,使它渡过一些缺水的难关,但在夏季或者部分地区的少雨期,也常常受到干旱胁迫。在平原地区,由于土壤排水不良,夏季因积水而涝死的实例也有。因此杜鹃在露地栽培及室内观赏栽培中,其生长最常受到环境中旱、涝交替因素的影响,这严重限制了杜鹃花属植物在园林中的推广应用。因此各个地区为解决杜鹃在本地区栽培品种较少、难以适应干旱气候的问题,也进行杜鹃引种,希望选择观赏性强、抗旱性好的品种进行推广,丰富本地城市的园林绿化景观。

　　不同杜鹃品种耐旱性存在显著差异,这与杜鹃基因型、叶片解剖结构、根系超微结构、须根系的发达程度等有关。抗逆性强的杜鹃品种在旱涝交替胁迫下能保持叶绿素含量的稳定,维持一定水平的净光合速率和水分利用率,保持膜系统处于相对完好的状态,能保持较高的抗氧化酶活性以清除活性氧,保持较高的脯氨酸含量以维持渗透调节系统的稳定性。张长芹等比较了云锦杜鹃、马缨杜鹃、露珠杜鹃、大白花杜鹃等6种野生杜鹃的耐旱性,发现云锦杜鹃和马缨杜鹃较耐旱,这或许与其较发达的须根系有关。李娟等通过测定13种生理生化指标来判断西鹃和毛鹃的抗性,得出西鹃的抗旱性大于毛鹃的结论。李波等认为盆栽西洋杜鹃比毛鹃能更好地适应干旱环境。

　　叶片结构和根细胞超微结构对于杜鹃抗旱性强弱起着重要作用,可以作为判断杜鹃耐旱能力的方法之一。杜鹃叶片仅有下表皮具有气孔,上、下表皮都有表皮毛和腺毛等附属物,随干旱胁迫程度的加重,气孔开度变小,到中后期气孔闭合。叶片受干旱胁迫后变薄,栅栏组织与海绵组织厚度之比随干旱胁迫时间的延长而增大,其中抗旱性较强的杜鹃栅栏组织与海绵组织厚度之比变化幅度最大,气孔的闭合时间相对更晚。随干旱胁迫程度的加深,根系细胞细胞膜破损,液泡膜破裂,类囊体肿胀,线粒体肿胀,基质变稀,嵴减少,最终线粒体解体,其他细胞器消失,细胞空泡化;接种 ERM 真菌能够提高桃叶杜鹃根系细胞结构稳定性,维持细胞膜、线粒体等细胞器的完整,缓解干旱胁迫对各细胞器的伤害效应。

　　轻度水分胁迫会引起杜鹃叶片净光合速率的降低,同时伴随着气孔导度和胞间 CO_2 浓度的下降,表明叶片净光合速率的降低主要是受气孔限制因素的作用所致。轻度干旱胁迫下,一般水分利用效率(WUE)没有显著变化,细胞膜没有出现破坏,而叶片中色素含量呈上升趋势,这或许是水分抑制与叶片浓缩综合作用的结果。干旱胁迫严重时,WUE 值显著下降,相对电导率显著增加,细胞膜结构受损严重。伴随着气孔导度的继续下降和胞间 CO_2 浓度的上升,净光合速率显著下降,因此严重干旱胁迫所引起的净光合速率的下降是由非气孔限制因素引起的。光合效率的下降是由于光合反应中心遭到破坏,电子传递效率下降,光抑制加剧,也或许与叶绿素合成减少与降解加速有关。

　　干旱胁迫也可诱导杜鹃活性氧的积累,导致杜鹃体内活性氧代谢系统失去平衡,激活体内抗氧化系统的应答。MDA 和保护酶活性与高山杜鹃抗旱性密切相关,可以作为杜鹃耐旱性的评价指标。不同抗氧化酶对旱涝交替胁迫的响应存在差异,杜鹃花的抗氧化防御系统在旱涝交替胁迫下存在协作的同时又有非常复杂的关系,抗逆性强的杜鹃能保持膜系统的相对完好和较高的抗氧化酶活性。

目前,对杜鹃花干旱胁迫的研究主要集中在植株生理生化水平的适应性调节,在分子水平的研究鲜有报道。王华等在杜鹃花转录组测序研究的基础上,深入挖掘杜鹃花应答不同水分条件的转录因子,结果表明,在不同水分处理间有34～161个差异表达的转录因子,杜鹃花响应不同水分的转录调控主要是通过 ERF、bHLH 和 MYB 基因的表达协同完成的;干旱胁迫时,特异调动了 NAC 的差异表达和 WRKY、bZIP、PLATZ 的上调表达,干旱后复水时特异调动了 GATA 表达来调控。这为阐明杜鹃花抗旱的分子机理及培育抗旱新品种奠定了基础。

外源化学试剂处理可以提高杜鹃的抗旱性。例如,多效唑和外源水杨酸处理均可通过增加渗透调节物质和抗氧化物质的含量来增强杜鹃的抗旱性。目前,研究较多的是通过接种杜鹃真菌来提高杜鹃的抗旱性,例如,ERM 真菌、*Phialocephala fortinii* 真菌、*Aspergillus sydowii* 真菌等。其中,接种 *Phialocephala fortinii* 真菌的杜鹃幼苗的耐旱性优于接种 *Aspergillus sydowii* 真菌的耐旱性。

在杜鹃养护管理中,也要注意水分的管理。久旱不雨,要注意浇水,保持土壤湿润。浇水前要细致观察,土表干燥不等于内部干燥。阴天、湿度大的季节,适当减少浇水次数与水量。秋旱不能多浇水,因冬季即将到来,二次生长不利于越冬。冬灌比春灌重要,时间要掌握好。枝叶的生长属于营养生长,水量要多。花芽形成的阶段属于生殖生长,是季节的因素促使杜鹃形成翌年的花器,浇水多了会使枝叶猛长而花芽减少。花芽形成以后也不能多浇水,以免花芽顶端开张,翌年开不成花。

灌溉水要注意水质,灌溉水偏碱,会使杜鹃逐渐衰弱甚至死亡。老的杜鹃花定植多年,根的分布深远,抗逆性强,对干旱有一定的抗受性,中午短暂凋萎,傍晚即能恢复,浇水不宜过多。新栽的壮年杜鹃需要多浇水。杜鹃需水程度因种类而不同。大叶子的大叶杜鹃亚组和杯毛杜鹃亚组内的各种杜鹃需水量大,夏季随时需要补充。相反,如高山杜鹃亚组的各种,叶小匍匐,在高山上常生在坡地或石砾粗砂上,排水良好,在岩石园中也要模拟这种环境,浇水不多,排水容易,并有潮湿的空气才好。杜鹃园或杜鹃比较集中的地方,一定要有方便的给水条件,最好有喷灌,夏季随时喷水,既庇荫、增加空气湿度,又湿润土壤。

第五节　土壤盐、碱胁迫及逆境交叉适应

一、碱胁迫

杜鹃花适合在 pH 4.0～6.0 的土壤中生长,多数种的最适 pH 在 4.5～5.5。如兴安杜鹃和迎红杜鹃 2 年生实生苗在 pH 5.5 的基质中生长状态最佳。鹿角杜鹃、马银花、映山红等杜鹃种子萌发的适宜 pH 范围在 5.0～6.5 之间。因此,杜鹃花属植物被认为是典型的酸性土壤指示植物。而我国的北方大部分地区土壤偏碱性,将杜鹃引种到北方碱性水土地区往往会生长不良或不能生长。因此,如何在偏碱的环境中引种、栽培喜酸性的杜鹃花已经

成为研究热点之一。

在世界上的一些地方,杜鹃花属植物自然生长在石灰石或蛇纹石土壤上。高水平钙似乎不会抑制杜鹃花的生长,但是钙的来源会影响植物组织的正常生长。高水平的硫酸钙($CaSO_4$)处理过的植株比等量的碳酸钙($CaCO_3$)处理过的植株生长得更好,这可能是由于使用 $CaCO_3$ 引起的碳酸氢盐(HCO_3^-)毒性造成的。碳酸氢盐是钙质土中主要的阴离子成分,在碱性土壤中它可以抑制喜酸的根系生长(细胞伸长),破坏铁的吸收,导致典型的石灰性黄化症状。Chaanin 对 200 种经碱胁迫的杜鹃花品种和杂交种的研究表明,低浓度处理(pH 4.2,32 mg/L HCO_3^-)下,杜鹃花均生长良好,中等浓度(pH 6.4,814 mg/L HCO_3^-)下,大多数杜鹃花生长发育迟缓,并表现出缺铁病症状。在最高浓度处理条件下(pH 7.1,1 554 mg/L HCO_3^-),除照白杜鹃、西部杜鹃(R. occidentale)和大字杜鹃的少量幼苗外,所有植株均死亡。对照白杜鹃的进一步实验表明,它能够在 3 000 mg/L HCO_3^- 的浓度下健康生长,这是其他杜鹃花碳酸氢盐含量的 2 倍。郁书君等对云锦杜鹃进行不同浓度 pH 处理,发现营养液 pH 在 4.5~7.5 时,云锦杜鹃生长均未表现出明显的异常,pH 高达 8.5 时,云锦杜鹃营养物质积累受损,生长受到抑制。这表明云锦杜鹃也是很好的耐碱种质资源。

Mcaleese 和 Rankin 对云南石灰岩上生长的杜鹃花属植物进行野外调查发现了很多耐碱性杜鹃品种(表 4-5),除常绿杜鹃亚属的西部杜鹃生长 pH 上限值在 7.2~8.6 范围内,其他品种生长的 pH 上限值均在 6.0~7.9 的范围内。这些杜鹃花芽的耐寒性大多在 -21~-26 ℃,具有适度的耐寒性;红棕杜鹃、云南杜鹃(R. yunnanense)和 R. agganiphum 耐寒性为 -18 ℃,紫玉盘杜鹃(R. uvariifolium)和草原杜鹃(R. telmateium)耐寒性为 -15 ℃,它们均低于亚洲耐寒性最低类群的常绿杜鹃亚属的平均芽耐寒性 19.8 ℃;玫瑰杜鹃(R. prinophyllum)具有较强的耐寒性,达到了 -32 ℃。在该地区土壤 pH 范围内的碳酸氢盐含量丰富,相关研究集中在植物对关键金属的吸收与 pH 的关系上。在 pH 4.0~8.0 范围内,叶片中的钙和镁的水平受到严格的调控,不受 pH 的影响,它们不会随着 pH 和微量营养素水平的增加而增加。有效铁含量随 pH 的增加而降低,但叶片分析表明,不同 pH 水平下的土壤(不仅仅是最碱性的土壤)铁含量都较低。显然,在任何酸碱度条件下生长的杜鹃花都存在铁缺乏后黄化的风险。相比之下,叶片中的锰浓度与黄化密切相关,叶片组织中锰的含量从 pH 4.5 到 7.0 几乎呈线性下降,pH 达到 6.8 锰含量急剧下降。与其他一些杜鹃花科植物一样,杜鹃花不调节对锰的吸收,它将其储存在叶片中,浓度高达 $4×10^{-3}$,这对植物生长会产生严重的毒害。锰不存在于石灰岩土壤中,杜鹃花中锰的主要来源是其叶凋落物。pH 8.0 处理的杜鹃花新叶到 80 d 时出现了黄化现象,但只有新叶的叶绿素、活性铁、过氧化氢酶活性、全钙、全镁、全锰差异显著,说明新叶中叶绿素、活性铁、过氧化氢酶活性、全钙、全镁、全锰适合作为筛选杜鹃花缺铁黄化的诊断指标。Giel 等人研究了高浓度钙盐及 pH 对杜鹃花的影响,结果表明,较高 pH 限制了杜鹃花酸性磷酸酶的活性,导致非限制脱氢酶(DHA)含量的升高。与高浓度钙盐作用相比,pH 对杜鹃花生长的影响更为密切。

表 4-5 在接近中性或 pH 较高的土壤中生长的杜鹃花属植物

分类组	物种	pH 上限	耐寒性/℃
常绿杜鹃亚属	亮叶杜鹃(R. vernicosum)	6~6.9	−26
	腺房杜鹃(R. adenogynum)	6~6.9	−26
	R. agganiphum	6~6.9	−18
	紫玉盘杜鹃(R. uvariifolium)	6~6.9	−15
	栎叶杜鹃(R. phaeochrysum)	6.8	−21
	粉钟杜鹃(R. balfourianum)	7.4	−21
羊踯躅亚属	西部杜鹃(R. occidentale)	7.2~8.6	−21
	玫瑰杜鹃(R. prinophyllum)	6.9~7.1	−32
杜鹃亚属	照山白(R. micranthum)	7.0	−26
	阿尔卑斯毛杜鹃(R. hirsutum)	7.6	−23
	锈色杜鹃(R. ferrugineum)	6.8	−23
	多色杜鹃(R. rupicola)	>7.0	−23
	毛嘴杜鹃(R. trichostomum)	6.8	−21
	红棕杜鹃(R. rubiginosum)	6~7.3	−18
	楔叶杜鹃(R. cuneatum)	7.0~7.9	−23
	樱草杜鹃(R. primuliflorum)	7.0~7.5	−21
	草原杜鹃(R. telmateium)	7.0~7.9	−15
	北方雪层杜鹃(R. nivale subsp. boreale)	7.9	−23
	云南杜鹃(R. yunnanense)	6.8~7.3	−18
	糙毛杜鹃(R. trichocladum)	6.8	−21
	光亮杜鹃(R. nitidulum)	7.7	−23

目前,国内对杜鹃耐碱性研究主要集中在种子萌发和幼苗生长方面。一些研究表明,碱胁迫下,杜鹃种子萌发受到明显的抑制,与映山红、马银花和满山红相比,云锦杜鹃有着较好的耐碱性(表 4-5)。碱胁迫下,幼苗的生长也会受到抑制,这种抑制作用很大程度体现在株高生长量、根冠比、含水量和根系活力上。陆娟娟通过对在不同土壤 pH 下的一年扦插苗的生长量、碱害指数、质膜透性、渗透调节系统、酶活性等指标的分析,对 20 个杜鹃园艺品种的抗碱能力进行了综合评价,不耐碱的有'瑞紫''瑶妃''石岩''盛春''元春 8 号'5 个品种,比较耐碱的有'小莺''锦绣''玉堂春''状元红''若姪子''胭脂蜜''红精灵''江南春早'8 个品种,较耐碱的有'紫秀''卧龙 1 号''幻境''白印''白常春''晓霞''紫气东升'7 个品种。耐碱杜鹃品种与它们自身在碱胁迫下的渗透调节能力、活性氧清除能力等密切相关。通过外源试剂处理,例如外源 ABA 增加了 $NaHCO_3$ 胁迫下杜鹃叶片的叶绿素和类胡萝卜素含量,显著提高了植株净光合速率,减小气孔导度和胞间 CO_2 浓度,提高了杜鹃扦插苗的活性氧清除能力,从而增强了杜鹃对土壤高碱的适应性。

目前,生产上可以采用一些农业措施,例如向土壤增施酸性物质,调节土壤酸度,以增强杜鹃花的适应性。虽然此类方法可以缓解杜鹃花不耐碱的问题,但是无法从根本上解决问题。充分利用杜鹃花属植物丰富的种质资源,对其耐碱性进行系统的分析鉴定,筛选耐碱品种,进行引种驯化或作为亲本进行杂交,或通过基因工程培育耐盐碱杜鹃品种,这是提高植物耐盐碱的根本方法。利用转基因技术提高植物的抗逆性在一些物种上取得了成功,但是到目前为止尚没有关于通过转基因提高杜鹃耐碱性的报道。目前仅见易善军的报道,他通过 RT－PCR 和 RACE(rapid-amplification of cDNA ends)方法从照山白($R.\ micranthum$)成功克隆了 2 个与有机酸代谢相关基因,分别为 $RmCS$ 和 $RmMDH$,分别转入烟草和照山白植株中,结果发现转基因植物对盐、干旱等胁迫的抗逆性增强,但对碱胁迫的抗逆性并未见提高。作者也推测,这或许与验证实验中碱胁迫的浓度处理不当有关。

二、盐胁迫

一般来说,钠盐是造成盐分过高的主要盐类,习惯上把以 Na_2CO_3 和 $NaHCO_3$ 为主的土壤称为碱土,以 $NaCl$ 和 Na_2SO_4 为主的土壤称为盐土,但两者往往同时存在。杜鹃是一种盐敏感植物,盐胁迫会抑制杜鹃种子萌发和植株的正常生长,因此在盐渍土地区通常避免其景观应用。在某些情况下,原本生长在适宜土壤中的杜鹃花会暴露在较高的盐浓度下,例如,沿海地区的海水倒灌,或者干旱、半干旱地区降雨量较少而且水分蒸发快,盐分不断积累于地表。在生产环境中,必须注意避免灌溉用水和肥料在容器介质中积累盐分。杜鹃对盐胁迫的敏感性或许目前并不是杜鹃抗逆性研究的重要关注点,但提高杜鹃耐盐性也有利于促进杜鹃花属植物在城市园林中的推广应用。

目前关于杜鹃耐盐性的报道还比较少,主要集中在生理调控机制方面。耐盐植物可以通过自身的生理代谢变化来适应或抵抗进入细胞的盐分的危害,例如通过渗透调节、活性氧清除能力及诱导相关的逆境蛋白质的合成等。有研究表明,杜鹃具有一定的耐盐性,例如皋月杜鹃($R.\ indicum$),在低盐胁迫下,杜鹃植株生长健壮,但随着胁迫时间的延长植株叶片开始出现较轻的受害症状,酶 CAT、POD、SOD 活性均升高;随着盐浓度升高,植株受害症状加重,抗氧化酶 POD、CAT、SOD 活性下降,可溶性蛋白质和叶绿素含量显著下降,细胞膜结构受损加重,叶绿体结构和功能被破坏。

Milbocker 对 101 个杜鹃杂交种的遗传多样性进行研究,确定了不同浓度氯化钠处理土壤后,植株根系细胞发生质壁分离和叶片灼伤。在这些品种中耐盐水平差异高达 9 倍,其中 64 个品种(63%)为盐敏感品种(在<20 mmol/L NaCl 下质壁分离),29 个品种(29%)为半耐盐品种(在 30~60 mmol/L NaCl 下质壁分离),8 个品种(8%)为耐盐品种(能够耐受70~100 mmol/L 的盐胁迫且根细胞未发生质壁分离现象)。其中映山红组杜鹃表现出盐敏感性,但也发现了半耐盐品种(100 mmol/L NaCl)的存在,有助于今后的育种研究。杜鹃花属的其他主要分类群在耐盐性方面没有类似的资料,但一些在沿海分布的物种也应该具有较好的耐盐性。

植物对盐胁迫的适应是通过基因互作形成一定的基因网络和调控系统来完成的,植物体内的盐胁迫信号转导途径包括渗透胁迫信号转导途径和盐过敏感调控途径。目前关于杜鹃耐盐性的分子调控机制及信号传导途径还未见报道。但本课题组利用 cDNA-SCoT 的方法,对'江南春早'和'胭脂蜜'在盐胁迫下的差异表达基因进行了筛选。利用 40 个引物扩增出 90 多条带,其长度在 100～1 800 bp;对筛选出的 32 条差异明显(对照处理与盐胁迫)的条带进行回收,连接转化,经测序得到了 15 条高质量的 EST 序列。其生物信息分析表明,杜鹃盐胁迫下的差异基因主要编码过氧化氢酶、LRR 受体样丝氨酸/苏氨酸蛋白激酶 Atlg63430 异构体 X1、光系统 Ⅱ 蛋白 D1 以及 PTS 果糖转运蛋白亚基 Ⅱ ABC 等功能性蛋白,涉及细胞结构、防御反应、能量代谢、信号转导、转运、转录等,这说明盐胁迫下的应激响应是一个较为严密的多基因互作、协同调控的过程。

三、逆境交叉适应性及复合逆境胁迫

植物具有逆境交叉适应的能力,即某种非致死逆境条件,不仅可以增强植物对这种逆境的适应能力,而且可以同时增强对其他逆境的适应性。有研究表明,紫外线辐射处理可以提高杜鹃耐寒性,适当的水分胁迫预处理也可以提高杜鹃的耐寒性。但也有研究表明,水分胁迫减弱了云锦杜鹃对高温的抵抗能力,随着水分胁迫的加重,光合最适温度也有所下降,同时高温也会加剧水分胁迫的影响。这或许与水分(或高温)胁迫程度有关,适当的胁迫预处理可以增强植物对其他逆境的适应性,但当前一种胁迫过于严重时,也会降低植物对另一种胁迫的适应性。

杜鹃在引种驯化过程中,往往同时受到高温、强光、土壤盐碱等各种胁迫,冬季低温也会影响其正常的生长发育。杜鹃花属植物种类繁多,对各种胁迫的抗逆性存在显著差异,同一指标与植物抗逆性的相关性因杜鹃种的不同而有所差异,有的指标对于某几种杜鹃来说,具有相关性,但是对其他的杜鹃品种却未必能得到一致的结果。故单一指标难以准确而真实地反映杜鹃花属植物抗逆性的强弱,应采用多种指标的综合评价。杜鹃花属植物的种类极其丰富,其抗逆性研究工作任重而道远,还有待进一步研究。

目前国内对于植物抗逆性的研究还主要集中在生理调控机制方面,例如活性氧调控、渗透物质的积累、光合系统的响应等方面,也有部分研究涉及杜鹃植物亚细胞结构的适应机制。在分子生物学水平上对逆境适应的调控机制以及信号转导途径还缺乏研究。虽然近年来对杜鹃抗逆性的研究受到了很大的关注,但研究中涉及的植物材料多以园艺栽培品种为主,对我国丰富的野生杜鹃抗逆性种质资源多样性缺乏系统研究,这也不利于我国杜鹃种质资源的开发利用,相关研究应当受到重视。

第六节　杜鹃花常见病虫害及其防治

一、常见病害的防治

(一)根腐病

症状:杜鹃花根腐病又称杜鹃花枯萎病,如果是发生在幼苗时期通常称为立枯病或猝倒病。根腐病在中国也是一种常见的杜鹃花病症,通常发生在常绿杜鹃花种类,成熟植株和幼苗都有可能发病,最常见于由种子繁殖和扦插繁殖产生的幼苗。

病因:这种病害是由一类真菌所引起,主要病原体为串珠镰孢霉菌和立枯丝核菌等病菌,从植株根颈部侵入,致使根颈部软腐,木质部外露。叶片变黄、脱落,整株萎蔫,成片猝倒死亡。刚发叶的播种小苗感菌后的表现是整个植株出现枯萎、倒伏,继而死亡;成熟的植株受感染后的表现是叶先萎黄、叶片平行向下卷曲至中脉,最后全株枯萎、死亡。

防治:引起这种病害的主要原因是由于栽培地过于低洼、阴湿,过度浇水或栽培过深,影响根部正常呼吸。另外高温、高湿也是根腐病发生的一个重要原因。露地植株预防根腐病主要是避免将植株栽培在低洼积水处或深挖排水沟。播种苗床在高温季节控制小苗根部温度,以喷洒的方法增加空气湿度,满足小苗生长对湿度要求的同时又不至于导致土壤过度潮湿引起根腐病的发生。发现植株受染后及时挖除病株及其根系土壤,及时使用70%甲基硫菌灵800~1 000倍液,或70%噁霉灵可湿性粉剂500~800倍水溶液,或80%乙蒜素1 500倍水溶液,对发病区域进行浸灌处理,每周1次,连续处理3~5次,并防止病菌向健康植株蔓延。没有条件进行消毒的植物园可以将苗床土壤翻晒,保持1~2月干燥,也可以清除这种霉菌。若是盆栽可采用2%硫酸亚铁或0.1%高锰酸钾水溶液淋洗病株,清水冲洗3~5遍后重新上盆。用70%甲基硫菌灵可湿性粉剂配成1 000倍水溶液喷洒盆土,可治愈。

(二)顶梢枯死

症状:杜鹃花顶梢枯死又称杜鹃花枯梢病或杜鹃花疫霉焦枯病,受害杜鹃的新梢和芽变色,凋萎变细,顶部弯曲下垂呈钩状,自弯曲部向下逐渐脱叶,新梢木质化,常直立枯死,严重者整株死亡。

病因:杜鹃花顶梢坏死是由半知菌类引起的病变。病原体菌丝、卵孢子、厚垣孢子在土壤中越冬,至翌年春季,卵孢子萌发产生游动孢子囊,成熟后散出游动孢子,由植株受伤处(修剪的痕迹、折断后的枝条伤口等)入侵,危害植株。引起杜鹃花枯梢病的主要原因是植株栽培过深或土壤湿度过高,根部透气性差。

防治:为防治这种病害,在栽植前用甲霜灵制剂等对土壤进行消毒,控制土壤湿度,浇水以满足需要为准;土壤轮作,种植不宜过密,不宜两季连栽;3、4月底可用2.5%百菌清烟熏,5~9月发病期可用杀毒矾400倍液喷雾。对于已经染病的植株,要及时修剪和清理病枝,并用杀菌剂对周围的土壤和枝条进行消毒,对修剪的病枝进行烧、埋,以防新的感染。

(三)叶和花部瘿瘤病

症状:杜鹃花叶(花)部瘿瘤病又称为叶(花)肿病、叶(花)饼病,感病植株开始表现为叶或花瓣原有的颜色减退,呈现淡红色,因此有人称这种病害为杜鹃花叶(花)桃红瘿瘤病。植株被染的症状主要是在叶的上表面或花瓣的近轴面隆起,呈半球形。被侵害的叶或花瓣部位加厚、肉质、肿大,随后肉质部分变褐色收缩,叶片或花瓣畸形,最后枯死、脱落。

病因:病原体主要为担子菌,又称杜鹃花饼病菌,通常发生在嫩叶幼芽或花芽等幼嫩组织。病菌以菌丝体在土壤里越冬,春天当杜鹃花叶(花)芽开始萌发时,病原孢子萌发侵入植株叶或花部幼嫩组织,破坏细胞正常发育。一般雨季发病,雨日多、日照少、湿度过大、温度偏低(适宜温度为 15～20 ℃)、植株过密、通风差易使该病流行。

防治:预防和控制瘿瘤病的方法是春天当植株叶和花生长时尽量从根基部浇水,对生长过密的枝叶进行修剪以保证栽培区空气流通。冬季摘除病叶或花瓣,清除落叶落花,发病初期及高峰前 10 d 用 1∶1∶100 波尔多液、70%甲基硫菌灵或 70%百菌清 1 000 倍液喷雾。

(四)叶斑病

症状:杜鹃花叶斑病又称杜鹃花叶褐斑病,是常绿杜鹃花类较常见的一种病害。在野外和引种栽培的园地都有发生,观察发现无鳞种类较有鳞类更容易染病。发病初期受害植株的叶片通常在近叶缘或中脉附近出现一些红褐色或黄褐色小型斑点,有时在整个叶片密被小斑点,斑点逐渐扩展为圆形或近圆形,并向整个叶片发展。最初叶斑中央部位颜色较浅,灰白色或淡黄褐色,周围随距中心位置渐远而变为褐色或暗褐色,放大镜下可见叶斑上明显的色较深或近黑色的小点,严重时许多病斑连接成片,叶片脱落。

病因:引起此类病斑的病原体为真菌类,普遍认为是由几种尾孢菌属、假尾孢菌属及疫霉属等少数种类共同作用引起的病变。病原菌主要是借风或雨传播,自植株折断的枝干或修剪后的切口或不定伤口入侵,以菌丝体在植物组织内或落叶上越冬,翌年形成分生孢子。叶斑病通常是在春季杜鹃花新叶完全展开后开始,每年有 3～4 次,通常会在初夏、夏季和秋季发生。过度潮湿、深植、林上过于密蔽、通风不良等可能增加病菌感染的机会。

防治:杜鹃花叶斑病的防治以防为主,摘除病叶,集中烧毁,保持通风透光,避免湿度过大。发病初期喷 50%多菌灵可湿性粉剂 500～800 倍液防治,亦可用 70%甲基硫菌灵可湿性粉剂 1 000 倍液或等量波尔多液防治,效果也较好。对于已经染病的植株的处理是:摘除病叶或修剪严重染病的枝条或整株,清理地面的落叶,并集中焚烧;注意防止交叉感染,修剪病株后的工具进行消毒处理;对于严重染病的植株用甲基硫菌灵等在发病初期喷洒,以控制病斑大面积发生。

(五)叶片煤污病

症状:煤污病又称煤烟病,叶片发病时首先在叶面产生黑色圆形煤点,并不断扩大形成不规则煤斑,斑块继续扩展并相互连接、增厚形成一层灰黑色的煤尘状菌苔覆盖叶面。

病因:这是一种由蚜虫、介壳虫等引起的次生性病害,主要发生在常绿杜鹃花类群,对植株生长发育不会产生严重危害,但严重时会影响光合作用和观赏性。

防治:煤污病防治措施是减少浇灌,增加植株的通风和光照,发病较少时可以用清洁剂清洗叶面,大量发病时可以施用氧化乐果等杀灭病虫体。

(六)黄化病

症状:黄化病又叫缺铁症,植株受害时顶部新叶发黄,叶片变小,叶缘出现焦褐色坏死,叶片干裂易脆甚至脱落。

病因:由土壤偏碱、缺少可溶性铁素引起。

防治:多施用堆肥、绿肥、有机肥、酸化土壤;使用新兴的螯合铁等复绿剂浇灌土壤。

（七）小叶病

症状：早春可见，病株顶端簇生小叶，叶的节间极短，叶片变小不展，叶面黄绿或脉间黄白，叶质硬脆，生长势弱，难形成枝冠，重者死亡。

病因：缺氮与锌，排水不好时易发此病。

防治：可叶面喷洒 $0.1\%\sim0.2\%$ 的硫酸锌溶液或螯合锌，每隔 $6\sim7$ d 喷 1 次，喷 $2\sim3$ 次。

（八）芽枯病

症状及原因：一种侵染杜鹃花蕾的真菌性病害，受害后花蕾不能正常开放，颜色带有银白色，翌年春季花蕾逐渐变黑，表面滋生细长的含有分生孢子的真菌束丝，但不腐烂，可在植株上保持 $2\sim3$ 年不脱落。

防治：将染病花蕾摘除并处理掉，不得丢进土堆肥中使用。暂无杀菌剂可有效控制该病，但可在夏末使用 10% 氯氰菊酯乳油 $1\,000$ 倍液，或 2.5% 功夫乳油 $2\,500\sim3\,000$ 倍液、40% 毒死蜱 $2\,000$ 倍水溶液等杀虫剂控制叶蝉进行预防。

（九）炭疽病

症状及原因：由尖孢炭疽菌等病菌引起的一种病害。受害后在叶片上形成圆形红褐色或棕褐色病斑，病斑中间颜色深，常伴有浅红褐色的边缘。严重发生时可汇合成不规则形的大斑，并使病叶变形、脱落，还可使枝条坏死。

防治：喷洒 70% 甲基硫菌灵可湿性粉剂 800 倍水溶液，或 80% 乙蒜素 $1\,500$ 倍水溶液、70% 代森锰锌可湿性粉剂 500 倍水溶液等，每隔 10 d 喷 1 次，连喷 $3\sim5$ 次。浇水时不得将水淋溅到植株上，以避免病毒传播。

（十）白粉病

症状及原因：一种常见的真菌性病害，植物受害后叶片及枝条上会产生白色粉末状斑点。夏末温度高、湿度大的伏天是该病的高发期。

防治：25% 粉锈宁 $1\,500\sim2\,000$ 倍水溶液喷雾，每隔 7 d 喷 1 次，连喷 $2\sim3$ 次。

二、常见虫害的防治

（一）红蜘蛛

此虫雌虫为暗红色，体长约 0.3 mm，近椭圆形；雄虫楔形，鲜红色，体长约 0.25 mm。分布甚广，寄主植物多，食性杂，体形小，一年发生多代，对杜鹃花的危害极大，主要危害叶背面近叶柄的主脉附近，成虫在杜鹃根部越冬。尤其在室内向阳的窗边，空气干燥，温度高，最易发生。应注意观察，发现后及时防治。

防治方法：虫量少时，可人工捕杀，4 月过后，经常检查植株，发现红蜘蛛发生时，及时处理，摘除严重感染的叶，用水冲洗，增加环境的透风性，降低温度。条件允许可释放瓢虫、蓟马等天敌进行生物防治。

（二）蚜虫

蚜虫主要危害杜鹃花的幼枝幼叶,是盆栽杜鹃极易发生的一类虫害。蚜虫繁殖能力甚强,能传播病毒,分泌物会诱发煤污病。虫害轻时,叶片失绿,严重时,叶片卷缩硬脆,吸收养分困难,影响开花。

防治方法:蚜虫少量发生时,可用手碾压后,用清水冲洗干净,亦可连续多次喷涂肥皂水、1∶50 的烟草水。这些都是无毒的,适合于家庭室内盆栽应用。除此之外,3%天然除虫菊酯、40%硫酸烟精稀释液、25%鱼藤精均可有效防治,且安全。特别严重时,入冬后喷施 5°Be 的石硫合剂 1 次,灭除越冬虫卵,拔除杂草,消灭虫源。蚜虫发生危害时,向植株喷洒40%乙酰甲胺磷 1 000 倍液连续喷 3～4 次,效果显著。

（三）杜鹃冠网蝽

杜鹃冠网蝽以幼虫、成虫危害植物叶片,常附着在叶片背面吸取汁液,排泄粪便,使叶片背面呈现锈黄色,叶片正面出现针点状白色斑点,严重时使全叶失绿苍白引起早脱,影响杜鹃的生长、开花和观赏。

防治方法:喷施 10%氯氰菊酯乳油 1 000 倍液或 2.5%功夫乳油 2 500～3 000 倍水溶液或 40%毒死蜱 1 500～2 000 倍水溶液等。将 3%呋喃丹埋入盆土中,每盆 5 g 左右,效果也显著。

（四）白粉虱

白粉虱,又名柑橘粉虱、通草粉虱和温室粉虱,白色,有两对白色的翅膀,虫及蛹随杜鹃花进入暖棚,寄生在叶背越冬。约四五月间羽化,在杜鹃新发枝叶的背上产卵孵化,刺吸液汁,使新枝叶卷缩、枯萎,甚至叶片落尽,且能诱发霉病。

防治方法:家庭防治极其简易。取一二十个烟蒂浸泡 2 h,用纱布滤出烟汁,加水调成米醋色,浓度即为合适,再加入微量洗衣粉(以不起皂泡为准),搅匀后即可用灭蚊器喷洒叶背叶面。时间以上午 10 点以前和下午 4 点以后为好,3 d 一次,连喷 3 次,便能除尽。

（五）袋蛾

以幼虫啃食叶片和嫩茎,使杜鹃叶片呈孔洞残缺状,嫩茎枯萎,影响植物的生长和观赏。幼虫还能吐丝下垂,带囊随风飘到另一株杜鹃上取食。

防治方法:① 人工捕杀摘除。② 幼虫期用 90%敌百虫晶体 1 000 倍液毒杀。

（六）叶蜂

以幼虫蚕食叶片,使叶呈缺刻状。虫口密度较大时,能把大部分叶片吃光,严重影响植物的生长和观赏。

防治方法:产卵期摘除虫卵叶并毁之。冬季清除落叶杂草,以灭越冬虫茧。幼虫期用50%辛硫磷 800 倍液喷杀。

（七）潜叶蝇

潜叶蝇主要以幼虫在叶片上、下表皮间潜食叶肉危害,使叶片正面出现弯曲的棕色气泡状潜道,附带有橘黑和干棕色的斑块区。有时叶片上有数十头幼虫危害,潜道纵横交错,叶肉几乎全部被吃光,导致叶片部分或全部失绿。

防治方法:可使用防虫网或其他措施防止潜叶蝇进入,并于成虫始盛期或盛末期在温室内设置诱杀点,每个点放置一张诱蝇纸诱杀成虫。结合使用 2％甲维盐 600～800 倍水溶液,或 10％阿维菌素 3 000～3 500 倍水溶液进行化学药剂防治。

（八）介壳虫

介壳虫常群聚于枝、叶、果上。

防治方法:发现个别叶片或枝条有介壳虫时,可用软刷轻轻刷除或用棉花团、布团擦掉,要求刷净、剪净,集中烧毁,切勿乱扔。也可结合修剪,剪去虫叶、虫枝。介壳虫大发生时,可用药剂防治,主要在卵盛孵期喷药,因此时介壳尚未形成或增厚,可用药剂杀死。如果介壳已形成,则喷药效果不好。药剂可选用 2％甲维盐 600～800 倍水溶液或 2％氯虫苯甲酰胺 1 500～2 000 倍水溶液,每隔 7～10 d 喷 1 次,连续喷 2～3 次。

三、预防病虫害的方法

（一）加强水肥管理

日常养护过程中,潮湿、通风不畅、温度过高的环境会增加杜鹃花病虫害的发生概率,因此,可以通过加强对杜鹃花的水肥管理,增强其抗逆性。

（二）土壤消毒

通常在换盆上盆时要对土壤进行严格的消毒处理,保证土壤的通气透水性良好。

（三）改善空气环境

室内养花要经常通风换气,避免湿度过大,冬季温度要适宜,忌忽冷忽热。黑斑病等病害可以通过增加光照和提高空气流通性来进行防治。

（四）药剂预防

杜鹃花病害主要为叶部病害,病情高发期时,可每 10～15 d 向叶面喷施百菌清进行预防。喷药时最好将花盆移至室外,待 5～8 h 后再移入室内。

主要参考文献:

[1] Chaanin A. Lime tolerance in Rhododendron[C]//Combined Proceedings/International Plant Propagators Society. Washington,1998:180-182.

[2] Das K，Roychoudhury A．Reactive oxygen species (ROS) and response of antioxidants as ROS-scavengers during environmental stress in plants[J]．Frontiers in Environmental Science，2014，2：53．

[3] Giel P，Bojarczuk K．Effects of high concentrations of calcium salts in the substrate and its pH on the growth of selected *Rhododendron* cultivars[J]．Acta Societatis Botanicorum Poloniae，2011，80(2)：105-114．

[4] Gu K，Geng X M，Yue Y，et al．Contribution of keeping more stable anatomical structure under high temperature to heat resistance of Rhododendron seedlings[J]．Journal of the Faculty of Agriculture，Kyushu University，2016，61(2)：273-279．

[5] Ismail A M，Hall A E，Close T J．Allelic variation of a dehydrin gene cosegregates with chilling tolerance during seedling emergence[J]．Proceeding of the National Acadeny of Sciences of the United States of Ameria，1999，96(23)：13566-13570．

[6] Kaisheva M V．The effect of metals and soil pH on the growth of *Rhododendron* and other alpine plants in limestone soil[D]．Edinburgh：University of Edinburgh，2008．

[7] Lim C C，Krebs S L，Arora R．A 25 - kDa dehydrin associated with genotype-and age-dependent leaf freezing-tolerance in *Rhododendron*：a genetic marker for cold hardiness? [J]．Theoretical and Applied Genetics，1999，99(5)：912-920．

[8] Marian C O，Eris A，Krebs S L，et al．Environmental regulation of a 25 kDa dehydrin in relation to *Rhododendron* cold acclimation[J]．Journal of the American Society for Horticultural Science，2004，129(3)：354-359．

[9] Marian C O，Krebs S L，Arora R．Dehydrin variability among rhododendron species：A 25 - kDa dehydrin is conserved and associated with cold acclimation across diverse species[J]．New Phytologist，2004，161(3)：773-780．

[10] Mcaleese A J ，Rankin D W H ．Growing rhododendrons on limestone soils：Is it really possible? [J]．American Rhododendron Society Journal，2000，54(3)：126-134．

[11] Mittler R．ROS are good[J]．Trends in Plant Science，2017，22(1)：11-19．

[12] Mittler R，Vanderauwera S，Gollery M，et al．Reactive oxygen gene network of plants[J]．Trends in Plant Science，2004，9(10)：490-498．

[13] Panta G R，Rowland L J，Arora R，et al．Inheritance of cold hardiness and dehydrin genes in diploid mapping populations of blueberry[J]．Journal of Crop Improvement，2004，10(1/2)：37-52．

[14] Peng Y，Reyes J L，Wei H，et al．RcDhn5，a cold acclimation - responsive dehydrin from *Rhododendron catawbiense* rescues enzyme activity from dehydration effects in vitro and enhances freezing tolerance in RcDhn5 - overexpressing *Arabidopsis* plants[J]．Physiologia Plantarum，2008，134(4)：583-597．

[15] Sakai A，Fuchigami L，Weiser C J．Cold hardiness in the genus *Rhododendron* [J]．Journal of the American Society for Horticultural Science，1986，111：273-280．

[16] Swiderski A，Muras P，Koloczek H．Flavonoid composition in frost-resistant

Rhododendron cultivars grown in Poland[J]. Scientia Horticulturae，2004，100（1/2/3/4）：139-151.

[17] van Huylenbroeck J. Ornamental Crops[M]. Cham：Springer International Publishing，2018.

[18] van Zee K，Chen F Q，Hayes P M，et al. Cold-specific induction of a dehydrin gene family member in barley[J]. Plant Physiology，1995，108(3)：1233-1239.

[19] Väinölä A，Repo T. Impedance spectroscopy in frost hardiness evaluation of *Rhododendron* leaves[J]. Annals of Botany，2000，86(4)：799-805.

[20] Wei H，Dhanaraj A L，Rowland L J，et al. Comparative analysis of expressed sequence tags from cold-acclimated and non-acclimated leaves of *Rhododendron catawbiense* Michx[J]. Planta，2005，221：406-416.

[21] 白霄霞,李志斌.高山杜鹃病虫害防治[J].中国花卉园艺,2014(16):40-42.

[22] 鲍思伟.云锦杜鹃低温半致死温度对自然降温的适应[J].西南民族大学学报(自然科学版),2005,31(1):99-102.

[23] 鲍思伟.自然降温过程中云锦杜鹃抗寒适应性研究:水分、渗透调节物的动态变化与低温半致死温度的关系[J].福建林业科技,2005(2):13-16.

[24] 陈荣建,欧静,王丽娟,等.水分胁迫下接种不同 ERM 菌株对桃叶杜鹃幼苗生理特性的影响[J].中南林业科技大学学报,2017,37(9):43-48.

[25] 陈庭,王运华,王爱敏,等.多效唑对勒杜鹃生长及耐旱性的影响[J].西南农业学报,2014,27(1):296-302.

[26] 高晓宁,梁雯,赵冰.外源水杨酸对 2 个杜鹃花品种抗旱性的影响[J].西北林学院学报,2018,33(3):131-136.

[27] 耿兴敏,胡才民,杨秋玉,等.杜鹃花对各种非生物逆境胁迫的抗性研究进展[J].中国野生植物资源,2014,33(3):18-21.

[28] 耿玉英.中国杜鹃花属植物[M].上海:上海科学技术出版社,2014.

[29] 郭爱霞,石晓昀,王延秀,等.干旱胁迫对 3 种苹果砧木叶片光合、叶绿体超微结构和抗氧化系统的影响[J].干旱地区农业研究,2019,37(1):178-186.

[30] 韩锦峰.植物生理生化[M].北京:高等教育出版社,1991.

[31] 何丽斯,苏家乐,刘晓青,等.模拟干旱胁迫对高山杜鹃光合生理特性的影响[J].苏州科技学院学报(自然科学版),2011,28(4):62-66.

[32] 洪文君,王盼,刘强,等.毛棉杜鹃接菌苗对干旱胁迫的生理响应研究[J].西南农业学报,2016,29(4):805-809.

[33] 黄承玲,陈训,高贵龙.3 种高山杜鹃对持续干旱的生理响应及抗旱性评价[J].林业科学,2011,47(6):48-55.

[34] 贾恢先,赵曼容.盐生植物细胞内膜区隔化的抗盐机理研究[C]//西部地区第二届植物科学与开发学术讨论会论文集.乌鲁木齐,2001:124.

[35] 柯世省,杨敏文.水分胁迫对云锦杜鹃光合生理和光温响应的影响[J].园艺学报,2007,34(4):959-964.

[36] 柯世省,杨敏文.水分胁迫对云锦杜鹃光合特性日变化的影响[J].福建林业科技,2007,34(3):10-13.

[37] 李波,吴月燕,崔鹏.水分胁迫对2种基因型杜鹃生理生化特性的影响[J].浙江农业学报,2011,23(5):988-994.

[38] 李畅,苏家乐,刘晓青,等.旱涝交替胁迫对杜鹃花生理特性的影响[J].江苏农业学报,2019,35(2):412-419.

[39] 李娟,黄丽华,陈训.2种杜鹃对干旱胁迫的生理响应及抗旱性评价[J].西南农业学报,2015,28(3):1067-1072.

[40] 李玲.植物抗非生物逆境分子机理研究[J].湖南科技学院学报,2012,33(9):173-175.

[41] 李小玲,雒玲玲,华智锐.高温胁迫下高山杜鹃的生理生化响应[J].西北农业学报,2018,27(2):253-259.

[42] 刘旭颖,沈向群,张艳红.耐寒杜鹃叶片结构研究[J].湖北农业科学,2010,49(8):1903-1905.

[43] 刘燕敏,周海燕,王康,等.植物对非生物胁迫的响应机制研究[J].安徽农业科学,2018,46(16):35-37.

[44] 钱江.杜鹃虫害防治方法[J].中国花卉盆景,1988(5):8-9.

[45] 容丽,陈训,汪小春.百里杜鹃杜鹃属13种植物叶片解剖结构的生态适应性[J].安徽农业科学,2009,37(3):1084-1088.

[46] 申惠翡,赵冰,徐静静.15个杜鹃花品种叶片解剖结构与植株耐热性的关系[J].应用生态学报,27(12):3895-3904.

[47] 田景花,王红霞,张志华,等.低温逆境对不同核桃品种抗氧化系统及超微结构的影响[J].应用生态学报,2015,26(5):1320-1326.

[48] 王华,张石虎,龚雪梅,等.不同水分条件下杜鹃花转录因子的转录组分析[J].热带亚热带植物学报,2018,26(5):515-522.

[49] 王文冰.杜鹃新虫害:白粉虱及其简易防治[J].中国花卉盆景,1989(3):12.

[50] 闻志彬,莱孜提·库里库,张明理.干旱胁迫对3种不同光合类型荒漠植物叶绿体和线粒体超微结构的影响[J].西北植物学报,2016(6):1155-1162.

[51] 熊贤荣,欧阳嘉晖,龙海燕,等.水分胁迫对桃叶杜鹃菌根苗根系超微结构的影响[J].江西农业大学学报,2018,40(5):965-971.

[52] 徐萍,李进,吕海英,等.干旱胁迫对银沙槐幼苗叶绿体和线粒体超微结构及膜脂过氧化的影响[J].干旱区研究,2016,33(1):120-130.

[53] 易善军.杜鹃花 *RmCS* 与 *RmMDH* 基因克隆及功能分析[D].北京:中国林业科学研究院,2012.

[54] 郁书君,陈锡明,李贞植.云锦杜鹃的耐碱反应[J].园艺学报,2008,35(5):715-720.

[55] 张长芹,罗吉风,苏玉芬.六种杜鹃花的耐旱适应性研究[J].广西植物,2002,22(2):174-176.

[56] 张凤鸣,王光林,周豪,等.西洋杜鹃花后养护技术及病虫害防治[J].林业科技通讯,2001(4):46-47.

[57] 张乐华,孙宝腾,周广,等.高温胁迫下五种杜鹃花属植物的生理变化及其耐热性比较[J].广西植物,2011,31(5):651-658.

[58] 张艳红,沈向群.辽宁园林杜鹃花抗寒能力研究[J].江苏农业科学,2009(3):220-222.

[59] 赵琳,李钰茜,孙鹤铭,等.家庭盆栽杜鹃花常见病虫害及防治技术[J].现代园艺,2018(15):177-178.

[60] 郑福超,耿兴敏,岳远征,等.盐胁迫下杜鹃差异表达基因的 cDNA-SCoT 分析[J].园艺学报,2019,46(6):1192-1200.

[61] 郑敏娜,李向林,万里强,等.水分胁迫对 6 种禾草叶绿体、线粒体超微结构及光合作用的影响[J].草地学报,2009,17(5):643-649.

[62] 郑宇,何天友,陈凌艳,等.不同浓度 $CaCl_2$ 对"普红"和"梅红"西洋杜鹃耐热性影响研究[J].福建林业,2015(2):32-36.

[63] 周利华.比利时杜鹃缺铁失绿症形成机理及诊断技术研究[D].北京:北京林业大学,2008.

[64] 周媛,方林川,童俊,等.干旱胁迫对杜鹃叶片表皮解剖结构的影响[J].湖北农业科学,2018,57(14):67-72.

[65] 周媛,童俊,徐冬云,等.高温胁迫下不同杜鹃品种 PSII 活性变化及其耐热性比较[J].中国农学通报,2015,31(31):150-159.

第五章　杜鹃花育种

杜鹃花如此绚丽多姿，使得其观赏应用十分广泛。在英国、德国、荷兰、美国等国家的园林中杜鹃花随处可见，城市公园、陵园以及私家庭院等都是杜鹃花展示美姿的舞台。同时由于杜鹃花具有较好的抗污染能力和良好的耐阴性，被广泛应用于各类街头绿地、道路绿化、建筑旁及庭院等绿地中。杜鹃花能有如此广泛的应用主要应归功于杜鹃花的育种研究，因为原生种大部分往往不能适应城市绿地的生长环境。

杜鹃花的引种和栽培起源于英国，最早的杂交品种也是在英国产生。直至 1800 年，在英国仅有 12 个野生种为人们所知，后来随着耐寒种类树形杜鹃（R. arboreum）、酒红杜鹃（R. catawbiense）以及高加索杜鹃（R. caucasicum）的发现，奠定了杜鹃花育种的基石。第一个杜鹃杂交种的记录是 R. azaleodendron，是秋花杜鹃（R. ponticum）和黄焰杜鹃（R. calendulaceum）的杂交种。有意识的杂交开始于北美常绿种极大杜鹃（R. maximus）和酒红杜鹃，欧洲的高加索杜鹃和秋花杜鹃，稍后使用的是来自东方的大树杜鹃。

自 19 世纪中叶开始，许多来自西方的植物采集者来到中国，将大量中国杜鹃原种引入西方，促进了西方杜鹃引种栽培和杂交育种的快速发展。如罗伯特·福琼（Robert Fortune，1812—1880）于 1843—1862 年期间在中国进行了植物标本的大量采集，其中就有大量的杜鹃花种子，在 1855 年的第二次考察中国之行中，在浙江发现并向西方引进了云锦杜鹃，成为杜鹃花西方园林栽培和杂交种最重要的亲本之一。约瑟夫·胡克（J. D. Hooker，1817—1911）是英国著名的植物学家，于 1847—1851 年对喜马拉雅地区进行了考察，共采集了 6 万多份植物标本，其中就包含许多杜鹃花新种的模式标本。进入 20 世纪，杜鹃花的育种集中地也随着杜鹃花的进一步传播而由英国逐渐扩展到北美、德国、比利时等国家。乔治·福雷斯特（George Forrest，1873—1932）在中国的植物考察采集成绩斐然。1904 年福雷斯特被派往中国，开始了他跨越 28 年的植物考察生涯，其间他 7 次来华，足迹几乎遍及中国西南地区，采集了约 30 000 多份干制标本，为爱丁堡植物园引回 1 000 多种活植物，其中有 250 多种杜鹃花新种，对这座位于苏格兰首府的皇家植物园成为世界杜鹃花研究的中心，起了很大作用。

国外杜鹃花杂交育种工作起步较早，截至 2004 年，已登记的杜鹃花新品种达 2.8 万个，已培育出了耐寒、大花、早花、晚花和香花品种。杜鹃花的育种目标除继续关注株型、花色、耐寒性等外，更加致力于解决栽培中的难点，如杜鹃花的耐碱性、耐热性和抗病性等。中国杜鹃花的育种工作始于 20 世纪 80 年代，由于起步较晚，研究基础薄弱，导致我国杜鹃花所培育的新品种远远少于其他发达国家，更进一步造成了目前我国杜鹃花园林应用和栽培产业等各方面遭遇的瓶颈。到 2004 年为止,只有 34 个品种进行了登记,不仅品种单调,且当家品种基本都是从国外引进的,少有我国自行育成的品种。2004—2018 年检索到经过鉴定的杜鹃新品种有 22 个(在中国知网以"杜鹃新品种"为关键词进行检索),虽然近年来杜鹃研究的关注度逐渐提高,但这一数字表明我国杜鹃花新品种选育方面的研究还相当薄弱。

目前,对杜鹃花的育种目标主要集中在花色育种、香味育种、花期育种及抗性育种上。目前杜鹃花的花色育种趋向于培育纯色花,如纯白、纯黄、纯红等,特别是黄色和蓝色在杜鹃花色中更是珍贵。传统杜鹃花育种工作中一直把重点放到花色、花型和抗逆性等方面,而忽视了香味育种,从而导致许多杜鹃花香味的消退,因此香味育种能够作为保存杜鹃花具有天然的芳香这一优良性状的可行性方法。野生杜鹃花期多集中于春、夏期间,盆栽花卉上市时间也主要集中在春季前后,而园林应用中早花、晚花品种以及周年供应开花盆栽杜鹃对于杜鹃花产业的长足发展具有重要意义,因此不同花期杜鹃花品种的培育也是育种的一个重要方向。

第一节　杂交育种

一、杂交亲本的选择

首先,选择亲本前要了解亲本的生态习性、株型、花色、花型、花期、花香、抗逆性等。了解这些亲本的特性后可以为各种不同的育种目标,如不同花色、花型大小、提前或推迟花期、耐寒、抗热、香花等育种目标,有针对性地选择杂交亲本。根据育种目标的要求,尽可能收集符合育种目标的原始材料,原始材料越丰富,越容易从中选到符合要求的杂交亲本。

亲本可以用野生的物种或变种,也可以用栽培品种。比较起来,育种者更喜欢用野生种,因为它适应性强,抗逆性与生存竞争能力胜过栽培品种。同时,野生种某一性状的等位基因多是相同基因结合的纯合子,比起多是杂合子的品种更加稳定。所以杂交时自远方寄花粉充父本时,以野生种的配子为好。

其次,要了解亲本的分布地区,尤其露地栽培的杜鹃要了解其原产地和以后传播的栽培范围。杂种亲本应该了解其祖先,从这个品种的适栽范围和祖先的谱系进一步了解地区适应性,作为它的后代适应性的推测依据。重视选用地方品种,这些品种是长期自然选择和人工选择的产物,对当地的气候、土壤等自然条件具有较好的适应性,由此育成的新品种对本地的适应性也强。

最后,1963 年英国皇家园艺学会(R. H. S)出版的《杜鹃花手册》第二部分载有杂交品种的亲代及其分布,可供参考。

选择杂交母本,不结种子与只结不孕性种子的品种不能作为母本;作为父本,花粉应该较多,而且育性正常。如果花粉在母本的柱头上不能发芽,或花粉管伸不到胚珠,证明父本、母本之间无亲和性,这是注定杂交失败的重要生理特征,不可忽视。亲缘关系、亲本的多倍性等也会影响杂交亲本之间的亲和性,后边会根据已发表的文献资料,系统分析影响杜鹃花属植物杂交亲和性的诸多因素,进一步为杂交亲本的选择提供理论依据。

二、花粉采集与保存

杜鹃花属植物花粉均为四合体花粉,呈正四面体排列,单粒花粉球形或近球形,具三孔沟,极少数为四孔沟,表面黏丝多少不等(图 5-1)。花粉粒外壁呈现大小颗粒、裂纹等不同纹饰,沟界区和极区与其他部位的纹饰并无明显差异。杜鹃的花药是生在花丝顶端的一对壶状物,开口在上部,内部藏有花粉,花粉互相黏成花粉块,所以杜鹃花属植物是非常容易授粉的,成团块状的花粉往往授粉量非常高。

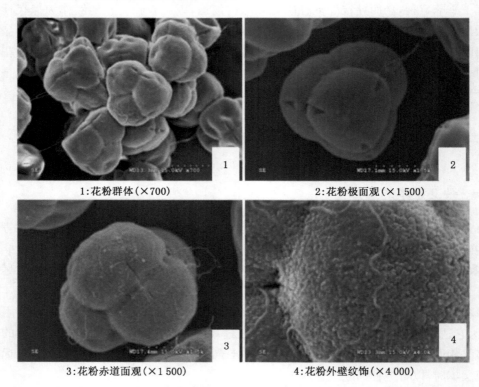

1:花粉群体(×700)　　　　　　　　2:花粉极面观(×1 500)

3:花粉赤道面观(×1 500)　　　　　4:花粉外壁纹饰(×4 000)

图 5-1　贮藏前宽杯杜鹃的花粉形态(韩聪等,2018)

花粉采集时,选择晴好天气,上午 10 点前后用镊子(使用前最好用酒精适当消毒灭菌)将花药取下,花粉囊口朝下在柱头表面轻轻抖动,使花粉块均匀落在柱头上;也可以用灭菌过的牙签挑出花粉,轻轻涂抹在柱头。一般在花蕾期或者花苞初放时,就可以采集花粉进行授粉,但有研究表明在开花后 2 d,花粉萌发率达到最大;在开花后 3～6 d,花粉活力有所减弱,但与开花后的 2 d 差异不显著;在开花后 10 d,其花粉活力显著下降,因此开花后 2～6 d 是比较适宜的花粉采集期。

在花期不遇的情况下,需要提前采集花粉,进行适当风干后,进行保存,以用于杂交授粉。在母株花期较早的情况下,需要采集花粉,保存将近 1 年,以便第二年母株花期授粉。为了花粉能够保存较长时间,也需要探讨杜鹃花花粉适宜的保存方法。

花粉保存的主要方法有低压保存、有机溶剂保存、低温及超低温保存等。低压保存是

通过提高 CO_2 浓度、降低 O_2 浓度(甚至无氧)从而抑制呼吸作用,降低内源乙烯的发生量,使降解速度变缓,进而延缓衰老。有机溶剂保存是将花粉贮存于有机溶剂如丙酮、乙酸、二氧化碳、甲苯、氯仿、乙醚、乙酸乙酯等中,它是一种短期贮藏花粉的方法,尚未广泛应用。杜鹃花花粉的保存主要以低温及超低温保存为主。一般花粉采收后,在室温状态下适当风干有利于低温保存,但在以马银花花粉为实验材料时,发现马银花花粉经过干燥处理后,花粉活力迅速下降,因此建议杜鹃花花粉采集后最好尽快低温保存。

一般情况下,−20 ℃比较适合花粉的短期保存,李凤荣等研究表明,经过 25 d 的贮藏,杜鹃花(马缨杜鹃、爆杖杜鹃、露珠杜鹃、锈叶杜鹃和红棕杜鹃 5 种杜鹃)花粉活力保持最高的贮藏方式为−20 ℃,最高的可达到 47%;其次是 4 ℃,最高可达到 33.33%;常温贮藏只能保存 5 d 左右。虽然很多研究证明,−80 ℃更适合花粉的长期保存,−20 ℃、4 ℃仅仅适合花粉的短期保存,但杜鹃花粉保存实验发现,不同基因型的杜鹃花花粉,适宜的贮藏温度不同。本课题组在杜鹃花花粉保存实验中发现,−20 ℃更适合杜鹃花花粉的长期保存,至少可以保存 1 年以上,用于第二年杂交授粉。陆琳发现,大白花杜鹃花粉短期(30 d 内)贮藏用−80 ℃较好,长期(30 d 以上)以−16 ℃贮藏较好,但另外几种高山杜鹃,例如黄杯杜鹃、亮叶杜鹃、'XXL'杜鹃花粉在−80 ℃下的保存效果较好,尤其是黄杯杜鹃在保存 120 d 以后,45.2%花粉仍具有活力。与贮藏前相比,−80 ℃贮藏 310 d 后的宽杯杜鹃($R.\ sino\text{-}falconeri$)花粉在形态上出现了花粉膜内陷情况(图 5-2),花粉活力从 83.24%降低至 45.52%,但用贮藏后的花粉与马缨杜鹃杂交,宽杯杜鹃的花粉管生长正常,在杂交授粉后 19 d 花粉萌发率达最高值。

1:花粉群体(×450)　　2:花粉极面观(×1 500)

3:花粉赤道面观(×1 500)　　4:花粉外壁纹饰(×2 500)

图 5-2　宽杯杜鹃在−80 ℃贮藏 310 d 后的花粉形态(韩聪等,2018)

另外,不同杜鹃种花粉的耐贮藏能力不同,如大字杜鹃、满山红及红滩杜鹃(*R. chih-sinianum*)花粉在经过了 1 年贮藏(-20 ℃)之后,活力仍在 60% 以上,而粗柄杜鹃和睫毛杜鹃花粉在经过了 1 年贮藏之后,活力下降到 15% 左右。

三、杜鹃花花粉活力的测定方法

花粉是植物有性繁殖进行遗传物质传递的载体,花粉的生活力是指花粉细胞的存活能力,是花粉生物学特性研究中的一项重要内容,从花粉活力的大小可以估测花粉授精和遗传后代的能力。花粉活力直接影响杂交的成败,因此在进行授粉前,首先要对花粉的活力进行检测,排除因花粉失活造成的杂交不育。

花粉活力测定的常见方法有形态鉴定法、染色法、离体花粉培养法(也称离体萌发法)等。形态鉴定法就是在显微镜下观测花粉粒的形态,根据花粉形态断定花粉的活力。一般畸形、皱缩、无内含物的花粉没有活力,如图 5-2(1),贮藏后的花粉发生明显的皱缩,随着贮藏时间的延长,皱缩会更加明显,内含物也逐渐消耗。染色法的优点是比较快捷,但存在一定误差。离体培养法是比较常用的检测方法,但不同杜鹃花属植物适宜的培养基配方存在差异,用同一培养基配方检测不同种杜鹃植物的花粉活力,其萌发率也会因此存在差异。

常见的花粉染色法有 I_2 - KI(碘-碘化钾)法、TTC(2,3,5-氯化三苯基四氮唑)染色法、联苯胺染色法、MTT(四唑盐)染色法等。I_2 - KI 法基本原理为:根据淀粉遇碘变蓝的特性,根据蓝色的深浅程度来判断花粉粒中淀粉的含量,从而确定花粉粒活性的高低。TTC 染色法基本原理为:当 TTC 渗入细胞后,可被呼吸代谢中的还原酶所还原,并由无色的氧化型变成红色的还原型,由此来判断花粉的活力。联苯胺染色法基本原理是根据花粉中过氧化物酶的活性来判断花粉的活力。MTT 染色法是根据花粉粒中脱氢酶的活性判断花粉活力,适用试剂是四唑盐类染料。

本课题组为了筛选出杜鹃花花粉适宜的染色方法,比较了 I_2 - KI 染色法、TTC 染色法、联苯胺染色法、MTT 法的染色效果,从各种染色剂对映山红花粉的染色效果可以看出(图 5-3),TTC 染色法和联苯胺染色法测定映山红花粉活力效果并不明显,无法使花粉着色,即使经过长时间的染色也无法明确区分出是否具有活力,故不能作为测定映山红花粉活力快速有效的染色剂。I_2 - KI 染色法颜色差异不显著,无法区分花粉是否具有活力。MTT 染色法能够在短时间内使花粉着色,且染色效果明显,容易区分。

离体萌发法是测定花粉活力较为准确可靠的一种方法。离体萌发法在培养基上培养花粉,在显微镜下观察花粉的萌发率来测定花粉的活力,一般把花粉管长度大于或等于花粉粒的直径作为评判花粉是否萌发的标准。常用的培养基分为固体及液体两种,常用的花粉培养基配方主要包含蔗糖、硼酸和 $CaCl_2$ 等。

蔗糖的作用是提供合适的渗透压和花粉管形成所需要的营养与能量;硼酸在花粉萌发中的主要作用是可以增加糖的吸收、运转和代谢,促进构成花粉管壁的成分果胶物质的合成。单因素实验中,在离体培养基中添加适当浓度的蔗糖能促进花粉的萌发,随着蔗糖浓度的提高,花粉萌发率也会升高,但当蔗糖浓度过高时,花粉萌发率开始下降。这有可能是因为适当浓度的蔗糖能维持花粉与培养基之间的渗透平衡,过高的蔗糖浓度会导致花粉管破裂产生质壁分离现象,造成原生质体脱水,致使花粉不能萌发。蔗糖并非杜鹃花花粉萌

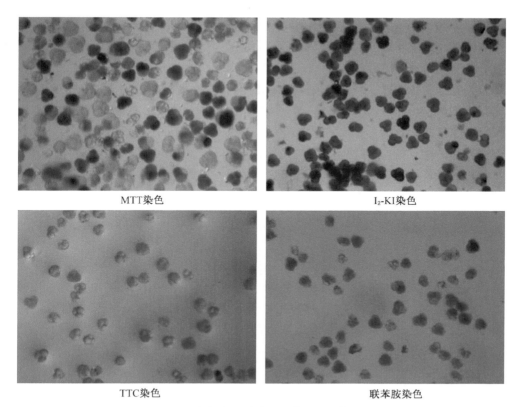

MTT染色　　　　　　　　　　　　I$_2$-KI染色

TTC染色　　　　　　　　　　　　联苯胺染色

图5-3　不同染色方法对映山红花粉活力的测定效果

发的必要条件,在不添加蔗糖的蒸馏水培养基中杜鹃花粉仍有一定的萌发率。不同杜鹃种类适宜的蔗糖浓度也不同,蔗糖对不同杜鹃种类花粉萌发的影响水平不同,例如蔗糖对睫毛杜鹃和比利时杜鹃花粉萌发具有主导作用,但对马银花和映山红的影响水平次于CaCl$_2$。

　　一般情况下花粉中的硼酸含量是不足的,需要柱头和花柱中的硼来补偿,因此在离体培养中均需要添加一定量的硼酸,这不仅可增加糖的吸收、运转和代谢,促进构成花粉管壁的成分果胶物的合成,还可作为Ca^{2+}诱导剂,引导胞外Ca^{2+}进入细胞内,形成花粉管顶端生长依赖的Ca^{2+}梯度。适宜浓度的H$_3$BO$_3$可促进杜鹃花花粉萌发,过高的浓度则使杜鹃花粉萌发率下降,而CaCl$_2$对杜鹃花花粉萌发的影响存在着显著的种间差异,例如,一定浓度的CaCl$_2$能促进睫毛杜鹃与映山红花粉的萌发,抑制马银花花粉的萌发,而对比利时杜鹃花粉萌发率的影响不显著。这些研究结果都表明,不同的杜鹃品种适宜的离体培养基配方是不同的。

　　张超仪和耿兴敏以不同亚属杜鹃种的花粉为实验材料,结果表明,蔗糖、硼酸、CaCl$_2$及3因子交互效应对杜鹃花花粉萌发有显著影响。睫毛杜鹃花粉适宜的培养基配方为蔗糖150 g/L+硼酸0 mg/L+CaCl$_2$ 50 mg/L,映山红为蔗糖100 g/L+硼酸100 mg/L+CaCl$_2$0 mg/L,马银花为蔗糖50 g/L+硼酸200 mg/L+CaCl$_2$0 mg/L,比利时杜鹃为蔗糖150 g/L+硼酸100 mg/L+CaCl$_2$0 mg/L。

　　陆琳等采用固体培养基,研究不同高山杜鹃品种最适萌发培养基配方,结果表明,不同杜鹃品种花粉培养基琼脂均为0.7%,大白花杜鹃最适萌发培养基为蔗糖50 g/L+硼酸

50 mg/L＋$CaCl_2$ 50 mg/L；马缨杜鹃最适萌发培养基为蔗糖 100 g/L＋硼酸30 mg/L＋$CaCl_2$ 30 mg/L；黄杯杜鹃、'XXL'杜鹃和亮叶杜鹃最适萌发培养基均为蔗糖100 g/L＋硼酸0 mg/L＋$CaCl_2$ 30 mg/L。

李凤荣等的实验表明，适宜马缨杜鹃、爆杖杜鹃、露珠杜鹃和红棕杜鹃这 4 种杜鹃花粉萌发的固体培养基的配方为 7 g/L 琼脂＋150 g/L 蔗糖＋10 mg/L 硼酸；锈叶杜鹃花粉萌发的固体培养基的配方为 7 g/L 琼脂＋100 g/L 蔗糖＋10 mg/L 硼酸。

除培养基的配方外，花粉培养温度、光照、花粉培养基的 pH 等也会影响花粉的萌发。杜鹃花花粉的最佳培养温度为 25 ℃，光照对花粉萌发率的影响由于种类的不同而不同，适合杜鹃花花粉萌发的 pH 为 4.5～5.0。

四、柱头可授性

当花朵处于花蕾时（花朵比较紧实），柱头表面比较干燥，微开、全开两种状态柱头表面都有黏液，但是全开的花朵柱头表面黏液较多，有利于花粉附着。用联苯胺-过氧化氢法（1%联苯胺：3%过氧化氢：水＝4：11：2，体积比）测定柱头可授性，若柱头具有可授性，则柱头周围的反应液呈现蓝色并伴有大量气泡出现，否则无气泡产生且不变蓝色。由图 5-4 所示，

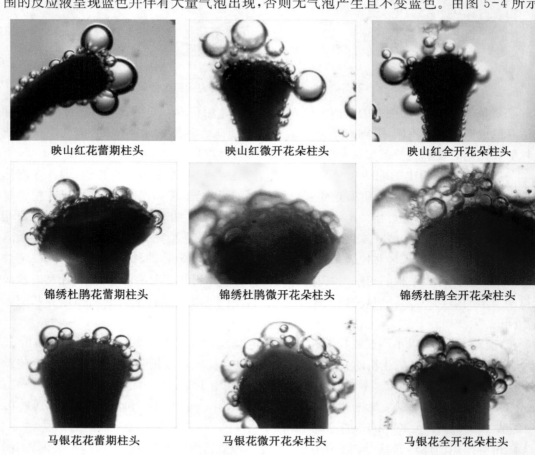

映山红花蕾期柱头	映山红微开花朵柱头	映山红全开花朵柱头
锦绣杜鹃花蕾期柱头	锦绣杜鹃微开花朵柱头	锦绣杜鹃全开花朵柱头
马银花花蕾期柱头	马银花微开花朵柱头	马银花全开花朵柱头

图 5-4　3 种杜鹃花不同开花状态下的柱头可授性

映山红、锦绣杜鹃以及马银花 3 种杜鹃的三个状态的柱头都有气泡,且柱头表面变为蓝色,表明此时柱头具有可授性,但全开的状态花朵柱头表面黏液较多。

林锐等在研究杜鹃柱头可授性时发现,在开花当天,常绿杜鹃品种'XXL'柱头无黏液,柱头无可授性;在开花后 3～4 d,柱头仍无黏液,但柱头开始有可授性;在开花后 5～7 d,柱头开始分泌黏液,柱头可授性逐渐增强;在开花后 8～11 d,柱头分泌黏液量增多,其间,柱头可授性最强;在开花后 12 d,花瓣萎蔫,可授性仍然很强。因此他们建议开花后 8～12 d 为最佳授粉期。这些研究结果表明,杜鹃花属植物杂交授粉时,应该在花蕾期提前去雄,然后适当延长授粉以提高育种效率。

五、影响杜鹃花属植物杂交亲和性的因素

为了获得理想的杂交后代,选育出观赏价值高、生态适应性强的杜鹃新品种,杂交亲本的选择是杂交育种的第一步,也是非常关键的环节。母本的结实率、杂交亲本之间的亲缘关系、亲本的倍性、生态习性等都会影响杂交亲和性,以及杂交后代的可育性。一般亲缘关系越近,杂交成功率越高,杜鹃花属大量的杂交实验表明,杂交亲和性与杂交组合之间的亲缘关系密切相关。张长芹等和郑硕理等研究都表明杂交亲本亲缘关系的远近影响坐果率,不同亚属间坐果率低,同亚属内坐果率稍高。但有些情况下,亲缘关系愈近,花粉管愈不容易伸入,杂交种子活力差,生长衰弱。

杜鹃花属植物的杂交亲和性与杂交亲本的形态、生长习性密切相关。也有研究表明,杜鹃花品种(种)间杂交的结实率高低与花色、株型和瓣型没有明显的关系。一般生态习性越近,杂交越易成功;形态、生长习性相差太远,如有鳞杜鹃和无鳞杜鹃、常绿种和落叶种、分布海拔相差很大的种杂交不易成功。常绿杜鹃与落叶杜鹃之间的杂交,坐果率很低或者杂交种子出现白化苗,杂交失败。常绿杜鹃与落叶杜鹃之间、有鳞杜鹃和无鳞杜鹃之间的杂交也有成功的例子。如马银花属于无鳞杜鹃种,与有鳞的杜鹃亚属种的杂交也获得了膨大的子房,有鳞的长药杜鹃与无鳞的朱红杜鹃杂交成功,选育出'朱红长药'('Grierdal'),越橘杜鹃亚组的品种'Lord Walsely'与映山红亚属的杂交等。Kho 和 Baër 等认为将亲本生长温度控制在 20 ℃以下有助于有鳞杜鹃与无鳞杜鹃的杂交。Kobayashi 等以常绿杜鹃与具有芳香的落叶杜鹃为亲本进行杂交,获得了成功,得到了具有香味的杂种后代。

亲本选择对杜鹃花属植物杂交亲和性很关键,Yamaguchi 等的研究认为,选择大花品种作父本要好于小花品种。Williams 和 Rouse 分析越橘杜鹃组内种间杂交的亲和力时发现,杂交受精成功与否与父母本的花柱长度比(male/female style length ratio,SLR)有关。当 SLR<0.2 或 SLR>6 时,杂交是不会成功的;选择亲本时,使其 SLR 值接近于 1,可提高亲和性。解玮佳等以此为依据,选择 SLR 为 0.98 的大白杜鹃与露珠杜鹃进行杂交,证实两者杂交亲和。耿兴敏等以映山红和马银花为母本,以映山红亚属、羊踯躅亚属、杜鹃亚属、常绿杜鹃亚属以及马银花亚属的 16 个杜鹃种为父本,配置杂交组合,杂交父母本的花柱长度比为 0.50～2.12,在这个范围内,未发现杂交亲本的 SLR 值与子房膨大率、坐果率、种子萌发率等亲和性指标有显著相关性。

杂交组合坐果率与母本选择密切相关,母本亲和性越好,坐果率越高,结实力优良单株作母本有利于杂交育种。同一个种,不同母株与同一父本花粉进行杂交,子房膨大率、结实

率等也有很大差异。这或许与母本植株的营养状况、苗龄及生境条件等有关。母株的栽培条件直接影响着杂交果实的纵横径大小。Okamoto 等从 9 个不同地区采集 R. Japonicum 花粉,与映山红亚属杂交亲和性存在差异,其中仅有 2 个地区的花粉杂交后获得了后代。

母本亲和性优良的种类对于打破杜鹃亚属间生殖隔离、培育杜鹃花新类型可能有重要作用。耿兴敏等以映山红、锦绣杜鹃和马银花为母本,与杜鹃亚属、常绿杜鹃亚属、马银花亚属以及映山红亚属的杜鹃种进行远缘杂交,发现映山红作为母本时,杂交亲和性好于锦绣杜鹃和马银花。云锦杜鹃、大白杜鹃综合性状优良,在较低海拔地区引种栽培,有着较好的环境适应性,进行杜鹃杂交育种,杂交亲和性较好,可作为常绿杜鹃花育种的优秀亲本。云锦杜鹃在杂交组合中作父母本均具有较好的亲和性,坐果率 21%～75%,杂交种子萌发率 41%～88%。大白杜鹃次之,坐果率 3%～66%,杂交种子萌发率 76%～82%。

杜鹃花属植物的杂交亲和性与其系统分类有一定相关性,一般情况下,亚组内的杂交亲和力＞组或亚组间的杂交亲和力＞亚属之间的杂交亲和力,亚属之间的杜鹃花种间杂交比较困难,亚属间杂交存在明显的生殖障碍,但也存在杂交可育的例子。

(一)亚属间的杂交

张长芹等发现不同亚属之间的杜鹃花种间杂交不育,例如常绿杜鹃亚属的树形杜鹃亚组(Subsect. Arborea)和露珠杜鹃亚组(Subsect. Irrorata)与杜鹃亚属有鳞大花亚组(Subsect. Maddenia)的杜鹃杂交,即马缨杜鹃(R. delavayi)×粗柄杜鹃(R. pachypodum)和粗柄杜鹃×迷人杜鹃(R. agastum),杂交后均不能坐果。

Eeckhaunt 等研究了常绿杜鹃亚属、映山红亚属、羊踯躅亚属、杜鹃亚属以及杜鹃亚属的类越橘杜鹃花组之间的杂交亲和性,研究结果如表 5-1 所示,映山红亚属×杜鹃亚属双向杂交可育,均获得绿色、健壮成长的杂交苗;部分为单向不育,如映山红亚属×越橘杜鹃组(Sect. Vireya)和映山红亚属×常绿杜鹃亚属(Subgen. Hymenanthes)等;有些为双向不育,如羊踯躅亚属(Subgen. Pentanthera)×映山红亚属等,尽管后者以映山红亚属植物为母本所获得的种子能发芽,但不能产生绿色苗木。日本的杜鹃育种工作者、Ureshino 等、Okamoto 等和 Sakai 等均注意到映山红亚属(常绿杜鹃 R. eriocarpum)与羊踯躅亚属(落叶杜鹃 R. japonicum f. flavum)之间杂交,落叶杜鹃作母本时却没有获得膨大的子房,仅在映山红亚属的 R. eriocarpum 作为母本时,才能获得杂交种子,但杂交苗的白化现象非常严重。但 Kobayashi 等发现映山红亚属的常绿杜鹃(R. nakaharae 及其杂交种)与羊踯躅亚属的落叶杜鹃(R. arborescens 和 R. viscosum)进行杂交时,正反杂交都亲和,并获得亚属间杂交后代,这说明映山红亚属与羊踯躅亚属间部分种杂交培育新品种也是具有可行性的,但杂交亲本的选择非常重要。

耿兴敏等以映山红和锦绣杜鹃 2 个种为母本,采集杜鹃亚属、常绿杜鹃亚属、马银花亚属以及映山红亚属的 23 个种的花粉进行杂交。结果发现,映山红亚属内杂交亲和性较好,与有鳞类杜鹃亚属杂交亲和性较差;与常绿杜鹃亚属种间的杂交亲和性因父本的不同差异显著;与马银花亚属、杜鹃亚属亲和性差,与羊踯躅亚属杂交坐果率高,但种子未萌发。与锦绣杜鹃相比,映山红更适合作为杂交亲本,锦绣杜鹃与其他各亚属杜鹃种的杂交亲和性差。马银花与同亚属不同组的西施花(R. ellipticum)杂交子房膨大率为 43.4%,但未获得杂交种子。马银花与映山红亚属的满山红杂交,子房膨大率、坐果率和蒴果平均种子数高,但种子未见萌发;马银花与杜鹃亚属杜鹃组的 4 种杜鹃分别杂交,种子萌发率较低;马银花与常绿杜鹃亚属常绿杜鹃组的 7 种杜鹃杂交,子房在初期均有膨大,除猴头杜鹃外均获得一定量的果实和种子,但种子都未萌发。

表 5-1　杜鹃亚属间杂交授粉后杂交胚萌发与生长状况

杂交组合	授粉花朵数	未败育果实数	形成的胚珠数	发芽的胚珠数	绿苗数	壮苗数
TS×HY	114	18	1179	15	5	0
HY×TS	179	58	756	270	161	32
TS×PE	509	160	5146	142	0	—
PE×TS	44	0	—	—	—	—
TS×RH	279	20	989	250	51	16
RH×TS	836	76	4841	787	98	66
TS×VI	120	0	—	—	—	—
VI×TS	280	17	640	25	25	8
合计	2361	349	13551	1489	340	122

注:HY:Subgenus *Hymenanthes*,常绿杜鹃亚属;TS:Subgenus *Tsutsusi*,映山红亚属;PE:Subgenus *Pentanthera*,羊踯躅亚属;RH:Subgenus *Rhododendron*,杜鹃亚属;VI:Section *Vireya*,类越橘杜鹃花组。

巴春影等以常绿杜鹃亚属的牛皮杜鹃为母本与杜鹃亚属的迎红杜鹃(*R. mucronulatum*)、白花迎红杜鹃(*R. mucronulatum* f. *album*)、亚布力杜鹃杂交有较高的亲和性,与母本的自然授粉坐果率无显著差异,但杂种苗生长势较弱;反交时,3 个杂交组合的坐果率明显降低,但亚布力杜鹃×牛皮杜鹃反交时的种胚萌发率显著高于正交,而且种胚苗生长健壮。实验中映山红亚属的大字杜鹃与牛皮杜鹃杂交后坐果率为零。郑硕理等利用常绿杜鹃亚属的 4 个种,包括云锦杜鹃、大白杜鹃、露珠杜鹃、碟花杜鹃(*R. aberconwayi*),映山红亚属的映山红和羊踯躅亚属的羊踯躅等 3 个亚属的 6 个种配置 22 个种间杂交组合,进行杂交育种实验。常绿杜鹃亚属内杂交相对容易获得较多杂交后代,与映山红、羊踯躅的杂交也获得一定的杂交后代,但存在单向不育现象。羊踯躅与映山红作母本时,坐果率为零。云锦杜鹃、大白杜鹃综合性状优良,杂交亲和性较好,可作为常绿杜鹃花育种的优秀亲本。

庄平对杜鹃花属亚属间的杂交可育性进行了系统研究,研究对象涉及常绿杜鹃亚属、杜鹃亚属、马银花亚属、映山红亚属和羊踯躅亚属 5 个亚属 15 亚组 32 种,配置杂交组合 118 个。研究结果表明,亚属间杂交存在明显的生殖障碍,在这些杂交组合中,可育比例仅占 20%,80% 的不育组合中,不能坐果是败育的主要表征。其中常绿杜鹃亚属与杜鹃亚属间的远缘杂交相对比较容易,常绿杜鹃亚属与映山红亚属间、映山红亚属与杜鹃亚属的正反交、映山红亚属与羊踯躅亚属的正交以及常绿杜鹃亚属与羊踯躅亚属的正交、马银花亚属与杜鹃亚属正交等也有亲和的案例。杜鹃亚属与羊踯躅亚属、杜鹃亚属与马银花亚属、马银花亚属与映山红、马银花亚属与羊踯躅 4 个亚属间未出现可育的杂交组合。

庄平以杜鹃花属 5 亚属 3 组 17 亚组 38 种,配置 200 个杂交组合,根据可育性等级频度分析结果,在亚属间的杂交中,其亲和性表现为:常绿杜鹃亚属×杜鹃亚属>杜鹃亚属×映山红亚属>常绿杜鹃亚属×映山红亚属>常绿杜鹃亚属×羊踯躅亚属>常绿杜鹃亚属×马银花亚属>杜鹃亚属×羊踯躅亚属。不同分类等级(亚属、组和亚组)间的人工杂交研究表明,杂交亲和性或可育性与双亲的系统发育关系及染色体倍性具有明显的关联,并反映在发育阶段和各项亲和力指标的变化之中。但也有研究表明,杜鹃杂交亲和性与杜鹃的分类地位没有明显相关性。

李叶芳等以比利时杜鹃为母本,常绿杜鹃亚属、映山红亚属、杜鹃亚属、糙叶杜鹃亚属、羊踯躅亚属的 11 个野生种及 1 个栽培种为父本进行远缘杂交研究,在所有杂交组合中,比利时杜鹃×映山红的结实率和种子萌发率最高,因而认为其亲和性最强。比利时杜鹃与羊踯躅亚属的羊踯躅和金踯躅杂交表现出较好的亲和性。比利时杜鹃是用映山红亚属的毛白杜鹃、皋月杜鹃、映山红等反复杂交选育而成,具有映山红的血统,因此比利时杜鹃×映山红的双亲具有非常近的亲缘关系。这也预示了杜鹃杂交亲和性与亲本间的亲缘关系密切相关,亲缘关系近的杂交亲和性强,更易获得杂交后代。比利时杜鹃与常绿杜鹃亚属的几个种的杂交亲和性差异很大,其中与云锦杜鹃具有很高的杂交亲和性,但与露珠杜鹃、大白花杜鹃、高山杜鹃及马缨杜鹃的杂交亲和性很差,与杜鹃亚属的几个种的杂交亲和性也表现出类似结果。

(二)常绿杜鹃亚属内的杂交

常绿杜鹃亚属内杂交亲和性比杜鹃亚属内杂交性强,庄平对常绿杜鹃亚属植物种间杂交的可育性研究进行了系统的研究和归纳总结,结果表明常绿杜鹃亚属内的种间杂交具有很高的可育性,云锦杜鹃亚组内杂交和银叶杜鹃亚组为母本与其他 7 个亚组杂交的可育组合分别达到 100%,云锦杜鹃亚组与银叶杜鹃亚组杂交可育组合为 87.5%,云锦杜鹃亚组为母本与其他 9 个亚组杂交可育组合为 87.1%,其他 5 个亚组间杂交可育组合达到了 80%,尤其是银叶杜鹃亚组的峨眉银叶杜鹃与繁花杜鹃与其他亚组构成的 11 个组合,除 1 例未达到高可育水平外,其他 10 个组合均达到了高育性阈值,且未见不育现象。常绿杜鹃亚属内的异种杂交的 64 个组合中,不亲和或败育比率较小,败育类型与阶段同双亲的亲缘关系有一定联系。

张长芹等通过对大白杜鹃×桃叶杜鹃、马缨杜鹃×大白杜鹃、桃叶杜鹃×马缨杜鹃和团花杜鹃(R. anthosphaerum)×疏花杜鹃(R. annae subsp. laxiflorum)的坐果率的研究表明,上述常绿杜鹃亚属不同亚组间或同亚组内杜鹃花杂交组合的坐果率均在 60%以上。解玮佳等对常绿杜鹃不同杂种群间杂交的可育性分析进行了研究,结果表明,常绿杜鹃不同杂种群间,腺柱杜鹃花杂种群(Gr)适宜作为母本,云锦杜鹃花杂种群(F)适宜作为父本,美国山石南杜鹃花杂种群(Ga)作为母本或者父本皆可,高加索杜鹃花杂种群(C)和东石楠杜鹃花杂种群(D)的杂交效果与其配组有关;常绿杜鹃不同杂种群间杂交存在明显不育现象,而受精前障碍和受精后障碍可能是其杂交不育的关键原因。常绿杜鹃花不同杂种群种间杂交的可育性与杂交的杂种群及其配组相关。

通过常绿杜鹃亚属种间杂交,人工选育出了杜鹃新品种。例如马缨杜鹃分别与大白杜鹃和露珠杜鹃经人工杂交育成,培育出新品种'朝晖'和'红晕'。常绿杜鹃亚属中不同亚组间通过人工杂交获得著名品种的例子当属喇叭杜鹃（*R. discolor*）×火红杜鹃（*R. neriiflorum*）育成黄色杜鹃品种'Bobolink'。常绿杜鹃亚属也存在天然杂交，例如马缨杜鹃（*R. delavayi*）分别与大白杜鹃（*R. decorum*）、露珠杜鹃（*R. irroratum*）和蜜腺杜鹃亚组（Subsect. *Thomsonia*）的蓝果杜鹃（*R. cyanocarpum*）天然杂交的报道，认为迷人杜鹃（*R. agastum*）是马缨杜鹃与露珠杜鹃（或大白杜鹃）的天然杂种，并通过人工授粉实验证明有的组合正反交均有可育性。

（三）杜鹃亚属内的杂交

杜鹃亚属是杜鹃花属最大的亚属，约 500 种，主要包括杜鹃花组（Sect. *Rhododendron*）、髯花杜鹃花组（Sect. *Pogonanthum*）、类越橘杜鹃花组（Sect. *Vireya*）。根据 Williams 等和 Rouse 等的总结，在杜鹃亚属内开展的组间杂交表现了明显的杂交障碍，但在杜鹃花组和类越橘杜鹃花组之间的组间杂交也有成功的例子，例如 *R. lochae*×*R. virgatum*。类越橘杜鹃花组内的各亚组间和亚组内的物种间基本上无杂交障碍，并育成了包括'Wattle Bird''Liberty'等在内的十余个著名园艺杂交品种。

庄平通过杜鹃亚属有鳞大花亚组（Subsect. *Maddenia*）、三花杜鹃亚组（Subsect. *Triflora*）、亮鳞杜鹃亚组（Subsect. *Heliolepida*）及腋花杜鹃亚组（Subsect. *Scabrifolia*）等 4 亚组 10 个杜鹃花种类的 22 个杂交组合的杂交实验，进一步印证了该亚属内杂交比较困难的论断，不同亚组间及三花杜鹃亚组内杂交亲和性较差，在 18 个数据完整组合中，高可育与可育组合比率明显偏低，不育比率高。杜鹃亚属亚组间的杂交亲和性明显低于亚组内的杂交组合。

杜鹃亚属内较低的杂交亲和性与该亚属内植物染色体倍性具有明显的关联性。杜鹃花的多倍体现象出现在有鳞类（杜鹃亚属）和一些羊踯躅亚属（Subgen. *Pentanthera*）的类群中，其中杜鹃亚属中的苍白杜鹃亚组（Subsect. *Glauca*）、鳞腺杜鹃亚组（Subsect. *Lepidota*）和怒江杜鹃亚组（Subsect. *Saluenensia*）的倍性为 2、4，高山杜鹃亚组（Subsect. *Lapponica*）与三花杜鹃亚组（Subsect. *Triflora*）的倍性变化为 2、4、6，有鳞大花亚组（Subsect. *Maddenia*）的倍性有 2、4、6、12，亮鳞杜鹃亚组（Subsect. *Heliolepida*）为 4、6、8，朱砂杜鹃亚组（Subsect. *Cinnabarina*）为四倍体。张长芹等在杜鹃花属的 59 对杂交组合的实验中发现：同亚属二倍体与二倍体的杜鹃花种间杂交亲和力强；二倍体与多倍体以及不同亚属之间的杜鹃花杂交不育。杜鹃亚属的糙叶杜鹃亚组（Sect. *Trachyrhodion*）内的 2 个二倍体植物碎米花（*R. spiciferum*）×爆杖花（*R. spinuliferum*）的坐果率可达 90％，而三花杜鹃亚组多倍体的云南杜鹃作为母本分别与同亚组的基毛杜鹃（*R. rigidum*）和有鳞大花亚组的大喇叭杜鹃（*R. excellens*）杂交则不能坐果，前者作为父本与粗柄杜鹃（*R. pachypodum*）杂交亦是如此。庄平在杜鹃亚属杂交组合中发现，亲本一方为多倍体，尤其是母本为多倍体时，比二倍体组合的杂交亲和性降低，但应注意的是，二倍体种类间也有部分组合杂交结实率很低，例如，基毛杜鹃×多鳞杜鹃和基毛杜鹃×毛肋杜鹃（*R. augustinii*）等 2 个不育组合均为二倍体亲本组合。因此染色体倍性不是导致杜鹃亚属种间杂交育性降低的唯一原因，可育性与倍性和类群间的亲缘关系均有关。在多倍体作母本的情况下，杂交单向不育或非对称遗传渗透现象明显。

在自然授粉条件下,常绿杜鹃亚属、杜鹃亚属和映山红亚属内种间杂交十分普遍,也有跨亚组之间的自然杂交案例。与常绿杜鹃亚属、杜鹃亚属这两个较大的亚属群相比,其他亚属内的杂交实验相对较少,耿兴敏等以映山红为母本,与同亚属的满山红、大字杜鹃进行杂交,发现亚属内杂交亲和性较高。

(四) 向性影响杜鹃属植物的杂交亲和性

向性指杂交亲本的搭配方式或方向,即正交和反交对亲和性或可育性的响应,杜鹃花属种间正反杂交亲和力有显著差异。杜鹃花杂交的正反交多有涉及,研究表明,在杜鹃花属植物类群间杂交中存在双向可育、单向不育和双向不育等 3 种情况。

刘晓青等在杜鹃品种与野生杜鹃进行正反杂交的研究中,发现部分杂交组合正反杂交都结实,例如'红珍珠'与映山红,虽然杂交结实率相差很大;也有部分组合正反杂交皆不结实,例如'火花'与羊踯躅、'火花'与大白花杜鹃、羊踯躅与'红珍珠'等。以牛皮杜鹃为母本,与迎红杜鹃、白花迎红杜鹃、亚布力杜鹃杂交有较高的亲和性,而反交时各杂交组合间坐果率有很大差异。云锦杜鹃×大白杜鹃组合中,云锦杜鹃为母本时坐果率、种子数、千粒重、萌发率均处于较高水平,而反交没有获得果实;大白杜鹃×露珠杜鹃同样也是正交亲和,反交不和。Ma 等的研究证实,常绿杜鹃亚属的蜜腺杜鹃亚组(Subsect. *Thomsonia*)中的蓝果杜鹃(*R. cyanocarpum*)与同亚属但不同亚组的马缨杜鹃(*R. delavayi*)存在天然杂交现象,并能进行不对称的双向交配。还有前边提及日本育种者所进行的映山红亚属(*R. eriocarpum*)与羊踯躅亚属(如 *R. japonicum* f. *flavum*)之间的杂交,正反杂交不同,可育性也存在差异。解玮佳等研究发现,常绿杜鹃品种作为杂交亲本时,存在双向可育、单向不育、双向不育现象,但庄平等对常绿杜鹃亚属(Subgen. *Hymenanthes*)的 12 个亚组 23 种杜鹃花的 64 个杂交组合进行了研究,常绿杜鹃亚属内不同种类间杂交,存在双向可育与单向不育现象,但未见双向不育情况。

多倍体的问客杜鹃作为母本,分别与多鳞杜鹃、基毛杜鹃、峨眉银叶杜鹃杂交均表现了单向不育,而前者作父本则可育,由此判断多倍体杜鹃花种类作为母本是导致单向不育的另一重要原因。核质不亲和是引起单向不育的另一重要原因。常绿杜鹃与黄色落叶杜鹃的杂交表现为杂交幼苗白化、杂交种子活力低或者不萌发等,可采用三重杂交、回交等方法提高常绿杜鹃与落叶杜鹃杂交亲和性,获得绿色幼苗。

Eeckhaunt 等的研究结果显示,不同亚属间的正反交存在 3 种情况:一部分呈现双向可育,如映山红亚属×杜鹃亚属双向杂交;部分为单向不育,如映山红亚属×越橘杜鹃组和映山红亚属×常绿杜鹃亚属等;有些为双向不育,如羊踯躅亚属×映山红亚属等。

庄平总结了多年杜鹃杂交育种数据,对杜鹃花属杂交向性展开了系统分析,包括类群组合与杂交向性分布、单向不育类型、杂交亲和性组合与杂交可育性分布等(表 5-2)。研究对象主要是常绿杜鹃亚属内、杜鹃亚属内和该两亚属间的种间杂交,并少量涉及上述两亚属、马银花亚属、映山红亚属和羊踯躅亚属之间的杂交向性研究。分析结果表明,通过 33 组正反交组合数据,发现杜鹃花属植物亚属及亚组内及其类群间杂交的向性分布具有明显的规律(表 5-2)。从双向可育→单向不育→双向不育的比重变化大致与常绿杜鹃亚属内杂交→杜鹃亚属内杂交→常绿杜鹃亚属×杜鹃亚属→其他亚属间杂交方向相对应。这种比重变化趋势可能与物种间的系统发育关系有关,最早分化的常绿杜鹃亚属内种间比分化较晚的杜鹃亚属内种间易于杂交,且这两个亚属间杂交的可育比率也高于其他亚属间的搭配。从表中数据可以看出,常绿杜鹃亚属×杜鹃亚属间的杂交双向可育比例比两个亚属内杂交双向可育比例降低,单向不育、双向不育比例升高;这次分析所涉及的其他亚属间杂交中(具体看表5-2下方的备注)没有双向可育组合分布,其中常绿杜鹃亚属分别与马银花亚属和映山红亚属杂交各有1对组合双向不育。常绿杜鹃花属内云锦杜鹃亚组(Subsect. *Fortunea*)内比该亚组×银叶杜鹃亚组(Subsect. *Argyrophylla*)可能有更高的双向可交配能力。种间杂交单向不育通常无固定的亲本搭配方向,但常绿杜鹃亚属内、杜鹃亚属内和映山红亚属×羊踯躅亚属间的杂交搭配表现出一定的倾向性,即常绿杜鹃亚属的物种作为母本杂交成功机会更高。

表5-2　类群组合与杂交向性分布

杂交组合	组合对数	双向可育	单向不育	双向不育
常绿杜鹃亚属内杂交(Intra-HY)	10	8	2	—
云锦杜鹃亚组内杂交(Intra-Ft)	3	3	—	—
云锦亚组×银叶亚组(Ft×Ar)	6	5	1	—
杜鹃亚属内杂交(Intra-RH)	5	2	2	1
常绿杜鹃亚属×杜鹃亚属(HY×RH)	12	2	6	4
其他亚属间杂交(Others①)	6	—	4	2
合计	42	20	15	7

① 包括:常绿杜鹃亚属(Subgen. *Hymenanthes*)×长蕊杜鹃亚属(Subgen. *Azaleastrum*)(2组)、常绿杜鹃亚属(Subgen. *Hymenanthes*)×映山红亚属(Subgen. *Tsutsusi*)(2组)、杜鹃亚属(Subgen. *Rhododendron*)×映山红亚属(Subgen. *Tsutsusi*)(1组)和映山红亚属(Subgen. *Tsutsusi*)×羊踯躅亚属(Subgen. *Pentanthera*)(1组)。

亲本的自交亲和性与其杂交的单向不亲和具有某种联系。马银花杜鹃亚属、映山红亚属和羊踯躅亚属的长蕊杜鹃、映山红和羊踯躅均为自交不亲和种类(SI),而常绿杜鹃亚属及杜鹃亚属中的多数种类为自交亲和植物(SC)。根据庄平的分析结果,可育性大小的总趋势是 SC×SC>SI×SC≥SC×SI>SI×SI,也就是杜鹃花属植物种间杂交总的趋势是自交可育亲本间的杂交优于其与自交不育亲本间的杂交,而后者又优于自交不育亲本间的杂交。常绿杜鹃亚属内 SI×SC 的组合可育性更高。在 SC×SC 型组合情况下,常绿杜鹃亚属内杂交优于其与杜鹃亚属种类间的杂交。同时庄平还发现,SI 亲本的介入会大幅度地增加种间杂交不育的比率,导致其由双向可育到单向不育再到双向不育方向发展。

六、杜鹃花属植物杂交亲和性(可育性)的评定

(一)杂交亲和性(可育性)评定指标

一般判断杂交亲和性的直接指标是受精过程完成与否,即胚的形成与否,但胚的检测具有一定难度,特别是胚的发育初期阶段,胚细胞数少,难以检测,因此有必要选取间接指

标。在杂交育种研究中,常用的杂交亲和性间接指标有子房膨大率、坐果率、结实率、蒴果内种子数等,分别体现了不同时期胚的发育情况以及子房在花托上的宿存时间长短,而蒴果内种子数与受精率有关。可交配性(crossability)也是育种学家常用的术语,其内涵包括了交配是否亲和及其后代是否可育的概念,后代可育性一般用杂交种子萌发率、成苗率、杂交苗生长状况等相关指标表示。杜鹃远缘杂交,部分杂交种子萌发后,会出现白化苗、黄化苗或其他畸化现象,最终不能成活,这类苗木可统称为败育苗。因此绿苗率是杜鹃花育性研究中最值得重视的可育性表观指标。

在评价杂交亲和性指标中,子房膨大率与坐果率呈极显著的正相关,但与蒴果内平均种子数和种子萌发率没有相关性。杜鹃花属植物的坐果频度往往高于可育频度,坐果率与蒴果内平均种子数之间呈正相关,但蒴果内平均种子数与发芽率之间的相关性因母本不同有差异,不能准确地反映该属植物种间杂交的可育性面貌。郑硕理等的研究发现虽然云锦杜鹃♀×露珠杜鹃♂的种子萌发率没有露珠杜鹃♀×云锦杜鹃♂的种子萌发率高,但就其具有较高坐果率和较多的种子数量来看,云锦杜鹃♀×露珠杜鹃♂可以获得更多后代,因此种子萌发率也不能全面评价杂交组合的可育性。庄平系统分析了绿苗率、绿苗系数和单位可育种子数量及其等级频度等杜鹃可育性评价指标,这些指标能从不同的侧面反映杜鹃花属植物杂交可育性数量特征,但也分别存在某些局限。例如:绿苗率及其等级频度无疑是杜鹃花属植物可育性研究中的一项最重要的相对数量指标,但其缺陷是不能反映可育性的绝对量和败育苗的数量和比率;绿苗系数及其等级频度是比较自然授粉与杂交苗木质量的相对指标,但同样不能反映可育性的绝对量,且该指标的灵敏度较差;单位可育种子量及其等级频度则是可育性绝对量指标,但鉴于不同类群和种类的杜鹃花属植物及其杂交组合的单位种子绝对量存在巨大的类群和种间差异,因而使用时也具有局限性。在此基础上,庄平建立了综合评价与可育性等级频度指标量化体系,以避免单一指标的局限性,从而能够比较综合与客观地评价杜鹃花属植物的可交配性。

（二）杜鹃花属杂交亲和性及可育性指标的统计方法

杂交授粉以及子房膨大率的统计:选择正常开花的成年植株,杜鹃母本植株开花前 2～3 d 对母本去雄,并对柱头套袋以免被其他花粉污染,于次日进行常规人工授粉,连续授粉 2 d,授粉后继续套袋,第 7 d 去除袋子。授粉 2 个月后,统计子房膨大率(子房膨大数/授粉花朵数×100%),也有在杂交授粉 3 个月以后进行统计的,这时一般用坐果率进行表示,坐果率(St)=[坐果数(应该还是膨大的子房)/授粉花朵数]×100%;结实率=(结实数/授粉花朵数)×100%,一般杂交授粉 6 个月以后进行统计。然后根据杂交母株上果实成熟程度,在田间和野外收获的果实中选取中等大小的果实 3 颗置于常温荫蔽条件下存放,待蒴果自然开裂时,逐一统计单果种子数量,记录备用。杂交种子的采收以授粉果实由绿变褐,果实顶部稍稍开裂时为佳。

种子萌发率的测定:用定性滤纸两层置于培养皿中,加蒸馏水使之充分湿润,将种子均匀散播于滤纸上,以胚根长达到种子长的 2 倍为发芽指标,也有以胚根突破种皮为标准视为种子萌发。发芽率=(发芽数之和/种子数)×100%。

出苗率:出苗率=萌发成苗的个数/接入的总杂交胚数×100%,3 个月胚龄的杂交胚在最终培养 120 d 后统计出苗率,而 4 个月胚龄的杂交胚最后一次统计是在最终培养 90 d 后。

成苗率:成苗率正常生长幼苗/播种种子数(也有人在出苗数量的基础上,以正常生长幼苗与出苗数量的百分比来计算成苗率)×100%;组培情况下,成苗率=成苗数/未污染种子总数×100%。正常苗为具有正常的根、茎和叶等器官的植株。

绿苗率:种子生活力常用指标,常结合发芽率、黄化率用以分析可育性。绿苗率=(绿苗数/播种种子数)×100%,绿苗率是杜鹃花育性研究中最值得重视的可育性表观指标,通常具有潜在生活能力的种子发芽后均为绿色幼苗,而没有活力的种子则会表现出不能发芽或产生白化、黄化或畸化现象,最终不能成活,这类苗木可统称为败育苗。播种后培养40~50 d,发芽率稳定后,统计各重复的发芽和绿苗数量。

绿苗系数:绿苗率与发芽率之比。

单位可育种子数(粒/果):具有正常活力种子的绝对值指标。单位可育种子数(粒/果)=(3 粒蒴果种子总数量/3)×绿苗率(%)。

可育性等级频度:研究某一具体的类群组合(某一亚属级、亚组级杂交组合如常绿杜鹃亚属内杂交、杜鹃亚属×映山红亚属)中达到某一等级育性指标(坐果率、绿苗率、绿苗系数、单位可育种子量)的杂交数占这一类群组合总数的比率。

以表 5-3 中划分的高、中、低阈值为标准,以各杂交组合的各类育性指标值作为依据,计算各类群杂交组合育性指标等级频度。其中:① 可育频度 Fer=(可育组合数/类群组合数)×100%;② 坐果频度 Fst=(坐果组合数/类群组合数)×100%;③ 绿苗等级率频度 Fgs=(某等级绿苗率组合数/类群组合数)×100%;④ 绿苗系数等级频度 Fgc=(某等级绿苗系数组合数/类群组合数)×100%;⑤ 单位可育种子量等级频度 Fsf=(某等级单位可育种子量组合数/组合数量)×100%。

表 5-3　杜鹃花可育性指标等级与权重分配

指标	低		中		高	
	阈值	分值	阈值	分值	阈值	分值
绿苗率/%	0<Gs<10	1.0	10≤Gs<50	3.0	Gs≥50	5.0
绿苗系数	0<Gc<0.6	0.5	0.6≤Gc	1.5	Gc≥0.9	2.0
坐果率/%	0<St<20	0.5	20≤St<40	1.0	St≥40	1.5
单位可育种子数	0<Sf<20	0.5	20≤Sf<200	1.0	Sf≥200	1.5

庄平根据以往杜鹃杂交亲和性研究的经验,设总权重(最高分值)为 10,将绿苗率作为主要指标给定最高权重 5 分,其次为绿苗系数最高权重 2 分,坐果率与单位可育种子数作为辅助指标分别给定最高权重 1.5 分。某种杜鹃花种类的各项指标的等级与得分的确定以该种的实验数据参照各指标给定的阈值加以确定。种类的单项得分之和为该种的总分值,即可育性值。依据可育性值将可育性划分为 4 个等级,即 0≤无<2.5、2.5≤低<5.5、5.5≤中<8、高≥8,其对应的称谓或可为不育型、弱育型、能育型、高育型。

庄平综合考证上述 4 项指标的特征、意义和局限性,并在有关等级划分和权重分配的基础上,建立了综合评价与可育性等级频度指标量化体系,从而避免了单一指标的局限性,比较综合与客观地回答了杜鹃花属植物的可交配性问题,但该体系尚需完善。在今后的研究中,可考虑适当增加单位可育种子量而适当减少绿苗系数的权重。

杜鹃亚属内同亚组和不同亚组间的杂交,可以利用杂交组合与母本材料的自然授粉的育性指标加以比较研究,尤其是通过绿苗率比值和单位可育种子量比值的分析,能比较准确地认识和定量可育组合的各项指标的消长与作用大小。倍性和亲缘关系远近对有关绿苗率比值和单位可育种子数量比值均有明显的关联。

七、杜鹃花属植物远缘杂交障碍及其克服方法

(一)杜鹃花属植物远缘杂交障碍

杂交不亲和(CI)是指种或属间及亲缘关系更远的分类单位间进行的杂交,不能产生后代,或者产生的后代不育。根据杂交不亲和发生的时空位点,可分为合子前(prezygotic isolation)不亲和、合子后(postzygotic isolation)不亲和两种自我识别机制。合子前不亲和是指花粉不能在柱头萌发,或花粉管不能进入胚珠,或花粉管进入胚珠但不能受精形成合子;合子后不亲和是指受精后形成合子,但出现胚败育。亲和性判定,即根据花粉在柱头的萌发情况和花粉管在花柱组织内的生长判断其亲和程度。花粉管在花柱表面扭曲,生长停滞,伸入不到柱头里面为授粉不亲和;花粉管大量伸入到柱头里面并沿花柱道向下生长且受精结实为授粉亲和;有花粉萌发但萌发量少、受精结实低的为部分亲和。Williams 等认为杜鹃花属植物杂交不亲和的现象表现在从花粉不能在柱头上萌发一直到子代种子败育的整个过程中,包含了前合子期与后合子期不亲和的各个时期。

杜鹃花属植物属于湿型柱头,柱头成熟时期表面存在液体分泌物,花粉在柱头表面附着后萌发,花粉管进入柱头,伸入花柱,穿过珠孔完成受精,在此过程中的任何一个环节都有可能导致受精失败。通过大量杂交组合实验发现,杜鹃种间杂交授粉后,花粉基本在柱头都可以萌发,但柱头表面可能会产生胼胝质阻止花粉管进入花柱,在进入花柱后,花粉管也可能发生顶端膨大、变形、停止生长等现象,或花粉管无法进入胚珠以及花粉管在胚囊过度生长,无法完成受精等。花粉管的生长受阻可能发生在不同的部位,不同杂交组合中花粉管生长受阻的部位存在种间差异。花粉管异常的类型与杂交亲和性无直接联系,但异常花粉管出现的比率与杂交亲和性相关。整体来看,杂交亲和性较好的组合,花粉管生长速度较快,到达花柱底部的花粉管比率较高。Williams 等发现异常的花粉管也能伸入胚囊,但是否能顺利完成受精,还需要进行进一步胚胎发育学研究。

Okamoto 和 Suto 研究了映山红亚属 13 个种与羊踯躅亚属间杂交,结果表明受精前不亲和表现在花粉管生长受阻和不能进入胚珠;受精后不育表现在胚珠不发育、种子不发芽和幼苗死亡。在 22 个不亲和的组合中,合子前不亲和、合子后不亲和与发育障碍的数量分别为 15、6 和 1,并认为杂交不亲和的变化在亚属间存在,而亲和的差异性个体超过了种类。Tom 等的研究结果显示,映山红亚属、杜鹃亚属、常绿杜鹃亚属以及羊踯躅亚属等亚属间的杂交在前合子期(prezygotic)和后合子期(postzygotic)均会出现杂交障碍,但也可以获得有生活力或有胚拯救价值的杂交后代。

解玮佳等在高山杜鹃与大喇叭杜鹃(*R. excellens*)杂交时也发现,花粉管进入胚囊,但

未见子房膨大,杂交后花粉管生长的异常行为可能是种间杂交不亲和的主要原因,且受精前障碍与受精后障碍可能同时存在。解玮佳等比较了5个常绿杜鹃不同杂种群种间杂交的亲和性,结果发现,除个别杂交组合外,各杂交组合中的花粉基本都能萌发,其花粉管亦能生长,但受精率极低。5个常绿杜鹃杂种群的可育性皆较低,不育类型包括不能坐果,能坐果但不结籽,能结籽但种子不能萌发。

　　坐果通常用于衡量杂交的亲和性,但从严格意义上来说,亲和性是前合子期生殖障碍,但不能坐果未必全是前合子期障碍,亦可能包括了受精后不久合子发育停止的情形;而后合子期不亲和通常被定义为败育,包括了受精后合子发育停止到杂种不活,甚至到子代生长发育不良等一系列后期发育过程。杜鹃花属植物各种不同杂交组合,在杂交授粉后,出现了子房不膨大、不能坐果、坐果但不能形成种子、获得杂交种子但种子不萌发、种子萌发但萌发低或者出现白化苗等杂交不亲和与败育现象,说明杜鹃杂交不亲和发生在不同阶段。庄平以杜鹃花属5亚属3组17亚组38种,计109个不育组合及91个可育组合的杂交结果为依据,发现杜鹃花属不同类群间杂交的不育组合比例约为54.5%,其不亲和与败育包括不能坐果(capsul aborted,Cab型)、坐果但不能形成种子(seed aborted,Sab型)和能形成种子但不能发芽(seed not germinated,Sng型)3种情况,其中Cab与Sab类型均可能是前合子期不亲和与后合子期不亲和的复合表征,Sng型则可以肯定为后合子期种子发育阶段败育的情况,Cab∶Sab∶Sng=81∶13∶15。有关不育类型的分布与杜鹃花属植物亲本类群及其分类与亲缘关系具有明显关联,从同一亚组内、同一亚属内到不同亚属间杂交的不育类型的分布呈Sng型→Sab型→Cab型增加的趋势,杂交双亲分类上亲缘关系越密切,Sng型的频度越高,反之关系越疏远,Cab型的频率越高,亚属间远交往往止于Cab型。这些研究结果也进一步表明,亲缘关系越近,杂交亲和性越高,败育发生越迟;亲缘关系越远,杂交亲和性越差,受精前障碍发生比率越高,败育发生越早。

（二）克服受精前障碍的方法

　　Lee等研究表明,蒙导授粉和正己烷处理对克服杜鹃花受精前障碍有效,但也有研究表明正己烷处理对大部分杜鹃杂交组合的结实有抑制作用。耿兴敏等研究表明,不同的杂交组合适宜的杂交授粉方法不同,食盐水、NAA处理、花粉培养液等涂抹柱头、加热花粉以及延迟授粉都可以提高杜鹃花属某些杂交组合的子房膨大率,其中延迟授粉对大部分杜鹃组合都是有效的授粉方法。蕾期多次授粉也是克服远缘杂交受精前障碍的一种有效方法,今后在杜鹃远缘杂交授粉时应该尝试,有时蕾期提前授粉比延迟授粉效果显著。母本柱头对花粉的识别或选择能力一般在未成熟和过成熟时最低,所以在蕾期提前授粉或花期延迟授粉,可提高远缘杂交结实率。切割柱头等也是有效提高远缘杂交结实率的方法,但并不是对所有植物的杂交都有效,切割柱头对于杂交亲和性的促进效果与花柱粗细、长度、切割部位及授粉量等有关。花粉培养液能为花粉萌发提供营养和良好的萌发条件,增加了受精成功的概率,在杜鹃杂交授粉中也发现可以提高部分杂交组合的育种效率,今后有必要进一步优化花粉培养液的配方,提高花粉萌发,促进花粉在柱头的萌发和伸长生长。

（三）杂交胚的败育及胚拯救技术

导致杂交胚败育的原因有：① 杂合子本身基因组结构变异过大；② 杂种胚与胚乳遗传上不协调，胚产生了某种物质抑制胚乳的生长，或者胚乳发育不正常，导致胚败育；③ 母体组织与杂种胚或胚乳不相容，珠被垄断了营养物质，而胚和胚乳没有得到应有的营养。

胚挽救是克服远缘杂交受精后障碍的一种重要方法，在杜鹃杂交育种中也有应用。胚挽救技术的关键是确立适宜的胚拯救时期和杂交胚拯救的启动培养的培养基配方。Michishita 等以阿扎利亚系列 5 个种和 1 个变种为亲本，进行双向杂交，探讨杂交后代适宜的胚拯救时期，发现授粉 4 个月后将胚接入添加 50 mg/L 的 GA_3 培养基中，比授粉 6 个月后自然成熟播种的成苗率高，但不同杂交组合的萌发率和活力差异显著。Eeckhaut 等发现胚的败育一般发生在杂交授粉 5 个月以后，所以杂交授粉 4～5 个月是胚拯救的适宜时期，但个别组合，例如越橘杜鹃组×映山红亚属杂交，在授粉 1.5～2 个月以后就可以采收。解玮佳等的研究结果表明，授粉后的 0～3.5 个月（即 0～105 d）是大白杜鹃与露珠杜鹃杂交果实发育的重要时期，其间，不宜采取胚挽救措施。杂交胚拯救不仅可以提高杂交胚的成活率，还可以缩短育种周期，至少比正常播种繁殖杂交苗节省 1 年的时间。

WPM、MS 等作为启动培养基的基本配方在杜鹃杂交胚拯救中都有所应用，适宜浓度的植物生长调节剂的添加可以诱导杂交胚的进一步发育，提高杂交胚的萌发率，生长素、赤霉素都曾被用于杜鹃杂交胚的初代培养。Yamaguchi S. 认为常绿杜鹃与落叶杜鹃杂交胚的最适培养基配方为 Anderson＋40 g/L 蔗糖＋0.1 mg/L NAA，生长素对于杜鹃远缘杂交胚的培育效果并不显著，但赤霉素的添加可以有效提高杜鹃杂交胚的萌发率，效果比较显著。

Ureshino 等、Michishita 等以 Anderson 培养基作为基本配方（Anderson＋30 g/L 蔗糖＋8 mg/L 琼脂，pH 5.0），添加 50 mg/L GA_3，有效提高了杜鹃杂交胚的萌发率。Eeckhaut 等以 WPM 培养基作为基本培养基，添加不同浓度的 GA_3（0、29 μM、58 μM、145 μM、289 μM），对 GA_3 浓度进行了探讨，结果也表明，145 μM GA_3（相当 50 mg/L）有利于杜鹃杂交胚的培养。资宏等的研究结果表明，1/2WPM 培养基，与 MS、1/2MS、WPM 培养基相比，更有利于杂交种子(胭脂蜜♂×春五宝♀)的萌发。耿兴敏等以南京地区栽培的映山红、满山红、马银花和锦绣杜鹃为母本，以云南、浙江等地的野生杜鹃为父本进行杂交，对杂交胚进行了最佳初代基本培养基类型的探讨，同时观察了基因型及胚龄对杂交胚萌发状况的影响。结果表明，大多数杂交组合的杂交胚在 WPM 基本培养基中萌发率高，生长势好。其次是在 MS 基本培养基中，适宜的杂交组合数仅次于 WPM 基本培养基。基因型及胚龄对杂交胚的萌发率及成苗途径均有显著影响。同一杂交组合，母株及花粉种源地的差异也会影响杂交胚的萌发。不同杂交组合，最适宜胚拯救时期也不同，并且对于大多数组合的杂交胚而言，幼龄胚更易形成愈伤组织，相对成熟的胚更易形成苗。

第二节　选择育种

选择育种有实生选择育种（简称实生选种）和无性系选择育种两种方法。实生选择育种是针对实生(播种)繁殖的群体，对实生群体产生的自然变异进行选择，从而改进群体的遗传组或者将优异单株经无性繁殖,建立营养系品种的方法。无性系选择育种则是从普遍的种群或天然杂交、人工杂交的群体中挑选优良单株,用无性方式繁殖,然后加以选择的方法。近年来,很多的杜鹃新品种都是通过选择育种培育出来的。选择育种基本程序包括育种目标的确定,建立原始材料圃、株系选择圃、品系选择圃、品种比较实验,最后进行区域实验来决定是否能够推广以及适宜推广的地区。

杜鹃花新品种'洱海秀'和'喜红烛'(图5-5)分别是从云南大理苍山和高黎贡山采集的马缨杜鹃种子,从播种后代中选育而成的,均具有当年生枝有白色毛、叶片卵状披针形、叶面深绿色、背面有棕色至灰色毛被、叶柄上部有槽的共同特征,在大理的花期为4~5月。'洱海秀'顶生伞形花序,着花16~18朵,花冠宽漏斗状钟形,长4~5 cm,花径4~5 cm,花色深红至浅红色,冠筒底部至三分之一处为白色;而'喜红烛'则顶生伞形花序,着花11~13朵,花径10.8~12 cm,花色为红紫色。

'金踯躅'杜鹃花(图5-5)是从羊踯躅实生苗中选育出的变异品种。1985年在云南滕冲采集的羊踯躅种子播种,并于1988年开花株中选育而成,'金踯躅'叶纸质黄绿色,顶生伞形花序,有花7~13朵,花冠外面橘红色,内面纯黄色。'紫艳'杜鹃花是由映山红杜鹃扦插苗选育而成,常绿灌木,叶浅绿色,花淡紫色,萼片瓣化为花瓣。

图 5-5　'洱海秀'(左)、'喜红烛'(中)和'金踯躅'(右)

新品种'富丽金陵'(图5-6)是由'红粉玉蝶'组培苗中选育出的花色变异新品种,在近2 000株组培苗后代中,发现了1株仅花色变异的优良单株,后进行嫁接繁殖和组培快繁,发现其性状稳定,花色为红粉复色,非常新颖(大部分栽培品种为纯色系),抗逆性、生长势与'红粉玉蝶'相比差异不大,但观赏性优。

图 5-6　'富丽金陵'

芽变育种是指从发生优良芽变的植株上选取变异部分的芽或枝条,将变异进行分离、培养,从而育出新品种的方法。新品种'胭脂蜜'是由江苏省农业科学院芽变选育的,在开满白花洒玫红条纹的东鹃品种'大鸳鸯锦'上发现有一小分枝上开出一簇鲜艳的玫红色花朵的优良芽变,随后将母株移出单独栽培,同时立即摘去所有花朵,以利新芽生长。新枝半木质化后进行了以毛鹃为砧木的嫁接快繁。后经几年观察与多次扦插繁殖,芽变性状稳定、优良,花色为纯正艳丽的玫红色,花瓣质感晶莹剔透,优于现有东鹃玫红色品种,花萼瓣化为套筒,为优良品种,非常新颖,抗逆性、生长势与母本一致(图5-7)。

图5-7 '大鸳鸯锦'芽变(左)、'胭脂蜜'(中)和西施杜鹃(右)

西施杜鹃(图5-7)是从芽变的鹿角杜鹃中选育出的新品种。鹿角杜鹃芽变后形成的花明显大于鹿角杜鹃,花色明显区别于鹿角杜鹃,为淡紫色,花瓣内具有棕色斑点,而鹿角杜鹃为黄色。通过从变异母株采取枝条,在苗圃进行扦插繁殖,然后对扦插成活苗进行近3年的观察,未发现植株有新的变异,于2010年通过湖南省林木品种审定委员会审定,定名为西施杜鹃。

第三节 多倍性育种

一、多倍体的诱导

多倍体育种(polyploid breeding)是指通过人工的方法将植物染色体组进行加倍,或是直接从自然界中选育染色体组加倍的突变体,从而获得新品种的方法。在同种和同属不同种之间,都有二倍体与多倍体的区别。

一般来说,多倍体在遗传表现上有以下几个共同的特点:① 器官的巨大性:多倍体植物由于染色体的成倍增加,细胞显著增大,从而表现出组织和器官的巨大性,如茎秆粗壮、叶片肥厚浓绿、花大色艳、果实和种子大且少或无种子等,但整个植株不一定表现得很大。② 抗逆性增强:由于多倍体植物细胞核体积增大,形态和生理生化特性等发生了变化,使得植物多倍体通常表现出对温度、干旱水湿、盐碱、病虫害等具有较强的抗逆性。③ 可孕性:根据多倍体植物中染色体组的来源和组成不同,可分为同源多倍体和异源多倍体两大类。一般同源多倍体结实率降低,表现出相当程度的不孕性;异源多倍体是高度可孕的。④ 次生代谢产物含量增多:由于染色体加倍及基因表达,次生代谢产物及起防御作用的化学物质增加。⑤ 部分植物加倍后还可能产生新的性状和化学成分。

诱变材料在很大程度上决定着诱变效率,多倍体的遗传性是建立在二倍体基础上的,采用综合性状优良、遗传基础较好的诱导材料能取得理想的多倍体诱导效果。

人工化学诱变具有经济方便、诱变作用专一性强、诱变突变谱广等特点，是获得多倍体植物的有效途径之一。目前，秋水仙素是诱导植物体细胞染色体加倍的有效的化学诱变剂，针对不同的植物材料需采用不同的处理方法。

秋水仙素诱变作用只发生在细胞分裂时期，对处于静止状态的细胞没有作用，因此处理的植物组织必须是分裂最活跃、最旺盛的部分。常用的诱导材料有种子、幼苗生长点、芽、花蕾等，不同材料的诱导效果有所不同，其中种子和幼苗生长点是被应用得较多且诱导效果较好的材料。如今，运用组织培养技术结合秋水仙素诱变处理进行植物选育是重要的育种途径，离体培养的材料一般是种子、幼苗、生长点、茎尖、愈伤组织、原球茎、胚状体、悬浮细胞系、小孢子、原生质体或单细胞等。用同一种诱导材料，诱导剂类型、处理浓度和处理时间及处理方法等的不同也会造成诱导率的差异。秋水仙素浓度是影响多倍体育种的关键因素之一，浓度过低植物不易加倍，而浓度过高植物生长受到抑制甚至死亡。一般有效浓度为 0.000 6%～1.6%，具体浓度视植物种类和组织器官而定。

常见的诱导方法有浸渍法、滴液法、涂抹法、注射法和药剂培养基法等。① 浸渍法是指将植株的某一器官如种子、插条、接穗、块茎、叶芽等浸入秋水仙素溶液中，并在适宜温度和黑暗条件下处理适宜时间获得多倍体植株的方法。此法操作简便，诱导效率高，生长点与药液接触面大，药液浓度易控制，可有效减小误差，但是经过处理的植株死亡率高，且由于用量大，易造成药液浪费现象。② 滴液法是指用化学诱变溶液处理植物的顶芽或腋芽，或将含有化学诱变溶液的脱脂棉球包裹植物生长点获得多倍体植株的方法。若气候干燥蒸发快，中间可加滴数次，为减缓溶液下流速度，可用脱脂棉包裹诱导部位，再将其浸湿。但此法易受环境因素影响，不易人为控制。③ 涂抹法是指将秋水仙素与一定浓度的琼脂或羊毛脂膏混合，涂抹在幼芽上或枝条顶端。此法操作简单，但易出现嵌合体。④ 注射法是用注射器将药液注入植株生长点中。此法由于针头易碰触生长点造成芽体死亡而应用较少。解谜对山葡萄多年生植株茎尖生长点进行秋水仙素诱变，发现注射法诱导山葡萄茎尖生长点，秋水仙素处理部位药害作用较浸渍法加强，处理部位对处理浓度和处理时间的适应范围变小，但染色体加倍的细胞比例变大。⑤ 药剂培养基法是指在培养基中加入一定浓度的秋水仙素溶液，经灭菌后将外植体插入共培养一段时间后，再转到不含秋水仙素的新鲜培养基中，此法是近年来常用的育种方法。

二、多倍体植株倍性鉴定方法

准确快速地鉴定出成功加倍的植株可提高多倍体育种的工作效率，有利于缩短育种周期。染色体加倍后，植株外部及内部特征均发生了变化，可以根据这些变化区分出二倍体与多倍体。多倍体鉴定方法有多种，具有各自优缺点，可根据具体植物材料选择适宜的鉴定方法，常用的方法有以下几种：

1. 形态学鉴定

形态学鉴定是最直观的鉴定法，其以简便快速、实用性强、较易掌握、准确率高等优点而最为常用。从幼苗到大苗各期，都可以从形态上进行观察。通常情况下，早期经秋水仙素处理后的植株生长速度受到明显抑制。巨大性是多倍体植株最显著的外部特征，如叶片变大、变厚、叶色变深、叶形指数变大、叶表皱缩粗糙、茎秆粗壮、节间变短、花朵变大。

2. 细胞学鉴定

多倍体植物由于细胞增大,气孔也较二倍体明显变大,叶绿体数目也随之增多,并由此导致气孔密度降低。很多植物研究发现,染色体倍性与保卫细胞中叶绿体数呈正相关,叶绿体数目可大致反映染色体倍性,因此叶绿体计数法也可以作为鉴定植株多倍体的辅助方法之一。

3. 染色体计数法

染色体计数方法是断定倍性最基本和最精确的方法,此法不但能区别倍性,而且还能鉴定是整倍体或非整倍体的变异。常规压片法和去壁低渗法是最常用的方法。但由于很多植物材料的染色体数目多或体积小,导致制片困难且烦琐,不适合用染色体计数法进行倍性鉴定。

4. 流式细胞仪分析法

流式细胞仪是集电子技术、计算机技术、激光技术、流体理论于一体的倍性分析仪器,可迅速测定细胞核内 DNA 含量和细胞核大小,是大范围实验中鉴定植株倍性的快速有效的方法。其原理是将植物细胞制成细胞悬液,用 RNA 酶进行消化后用荧光染色剂进行染色,随后上机测定样品荧光强度,荧光强度代表着 DNA 的含量,与仪器相连的计算机附带自动统计分析系统,可绘制出 DNA 含量的分布曲线图,分布曲线可显示出不同倍性水平的细胞数。目前,该技术已在很多观赏植物,包括杜鹃花属植物中得到应用。

三、杜鹃花属植物染色体及倍性育种研究

通常在同一属植物中,以染色体数目最少的二倍体种为准,将其配子染色体数作为全属植物的染色体基数,即一个染色体组(x)。杜鹃花属植物的染色体基数 $N = 13$,杜鹃花的多倍体现象出现在有鳞类(杜鹃亚属)和一些羊踯躅亚属(Subgen. *Pentanthera*)的类群中,二倍体 $2N = 26$,最高的十二倍体 $2N = 12X = 156$。其中杜鹃亚属中的苍白杜鹃亚组(Subsect. *Glauca*)、鳞腺杜鹃亚组(Subsect. *Lepidota*)和怒江杜鹃亚组(Subsect. *Saluenensia*)的倍性为 2、4,高山杜鹃亚组(Subsect. *Lapponica*)与三花杜鹃亚组(Subsect. *Triflora*)的倍性变化为 2、4、6,有鳞大花亚组(Subsect. *Maddenia*)的倍性有 2、4、6、12,亮鳞杜鹃亚组(Subsect. *Heliolepida*)为 4、6、8,朱砂杜鹃亚组(Subsect. *Cinnabarina*)为 4;羊踯躅亚属羊踯躅组的 R. *luteum* 和蔷薇杜鹃组(Sect. *Rhodora*)的 R. *canadense* 均为四倍体。Jones 等所测试的羊踯躅亚属的 17 个原生种中,有 7 个种被证实是三倍体或者四倍体,多倍体现象非常明显。

据美国杜鹃花协会网(www. rhododendron. org)公布的资料,已查明为多倍体的杜鹃花原始种还有杜鹃花亚属有鳞大花亚组的线萼杜鹃(R. *crassum*)(6、4)、隐脉杜鹃(R. *maddenii*)(6、4)、R. *manipurense*(6、4),高山杜鹃亚组的光柱杜鹃(R. *flavidum*)(4、2)、高山杜鹃(R. *lapponicum*)(4、2)、多色杜鹃(R. *rupicola*)(4、2),怒江杜鹃亚组的美被杜鹃(R. *calostrotum*)(4、2),亮鳞杜鹃亚组的红棕杜鹃(6、4),羊踯躅亚属的 R. *occidentale*(6)、R. *chameunum*(4、2)和 R. *lysolepis*(4、2)。这些杜鹃种绝大多数属于杜鹃亚属,其倍性不固定且从植物外部形态上很难区别。另外,也有研究发现,原产东南亚的杜鹃亚属越橘杜

鹃组的 27 个种也全是二倍体。

出现在有鳞类杜鹃中的多倍体现象主要分布在滇西、川西和喜马拉雅亚高山和高山区,其染色体的倍性变化与其向高山进化适应关联;而在北美与欧洲,杜鹃花多倍体多发生在羊踯躅亚属这类落叶杜鹃类群中,其倍性进化也可能与向山地演化和北半球大陆冰川的进退存在一些联系。除天然形成的多倍体杜鹃种以外,杜鹃亚属、羊踯躅亚属内也存在部分多倍体种间杂交种和人工诱导的多倍体。

与杜鹃亚属和羊踯躅亚属相比,常绿杜鹃亚属(主要是常绿杜鹃花组)、映山红亚属、马银花亚属[马银花组(Sect. *Azaleastrum*)和长蕊杜鹃组(Sect. *Choniastrum*)]目前所测试的杜鹃种都是二倍体。但常绿杜鹃亚属、映山红亚属内的种间杂交种也存在三倍体和四倍体,多精受精,或者未减数的 2x 配子与正常或异常配子结合都可以产生多倍体,这也为今后通过传统杂交育种培育多倍体提供了可行性。

虽然常绿杜鹃亚属、映山红亚属、马银花亚属等所测试的原生种基本都是二倍体,但亚属内也存在天然形成或者人工诱导的多倍体品种。多倍体往往具有花大、花色浓艳、重瓣性强等特点,因而受到欢迎,但目前市场上杜鹃花商业品种中,多倍体还比较少见,尤其国内很少有人致力于多倍体品种的培育,成功获得多倍体杜鹃的相关研究成果还比较少。

氨磺灵(Oryzalin)、氟乐灵(Trifluralin)和秋水仙素(Colchicine)都是比较常用的植物多倍体诱导剂。秋水仙素在多倍体诱导过程中易造成染色体缺失,形成嵌合体,使得多倍体诱导率降低。而多种除草剂,如氨磺灵、氟乐灵能够避免秋水仙素的缺陷,以其低毒性和良好的多倍体诱导效果等优势在多种植物上已得到应用。在杜鹃多倍体诱导实验中,也有研究表明氨磺灵、氟乐灵对杜鹃多倍体有着较好的诱导效果。Vainola 用秋水仙素(浓度为 0.025% 和 0.05%)和氨磺灵(浓度为 0.001% 和 0.005%)对杜鹃花的离体茎尖进行处理,发现用 0.005% 的氨磺灵处理 24 h 对诱导四倍体效果最好。Eeckhaut 等在 Anderson 培养基中播种(阿扎利亚,'Nina'×'Dogwood'),3 周后用不同浓度的氨磺灵、氟乐灵、秋水仙素分别处理萌发的幼苗 3 d,结果表明氟乐灵对四倍体的诱导效果最好,其次是氨磺灵,秋水仙素(0.05% 和 0.25%)多倍体诱导失败。

De Schepper 等发现,映山红、大白花杜鹃、琉球杜鹃花(*R. scabrum*)和皋月杜鹃(*R. indicum*)的杂交种为二倍体,但其植株上与花瓣其他部位颜色不同的边缘组织是四倍体,用其花瓣边缘组织为材料,进行离体组织培养,成功获得了四倍体比利时盆栽杜鹃。Jones 等利用氨磺灵(50 μM)和琼脂的试剂间隔 4 d、反复涂抹杜鹃杂交幼苗茎尖(播种在穴盘、刚刚萌发子叶)进行多倍体诱导,发现这也是一种有效的多倍体诱导方法,并且反复多次处理可以提高诱导效果。

目前国内多倍体诱导中最为常用的还是秋水仙素,以不同浓度的秋水仙素处理映山红、马银花、满山红的花芽和叶芽,观察其花粉粒和气孔的变异情况,并探讨变异情况与多倍性的关系,发现实验处理的杜鹃花叶芽和花芽表现出气孔增长、保卫细胞宽增加、保卫细胞长度增加等一定的多倍性变化。以增殖培养 15 d 的腋花杜鹃(*R. racemosum*)无菌幼苗为材料,利用不同浓度的秋水仙素进行浸泡处理,诱导多倍体,并进行倍性鉴定。结果表明,0.15% 秋水仙素浸泡 24 h 处理的变异率最高,茎尖培养诱导的变异率为 6%,茎段培养诱导的变异率为 32%;去除茎尖,培养茎段,通过茎段侧芽及其基部愈伤组织分化的丛生芽分离变异株,最后利用流式细胞仪进行鉴定,得到四倍体腋花杜鹃141株。

多倍体园林植物不仅具有大花性、重瓣性及花色、芳香、较好的环境适应性等优良性质,多倍体育种在克服远缘杂交当代不育和远缘杂交不结实方面也起着重要作用。采用异源多倍体可以克服因远缘杂交带来的缺少成对染色体配对而导致的杂种不育问题。采用150 μM 氨磺灵浸渍不育的杜鹃品种'Fragrant Affinity'茎尖,成功获得可育的异源四倍体,同时这个四倍体也可以成为杜鹃远缘杂交育种的重要亲本。'Fragrantissimum Improved'也是一个不育的杜鹃品种,以叶片再生、诱导的愈伤组织,在不定芽诱导培养基中添加不同浓度的氨磺灵进行多倍体诱导,30 μM 处理 1 d,3 d,7.5 μM 处理 7 d 获得可育的四倍体。Sakai 等也利用氨磺灵体外诱导四倍体,以恢复常绿阿扎利亚与落叶黄花杜鹃杂交后代的不育性。

多倍体的诱导并不是育种的终点,而是遗传育种的起点,多倍体可以作为育种亲本,提高育种效率。将杜鹃远缘杂交育种与多倍体育种相结合,不仅可以克服远缘杂交不亲和性,而且可以育成观赏性状更好、具备某种优良性状的杜鹃新品种。在培育常绿黄花杜鹃品种、抗病虫害杜鹃品种中,都利用多倍体杜鹃克服远缘杂交不育,成功获得了杂交后代。杜鹃亚属杜鹃花组的杜鹃种对'black vine weevil'具有较好的抗逆性,为了把这一优良性状转入常绿杜鹃花组,两者进行亚属间杂交,正如前边所论述的有鳞杜鹃与无鳞杜鹃杂交亲和性差,很难获得杂交后代,但利用杜鹃花组(有鳞杜鹃)的四倍体杜鹃品种(从 *R. minus* 人工诱导的多倍体)与一个四倍体无鳞杜鹃品种进行杂交,成功获得杂交后代。Sakai 等用一个映山红的四倍体人工加倍材料代替二倍体的映山红作母本,与羊踯躅亚属二倍体的 *R. japonicum* f. *flavum* 进行杂交,克服了原来二倍体之间核质基因不亲和而引起的白化苗现象,获得健壮的杂交苗。值得注意的是,落叶杜鹃(*R. azaleas*)与有鳞杜鹃杂交,获得的系列杜鹃,其杂交亲本基本是四倍体。

虽然一般情况下,多倍体往往会表现出较强的逆境适应性和抗病性,例如多倍体的小黑麦属植物对白粉病是完全免疫的,但也有抗逆性减弱的情况出现,在杜鹃花属植物多倍体中就发现类似情况。有研究比较了杜鹃二倍体品种与四倍体品种的抗寒性,发现二倍体品种比四倍体品种更耐寒。Krebs 在花芽耐寒性研究中也发现类似耐寒性减弱的现象,这种抗逆性减弱的现象或许与同源多倍体加倍引起的近亲繁殖障碍有关,还与劣质性状相关的基因纯合度提高有关。

第四节　杜鹃花分子育种

随着现代分子遗传学和基因组学理论研究的深入及植物组织培养技术、DNA 重组技术、植物转基因技术和分子标记辅助选择育种等技术的发展,分子育种已成为植物育种的一个重要研究领域,有利于加速培育优质、高产、抗逆、适应性强、观赏价值高的新品种。分子育种可打破物种隔离、育种周期长、基因资源匮乏等种种局限,使作物育种变得更精确、更高效且可预见。分子育种是对传统育种理论和技术的重大突破,利用 DNA 重组技术或基因位点跟踪定位技术,通过基因型间接选择表现型,可实现对基因的直接选择和有效聚合,大幅度缩短育种年限,提高育种效率。

转基因育种技术就是利用 DNA 重组技术,把经过分离或者人工构建的目的基因通过适当的转基因方法,例如农杆菌介导转化法、花粉管通道法、基因枪法和原生质体融合等,把目的基因插入植物基因组中,使该基因得到表达并能遗传至后代的技术体系。

一、基因工程育种

(一)获得目的基因,构建载体

转基因工程的第一步首先是获得目的基因,之后才可以进行转化载体构建和遗传转化、再生以及转基因植物的鉴定。对已知功能的蛋白质,可以直接通过数据库的检索,获得目的基因的核酸序列或同源序列,然后采用分子生物技术将其分离出来;对产物未知的基因,可以利用现代分子生物学技术,对其进行分离、解析,最终获得相应功能的目的基因。

植物基因工程最重要的是将外源目的基因导入受体植物中,用于导入植物体的 DNA 分子称为质粒,植物基因工程中使用最多的是 Ti 质粒,其上包括复制起点、选择标记和功能片段,其主要组成部分如图 5-8 所示。

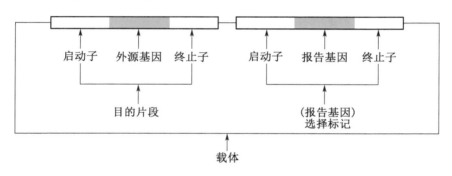

图 5-8 质粒结构示意图

(二)植物遗传转化体系

植物再生途径主要包括愈伤组织再生系统、不定芽再生系统、直接分化再生系统、体细胞胚状体再生系统以及原生质体再生系统等。植物组织培养技术是实验植物转基因操作的基础,建立的再生体系可用于转基因操作。

植物遗传转化技术主要有两大类:一类是基因直接转移技术,包括基因枪法、原生质体法、花粉管通道法、电击转化法、PEG 介导转化法等,目前基因枪法在杜鹃转基因工程中有应用报道;另一类是生物介导的转化方法,主要有农杆菌介导和病毒介导两种转化方法,其中农杆菌介导法在杜鹃及其他观赏植物转基因工程中应用都较为广泛。

植物遗传转化是指用包含有生长素的基因和细胞分裂素的基因,引起细胞特异性的变化,并利用植物细胞的全能性,经过细胞或组织培养,由一个转化细胞再生成完整的转基因植物的过程。利用遗传转化技术可以获得含有多种外源基因的转基因植株。

到目前为止发展起来的转基因技术中农杆菌介导转化法应用最为广泛。根癌农杆菌是土壤中的一种革兰氏阴性菌,能够侵染植物的受伤部位,导致冠瘿瘤的形成。冠瘿瘤的形成是由于 Ti 质粒的存在导致的。Ti 质粒中 T-DNA 区和 Vir 区是侵染植物的两个最重要的功能区域,Vir 区能识别植物创伤信号,启动一系列基因的表达,最终将 T-DNA 从 Ti 质粒上切割下来,整合到植物的染色体 DNA 上。农杆菌侵染后,Ti 质粒上部分片段将整合到植物的染色体 DNA 中,这一片段称为 T-DNA。T-DNA 主要包括控制生长素和细胞分裂素合成基因、冠瘿瘤合成基因等。但是将 T-DNA 上的生长素和细胞分裂素基因整合到植物染色体上,常会破坏植物体内正常的激素平衡,导致植株不能再生。因此用于遗传转化的质粒必须经过改造,去掉其中存在的生长素、细胞分裂素合成基因,这种质粒称为"卸甲"质粒。在外源基因的上游和下游分别连接合适的启动子和终止子,然后将连接好的序列插入"卸甲"的 Ti 质粒的 T-DNA 区,这样外源基因就会随着 T-DNA 一起整合到植物染色体 DNA 上,并在启动子的作用下进行表达。但由于将外源基因插入 Ti 质粒 T-DNA 区的操作有较大困难,因此有必要采用较易操作的中间载体,在大肠杆菌中将外源基因克隆到中间载体上,将插入外源基因的载体转移到根癌农杆菌中,再通过中间载体与 Ti 质粒的相互作用,将外源基因转化到植物组织中。

根癌农杆菌介导基因转化的技术路线如图 5-9 所示。

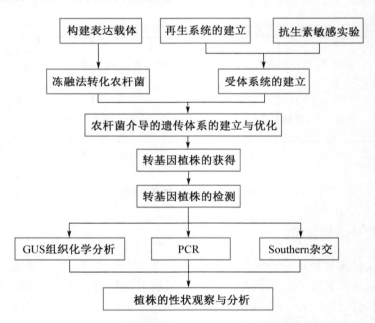

图 5-9　根癌农杆菌介导基因转化的研究技术路线

二、农杆菌介导的杜鹃遗传体系的建立与优化

农杆菌介导的遗传体系的建立一般包括外植体预培养、农杆菌准备、外植体接种和共培养、筛选培养等步骤。

（一）外植体的类型

正确选择外植体是植物转基因操作成功的重要条件,明确受体细胞的转化能力是选择外植体的依据。目前作为转基因的外植体材料已经研究得很广泛,涉及植物的各个组织、器官。但各种外植体材料的转化率有明显差异。对于具体的某个植物种,最佳外植体的种类不同,要根据具体植物而选择。用于植物基因转化的外植体必须易于再生,并且具有良好的稳定性和重复性。由于杜鹃花遗传转化的效率很低,需要进行多次反复实验,所以此过程将会耗用大量外植体材料,因此遗传转化体系要求外植体容易获得且能够大量供应,以保证基因转化实验的正常进行。国外对杜鹃花的遗传转化研究,大都是以茎、叶为外植体,而高文强研究发现映山红杜鹃叶片可以从无菌苗源源不断地得到,以映红杜鹃叶片诱导的愈伤组织为转化受体,对转化需要大量材料而言供应效率高。同时,愈伤组织具有繁殖量大、状态均一、生产周期短的特点,通过继代培养可大量增殖,并且操作简单,一次可接种大量的愈伤组织,重复性好,是遗传转化体系中较为理想的材料。

（二）外植体的预培养

外植体在用农杆菌侵染前,一般要在含有外源激素的培养基上经过一段时间的预培养,以刺激外植体细胞进行脱分化使细胞分裂,而处于分裂状态的细胞可能更易于感受和整合外源基因,从而提高转化频率。外植体的预培养与外植体的转化有明显关系,每种外植体均有其最佳预培养时间,时间太长反而会降低外植体的转化率。

高文强对映红杜鹃愈伤组织的预培养的实验结果发现最佳预培养时间为 5 d。但彭绿春等研究表明,不经过预培养具有新鲜伤口的转化受体,利于农杆菌的侵入,得到高的瞬时表达率,但瞬时表达率不能完全等同于实际转化率。对于研究结果的差异,需再增加预培养的时间梯度进一步验证不同预培养时间下的实际转化率。

（三）外植体的接种及共培养

外植体的接种是指把农杆菌工程菌株接种到外植体的侵染转化部位。常用的方法是将外植体浸泡在预先准备好的工程菌株中,浸泡一定时间后,用无菌吸水纸吸干,然后置于共培养培养基进行共培养。共培养即指农杆菌与外植体共同培养的过程。

农杆菌与外植体共培养在整个转化过程中是非常重要的环节,因为农杆菌的附着,T-DNA 的转移和整合都在这个时期内完成。农杆菌对外植体的侵染时间是影响遗传转化效率的重要因素。适宜的侵染时间可以使较多的农杆菌附着于外植体伤口处或愈伤组织的表面,如果时间过长,外植体在后期培养中容易褐化死亡。一般农杆菌的侵染时间为 5 min 到 1 h。高文强研究结果表明映红杜鹃愈伤组织的最佳侵染时间为 20 min,抗逆性愈伤频率最高为 27%;研究还表明农杆菌最适宜的浓度为 OD_{600} 值 0.5,这和彭绿春等优化云南杜鹃遗传转化体系的实验结果一致。

农杆菌附着外植体表面后并不能立刻转化,只有在创伤部位生存 8~16 h 之后的菌株才能诱发肿瘤,但共培养时间也不宜太长,否则,可能会由于农杆菌的过度生长使植物细胞受到毒害而死亡。映红杜鹃愈伤组织的最佳共培养时间为 2 d。彭绿春等基于 GUS 基因瞬时表达优化云南杜鹃遗传转化方法的研究发现其最佳共培养时间为 5 d。

Vir 区基因的活化是农杆菌质粒转移的先决条件。酚类化合物、单糖或糖酸、氨基酸、磷酸饥饿和低 pH 都会影响 Vir 区基因的活化。乙酰丁香酮(AS)是遗传转化中最常用的提高转化效率的酚类物质,在农杆菌介导转化植物过程中具有重要作用。为促进农杆菌细胞 T-DNA 转移到植物细胞中,人们常将 AS 加入预培养或共培养培养基中诱导 Vir 基因的表达来提高遗传转化效率。大多数研究者使用相同的培养基悬浮菌液和共培养培养基,且多采用低盐培养基。多数共培养培养基中加入 AS 和单糖类化学诱导物,并加入较高量的生长素类激素,而避免使用细胞分裂素类激素,因为生长素类激素能促进 T-DNA 的转移,细胞分裂素激素抑制 T-DNA 的转移。高文强对映红杜鹃的优化遗传体系的研究采用了含 20 mg/L AS 的 1/4Anderson 培养基。彭绿春等在基于 GUS 基因瞬时表达优化云南杜鹃遗传转化方法中共培养在 WPM+2 mg/L ZT+0.05 mg/L NAA+20 mg/L AS 固体培养基上,糖 30 g/L,pH 5.4 条件下进行。而 Ueno 等在杜鹃品种'Percy Wiseman'的遗传转化体系中采用了含有 5 mg/L ZT 和 100 μM As 的 Anderson 培养基的共培养培养基。

(四)筛选培养

在植物的遗传转化过程中筛选体系是一个必要的步骤,选择的体系在很大程度上影响转基因植株的获得。转化细胞和非转化细胞在非选择培养基上生长存在着竞争,而且往往非转化细胞在这种条件下生长更具优势,转化难以成功。一般在转化载体构建时就应该考虑后期转化细胞的选择问题,多在转化载体上加入一个选择标记基因。这样,在选择培养中加入选择试剂可以抑制非转化细胞的生长,而对转化细胞的生长无抑制作用,从而起到选择效果。选择试剂的使用浓度,即选择压,应根据植物的特性来定,比较敏感的植物要用较低浓度的选择试剂。另外,一般选择试剂对植物材料有毒害,直接影响植株的再生。倘若选用的某种植物中有很高的背景值,则需改换选择方案,所以在制定选择方案之前要先做抗生素敏感实验。

在转基因过程中,要根据侵染时所用菌株携带的抗生素抗性标记基因的不同,使用不同种类的选择性抗生素,用于抑制非转化细胞的生长,使转化细胞能够正常生长、发育和分化。但是筛选过程中抗生素浓度不宜过高。抗生素浓度过高会使非转化细胞迅速死亡,同时也会对正在生长的转化细胞产生一些不利的影响;抗生素浓度也不宜过低,过低的抗生素筛选压不能抑制非转化细胞的生长,容易出现假阳性。抗生素的选择要求是在抑制假阳性出现的同时不影响转化细胞的正常生长。

在农杆菌介导的遗传转化中,较常使用的抗生素是选择性抗生素和抑菌性抗生素。现在大部分研究者喜欢使用卡那霉素(Kan)进行植株的抗逆性筛选。卡那霉素是遗传转化中常用的一种抗逆性筛选剂,它能够有效抑制正常植物细胞的分化,一般的野生型植株不能在含有的 Kan 培养基上正常生长和分化。高文强对映红杜鹃遗传体系研究实验用的 PBI121 质粒带有含有抗卡那霉素的 *npt* Ⅱ基因,如果映红杜鹃愈伤组织中转入了该基因,则转基因植物基因组中就带有 *npt* Ⅱ基因,获得抗逆性细胞而能够在含有 Kan 的选择培养基中生长。研究结果表明,Kan 敏感性较高,将 Kan 作为映红杜鹃转化材料的筛选剂是非常合适的。50 mg/L Kan 能有效抑制非转基因愈伤组织的正常生长,这与 Knapp 等将

GUS 报告基因转入杜鹃品种 *R. catawbiense* cv. Album Michx. 中时的筛选浓度是一致的。而 Ueno 等将 *NPT* II 和 *β-GUS* 基因转入品种杜鹃'Percy Wiseman'时在选择培养基上添加了 100 μm/mL Kan，这和 Dunemann 等对常绿杜鹃 *R. caucasicum*、*R. ponticum* 和 *R. fortunei* 转化了农杆菌的 *rolB* 基因和 *Fro2* 基因时的筛选浓度一致。

头孢霉素(Cef)属于半乳糖苷酶抑制型抗生素，是农杆菌介导植物遗传转化中常用的抑菌抗生素，它通过干扰农杆菌细胞壁的形成，阻止其正常生长。但 Cef 除了可以在遗传转化中杀死农杆菌外，对植物组织、细胞也有一定的伤害，影响外植体的分化能力，对不同植物或相同植物的不同组织器官的影响也不同。高文强的实验研究了 Cef 对映红杜鹃愈伤组织生长的影响，结果表明当 Cef 为 500 mg/L 时可完全抑制农杆菌的生长，愈伤组织的再生频率达到最高，500 mg/L Cef 为最佳的抑菌浓度。

（五）转基因植株的检测

外源基因转化后，需要确认外源基因是否进入受体植物细胞、进入受体细胞的外源基因是否整合到植物染色体上、整合的方式如何、整合到染色体上的外源基因是否表达，要回答这一系列问题，必须进行转基因植株的检测。

PCR 技术是一种体外核酸扩增技术，它是转基因植株检测最常用的一种方法，它常常根据需要转入的基因来设计引物作为参照，从转基因植株中扩增外源基因片段，如果是转基因植株就可以扩增出相同的片段，反之就不能。在转基因植株检测中虽然 PCR 检测比较方便，但是检测过程中往往会因为植株沾上农杆菌或者扩增过程中污染而产生假阳性植株，所以只能做初筛。PCR 分析包括提取总 RNA、进行反转录、检测引物、PCR 循环、电泳检测等步骤。

GUS 基因是目前常用的一种报告基因，是除了 PCR 检测最常用的植株检测方法。由于 *GUS* 染色颜色分明，可以直接肉眼进行观察，所以常常被人们用来鉴定转基因植株，可以有效地减少工作量，很多人会选择在 PCR 之前进行 *GUS* 染色，这样就可以减少鉴定的时间。

Southern 杂交是研究 DNA 图谱的基本技术，是进行转基因植株检测最稳定和最方便的有效方法。Southern 杂交分析包括酶切及转膜、分子杂交、探针的制备等步骤。

Ueno 等通过 PCR 检测和 Southern 杂交结果证明 *GUS* 基因已经被整合到杜鹃品种'Percy Wiseman'体内，经过 *GUS* 基因组织化学染色检测表明，插入的外源基因在 CaMV35S 的推动下在植株所有组织中都有表达。

（六）杜鹃转基因工程的实际应用

Pavingerova D. 等利用农杆菌介导法，用农杆菌的 T-DNA 将 *GUS* 基因和 *NPT* II 基因转入 5 个杜鹃花品种中，经过荧光染色法、PCR 检测及 Southern 杂交证明 *GUS* 基因被整合到杜鹃花的基因组中。

高文强采用基因工程的手段，以映红杜鹃愈伤组织为受体材料，利用农杆菌介导法将由拟南芥 cDNA 中扩增出的 Na^+/H^+ 逆向转运蛋白基因 *AtNHX1* 导入映红杜鹃基因组中，对抗逆性植株进行 RT-PCR 检测证明了 *AtNHX1* 成功转入映红杜鹃中，获得了抗盐耐碱的杜鹃花转化系。

为了获得真正的理想转基因植物,对转化植株进行分子生物学鉴定后,还需要进行表型性状鉴定,确定转基因植株具有了目标表型,再进行遗传学分析,确定后代目标性状的传递和稳定性。

三、基因枪法

基因枪法又称基因枪轰击技术(gene gun bombardment)或粒子轰击(particle bombardment),是由美国康奈尔大学生物化学系 John C. Sanford 于 1983 年研究成功。基因枪法是指带有负电荷的外源 DNA 分子与带有正电荷的亚精胺结合,在 $CaCl_2$ 的作用下,依附于金粉、钨粉等重金属颗粒的表面,在高压气体或者高压放电的作用下,将外源基因带入细胞或者原生质体内,并在受体细胞内整合与表达的过程。

Knapp 等以 R. catawbiense 叶片为外植体进行离体培养,利用基因枪法将含 NPT II 基因的报告基因 uidA 和 GFP 转移到杜鹃花体内,初步筛选在 Kan 50 mg/L 的筛选压下,通过 GUS 基因组织化学染色检测,发现这些基因在植株的叶片、茎、根中都有表达,通过分子检测证明这些基因已经都整合到杜鹃花的基因组中了。

基因枪法具体步骤如下:

1. 外植体的预处理

微弹射击前一周,从离体植株上剪下叶片,在芽诱导培养基上培育;微弹射击前 1 h,叶片正面朝上排列在每个培养皿的中心,芽诱导培养基中加入 100 g/L 蔗糖进行渗透处理,调节渗透压。

2. 微弹射击

将质粒 DNA 沉淀到 1 μm 金粉上。金粉(60 mg)在 1 mL 100% 乙醇中重悬,用 35 μL 悬浮液(2.1 mg)准备五次轰击。短时间离心制备微粒,除去乙醇,用 1 mL 无菌水冲洗微粒。除去水,替换为 25 μL DNA(1 mg/mL)(等物质的量浓度的共转化质粒)。依次加入 225 μL 无菌水、250 μL 2.5 mol/L 氯化钙、50 μL 0.1 mol/L 亚精胺。悬浮液在 4 ℃ 下涡旋 10 min。

包裹 DNA 的微粒以 500 r/min 离心 5 min 制备,用 100% 乙醇洗净,最终在 55 μL 的 100% 乙醇中重悬。悬浮液在分配前立即超声 10 s。每载体膜上取 10 μL DNA 悬浮液,风干。轰击参数为:破裂膜,7 584 kPa(1 100 psi)(Bio - Rad);破裂膜到载体膜距离,10 mm;载体膜到阻挡网的距离,10 mm;阻挡网到靶细胞的距离,5 cm;真空度,94.82 kPa。

3. 过渡培养

在粒子轰击后,将叶片转移到芽诱导培养基中,在没有选择压的情况下恢复 48 h,以利于靶细胞的恢复和外源基因的充分表达。

4. 筛选培养

在过渡培养后,将组织转移到含中度卡那霉素(50 mg/L)的芽诱导培养基中。在此培养基上培养 4 周后,将组织转移到含 100 mg/L 卡那霉素的培养基上。芽在 4 个月后从被轰击的叶片中再生,转移到含 100 mg/L 卡那霉素的芽增殖培养基中。

5. 生根和驯化

继续增殖培养,转基因苗生根后,置于透明的塑料托盘中,经过 8 周的生根期,在潮湿和

50％荫蔽度的环境下放置1周，然后移栽到温室中。植株在16 h/8 h(昼/夜)光照周期下生长，每2周施$2×10^{-4}$氮肥。2个月后，将植株转移到塑料花盆中种植，并在相同的条件下生长6个月。移植到花盆中，以树皮：沙子：泥炭(2：1：1)的比例堆肥，在室外50％遮阴的温室中生长。

第五节　杜鹃花色育种

一、植物花色显色机理

植物的花色是因为特定色素在花瓣细胞中的存在并受多种因子协同作用的结果。花瓣细胞中决定花瓣颜色的色素主要有3类，即甜菜色素(betalain)、类胡萝卜素(carotenoid)和类黄酮(flavonoid)。甜菜色素仅存在于中央种子目一些植物中，如马齿苋、仙人掌等植物的花瓣中。类胡萝卜素是胡萝卜素和胡萝卜醇的总称，是红色、橙色及黄色的显色色素，类胡萝卜素一般不溶于水，可溶于脂肪和类脂，在植物细胞内不能以溶解状态存在于细胞液中，一般位于细胞质内的色素体上。类黄酮色素是植物3类色素中最常见的调控花色的色素，在化学结构上是以黄酮为基础的一类物质的总称，其中，隶属于类黄酮的花青素苷(anthocyanin)是水溶性色素，决定了大部分被子植物的花色。被子植物如按科划分，大约88％的科的植物花色变化是由花青素决定的。花青素苷使花朵呈现出红色、紫色到蓝色等不同系列颜色，天然状态下它们以糖苷(glycoside)的形式存在于液泡中。类黄酮中除花青素苷外，其他黄酮和黄酮醇均属黄色色素。类黄酮中的查尔酮、橙酮为深黄色，其他为淡黄色或者近于无色。

花青素在细胞质内合成，然后被转移到液泡内，一般以糖苷或酰基化糖苷的形式存在于液泡中，大多数花色素是由花青素苷及其衍生物组成的。作为类黄酮代谢途径的一部分，花青素苷的生物合成途径是被研究得最多也是被研究得最为清楚的。其代谢途径如图5-10所示。花青素苷的生物合成是从苯丙氨酸开始的，苯丙氨酸分别在PAL、C4H和4CL的催化下最终形成香豆酰CoA，由香豆酰CoA到二氢黄酮醇的过程是类黄酮代谢的关键反应，在这个过程中合成各类类黄酮物质，其中最重要的是二氢黄酮醇，它是合成各类花色素苷的前提，在这个过程中起催化作用的酶为查尔酮合成酶(CHS)、查尔酮异构酶(CHI)等。F3′H，F3′5′H是合成花色素苷的关键酶，它们决定了无色二氢黄酮醇羟基位置和程度，从而决定合成花色素苷的种类和颜色。如果二氢黄酮醇B-环的3′和5′位都被羟化，将形成蓝色素花翠素糖苷的前体；如果只有3′位被羟化，则形成红色矢车菊素苷的直接前体；若3′和5′位都未被羟化，则转变成砖红色的天竺葵素苷的前体。F3′5′H催化二氢莰非醇或二氢栎精成二氢杨梅素；它也催化4′,5,7-三羟基黄烷酮逐步转化为圣草酚和槲皮素，最终生成二氢杨梅素，它是合成蓝色花飞燕草素苷的前体。因此，人们将编码类黄酮3′,5′-羟化酶的基因(F3′5′H)称为蓝色基因。

经F3H、F3′H、F3′5′H催化生成的三种无色的二氢黄酮醇——二氢莰非醇(DHK)、二氢栎精(DHQ)和二氢杨梅素(DHM)在二氢黄酮醇4-还原酶(DFR)和花色素合成酶(ANS)的作用下分别合成矢车菊素、飞燕草素和天竺葵素。然后由葡萄糖苷转移酶(UF-

GT)催化合成红色的矢车菊素苷、蓝色的飞燕草素苷和砖红色的天竺葵素苷。在甲基化酶（AMT）的作用下，生成矮牵牛素、锦葵素和芍药素等色素成分。

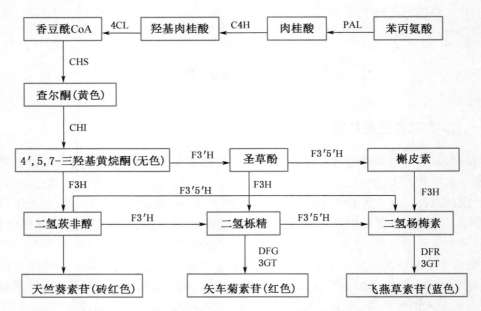

PAL:苯丙氨酸脱氨酶;C4H:肉桂酸羟化酶;4CL:4-香豆酰 CoA 连接酶;CHS:查尔酮合成酶;CHI:查尔酮异构酶;F3H:黄烷酮 3-羟化酶;F3′H:类黄酮 3′-羟化酶;F3′5′H:类黄酮 3′5′-羧基化酶;DFR:二氢黄酮醇 4-还原酶;3GT:3-O-葡糖基转移酶。

图 5-10　花青素苷生物合成途径

人们期望利用 F3′5′H 转基因植株，使原合成矢车菊素苷和天竺葵素苷的代谢方向转向飞燕草素苷的合成方向，从而使花变为蓝色。Shimada 等将源于矮牵牛的 F3′5′H 酶的 cDNA-AK14 导入矮牵牛，转化植株积累了飞燕草素苷的衍生物，花色从粉红变为洋红，但并没有产生蓝色的花。这是因为蓝色显色是由助色素（花色素苷与其他类黄酮分子相互作用）、液泡内 pH、表皮细胞的形状和金属离子等因素中的一个或多个共同作用所决定的。Katsumoto 等把 F3′5′H 基因导入满足下面 4 个条件的月季品种：① 积累黄酮醇，可以作为助色素；② 有较高液泡 pH；③ 没有 F3′H 基因活性；④ 积累天竺葵色素，而不是矢车菊素。最终利用所选取的品种，导入 F3′5′H 基因，成功转化出蓝色月季。

二、杜鹃花色及其显色机理

花色是杜鹃花最重要的观赏性状之一，杜鹃花的花色除白、粉、红、黄、紫等外，还有浓淡的变化以及复色系列。杜鹃花的花色受到多种因素的影响，既有内在的花色素含量、细胞液 pH 和金属络合物等因素，又有外在的光照、温度和蔗糖等因素。此外，杜鹃花的花瓣在不同的开放阶段，颜色也会随之发生变化。

（一）花色素种类与花色变化

杜鹃花的色素主要含有花青素和黄酮醇类色素。花青素是植物中最重要的色素，这些色素负责杜鹃花的大红、粉红、洋红、紫色等的形成。现已从杜鹃花中检测出的花青素有矢车菊素(cyanidin)、飞燕草素(delphinidin)、芍药花素(peonidin)、锦葵素(malvidin)、矮牵牛素(petunidin)、天竺葵素(pelargonidin)等(表5-4),它们通常以3-葡萄糖苷、3-半乳糖苷、3-阿拉伯糖苷、3,5-二葡萄糖苷和3-半乳糖苷-5-葡萄糖苷等形式存在,有时被咖啡酸等酰化。矢车菊素和芍药花素是红花的主要成分,蓝紫色的花色素主要包含飞燕草素、矮牵牛素和锦葵素等。

黄色杜鹃花的黄色主要来源于非常高的黄酮醇含量,杜鹃中普遍存在的黄酮类化合物包括杨梅素(myricetin)、槲皮素(quercetin)和山萘酚(kaempferol)及这3种黄酮醇的5-O-甲基化衍生物。其中槲皮素糖苷是杜鹃花中广泛存在的黄酮醇,其次是杨梅素糖苷,为槲皮素糖苷的辅助色素,山萘酚糖苷仅存于少数紫色花中。黄酮醇通常以3-半乳糖苷、3-鼠李糖苷和3-芸香糖苷等形式存在。槲皮素3-半乳糖苷则是杜鹃花属花的主要黄色色素,β-胡萝卜素又是深黄色花 *R. japonicum* f. *flavum* 的主要色素。白色杜鹃花色素包括非红色的类黄酮化合物以及其他化合物,其花色素不具备邻二酚羟基或邻三酚羟基结构。

表5-4　不同花色杜鹃花的色素构成

花色	花色素成分	种类
大红色	矢车菊素-3-O-半乳糖苷、矢车菊素-3-O-阿拉伯糖苷	映山红、皋月杜鹃、砖红杜鹃等
肉色	矢车菊素-3-O-葡萄糖苷、矢车菊素-3-O-半乳糖苷	'世纪曙光''红百合''雅士'
橙红色	矢车菊素-3-O-葡萄糖苷、矢车菊素-3-O-半乳糖苷	'西施'
粉色	矢车菊素-3-O-半乳糖苷、矢车菊素-3-芸香苷、天竺葵素、飞燕草素、阿拉伯糖苷、芦丁、杨梅素、山萘酚、根皮苷、二氢杨梅素、二氢槲皮素、表儿茶素、儿茶素、绿原酸、对香豆酸	美容杜鹃
粉紫色	矢车菊素-3,5-二葡萄糖苷、矢车菊素-3-O-半乳糖苷、矢车菊素-3-O-葡萄糖苷、飞燕草素-3-O-阿拉伯糖苷	'粉毛鹃'
紫色	矢车菊素-3-O-葡萄糖苷-5-O-阿拉伯糖苷、锦葵素-3-O-阿拉伯糖苷-5-O-葡萄糖苷、槲皮素-3-O-半乳糖苷、槲皮素-3-O-葡萄糖苷、槲皮素-7-O-阿拉伯糖苷、槲皮素-7-O-鼠李糖苷、杨梅素-7-O-鼠李糖苷、山萘酚-7-O-半乳糖苷、山萘酚-7-O-鼠李糖苷、玉米赤霉素-3-O-鼠李糖、异鼠李素-7-O-半乳糖苷、异鼠李素-7-O-戊糖苷、异鼠李素-7-O-鼠李糖苷、香叶木素-7-O-鼠李糖苷	山育杜鹃
紫红色	矢车菊素-3-O-葡萄糖苷-5-O-阿拉伯糖苷、锦葵素-3-O-阿拉伯糖苷-5-葡萄糖苷、槲皮素-3-O-半乳糖苷、槲皮素-3-O-葡萄糖苷、槲皮素-3-O-阿拉伯糖苷、槲皮素-7-O-阿拉伯糖苷、槲皮素-7-O-鼠李糖苷、杨梅素-7-O-鼠李糖苷、山萘酚-3-O-鼠李糖苷	柳条杜鹃

花色	花色素成分	种类
蓝紫色	锦葵素-3-O-鼠李糖苷-5-葡萄糖苷、锦葵素-3-O-阿拉伯糖苷-5-葡萄糖苷、槲皮素-3-O-阿拉伯糖苷、槲皮素-7-O-鼠李糖苷、杨梅素-7-O-鼠李糖苷、异鼠李素-7-O-半乳糖苷、异鼠李素-7-O-戊糖苷、异鼠李素-7-O-鼠李糖苷、香叶木素-7-O-鼠李糖苷、玉米赤霉素-3-O-鼠李糖	雪层杜鹃
白色	矢车菊芸香苷、原花青素 B_1、原花青素 B_2、槲皮素、儿茶素、二氢杨梅素、芦丁、根皮苷、异槲皮素、二氢槲皮素、没食子酸、绿原酸、咖啡酸	'丹岫玉'
黄色	槲皮素-3-阿拉伯糖苷、槲皮素-3-半乳糖苷、槲皮素-3-葡萄糖苷、槲皮素-7-O-阿拉伯糖苷、槲皮素-7-O-鼠李糖苷、杨梅黄酮-3-木糖苷、杨梅黄酮-7-O-半乳糖苷、杨梅黄酮-7-O-葡萄糖苷、杨梅黄酮-3-木糖苷、山萘酚-3-阿拉伯糖苷、矢车菊芸香苷、原花青素 B_1、原花青素 B_2	黄杯杜鹃
绿色	原花青素 B_1、原花青素 B_2、阿拉伯糖苷、天竺葵素、槲皮苷、儿茶素、二氢杨梅素、芦丁、根皮苷、异槲皮素、没食子酸、绿原酸、咖啡酸、香豆酸	'绿色光辉'

在花瓣中,黄酮和黄酮醇通常表现出对花青素苷的辅助色素效应(co-pigmentation)。例如,美容杜鹃同种内花瓣颜色变化是以花青素为主,其他类黄酮为辅的复合花色素表现而形成,迎红杜鹃开花过程中黄酮醇可能作为辅助色素与色素总量共同形成淡紫红色。辅助色素效应受许多因素的影响,如单个花色苷的结构以及其他的杂合物、杂合物与花色苷的比值、pH 等。

（二）花色素含量与花色变化

色素含量增加与减少也是花色变化的原因之一,这种现象称为色素数量效应。当花瓣中色素苷总含量较低时花色浅,红色花系就会呈现出粉红的颜色,花瓣内色素含量增加则花色加深,红色系花就会由粉红色转变成红色甚至黑色。郑茜子对杜鹃 9 个种或者品种的花色表型进行分析以及测定花色素苷总含量,发现花色素含量与花色表型关系密切,含量的变化主要作用在花朵的明亮程度上。用色差仪可以测定花瓣的亮度和色度,$L*$ 表示亮度,两个色度成分为 $a*$ 值和 $b*$ 值,$a*$ 数值由小变大意味着颜色从绿色到红色变化,$b*$ 值升高表示颜色从蓝色到黄色变化。从花色表现型的分布中可以明显发现,$L*$ 值越大,花朵明亮程度越大,则表现出浅色系花,如'丹岫玉'、黄杯杜鹃、'绿色光辉',反之,降低明度则表现出深色系花色,如'丹美红''爱丁堡'和秀雅杜鹃等。所有紫色系杜鹃花均落在花色表型二维分布的第三象限,表明 $b*$ 值越低则花朵色相表现出蓝色程度越大。除此之外,验证了花青素含量变化与 $L*$ 值、$a*$ 值和 $b*$ 值呈线性相关,即花青素含量增加会导致花色明度降低,使花色趋于红色。

开花过程花色苷含量的变化也会影响花色变化。李崇晖等分析了迎红杜鹃的花色素组成,调查了其在开花过程中花色、花色素组成和含量的变化。结果表明,开花过程中花色变化明显,由红紫变为淡紫红色,花色的明度增加,彩度变小。但花色素种类不变,其含量在各阶段差异极显著。从小蕾期到初开期,总花青苷含量(TA)和总黄酮醇含量(TF)迅速减少,花开放后变化平稳。Schepper 等利用高分辨率 DNA 流式细胞仪研究杜鹃花花瓣边缘与内部颜色不同的原因,发现这种花色嵌合现象是由体细胞的倍性引起的,推测是基因剂量效应引起了类黄酮基因的表达差异。

(三) 花色苷结构与花色变化

杜鹃花色呈现不仅与花色苷和类黄酮的含量有关,可能很大程度上还与花色苷化学结构上的差别有关。一般来说,花色苷以糖苷的形式存在,糖苷由糖基骨架组成,糖基骨架与糖结合。花色苷元或糖基组成的差异导致花的颜色不同。杜鹃花色呈现可能很大程度上与花色苷化学结构上的差别有关,如花色苷所带的羟基数、羟基甲基化的程度、糖基化的数目、种类与连接位置及与糖相连的脂肪酸或芳香族酸的种类和数目等。杜鹃花色的主要呈色色素为花色苷和类黄酮化合物,包括黄酮、黄酮醇、二氢黄酮等。粉红、浅红和紫色杜鹃花色素中具备酚羟基,可能具备邻二酚羟基或邻三酚羟基结构。白色花色素中具备酚羟基,不具备邻二酚羟基或邻三酚羟基结构。不同颜色的杜鹃花瓣中所含的花色素种类和化学结构存在明显差异。

(四) 杜鹃花色素合成途径相关基因

Nakatsuka 等通过对杜鹃花($R.$ $pulchrum$ Sweet cv. 'Oomurasaki')中黄酮类化合物合成的研究,获得杜鹃花中黄酮类化合物合成的基本基因信息。分离了参与黄酮类化合物生物合成途径的 8 个结构基因的部分或全长 cDNA 序列:查尔酮合成酶(CHS)、查尔酮异构酶(CHI)、黄酮醇-3-羟化酶(F3H)、黄酮-3′-羟化酶(F3′H)、黄酮-3′,5′-羟化酶(F3′5′H)、二氢黄酮醇还原酶(DFR)、花青素合成酶(ANS)和黄酮醇合成酶(FLS)。其中 CHS、$F3H$、ANS 基因转录量随开花进程而减少,CHI、DFR、$F3'H$、FLS 基因转录量在色素沉着起始阶段短暂增加。此外,$F3'5'H$ 基因的最大表达与花青素的合成同时进行。CHS、DFR 和 FLS 基因在其他花器官或叶片中的表达比花瓣丰富。与花器官相比,叶片组织中 CHI、$F3H$、ANS 和 $F3'H$ 基因转录本水平最高。$F3'5'H$ 表达的最高水平出现在花瓣 3 期。这说明 $F3'5'H$ 基因与杜鹃花花瓣色素沉着有较强的相关性,但其他基因在花青素合成中的表达尚不清楚。

研究发现花的颜色与个体表达谱无相关性。然而,早期通路基因(CHS、$F3H$、$F3'H$ 和 FLS)的组合与黄酮醇的共色素沉着明显相关。晚期通路基因 DFR 和 ANS 在一定程度上参与了彩色花和白色的区分,粉红色花则与 $F3'H$ 的表达有关。

比较 $R.$ $kiusianum$、$R.$ $kaempferi$ 及其天然杂交种的花青素生物合成基因的表达,在实时定量 RT-PCR 中,所有样品均表达 $F3'H$、DFR 和 ANS 基因,在含有飞燕草素系列色素的样品中,$F3'5'H$ 基因始终表达。这些结果表明,$F3'5'H$ 的表达是 $R.$ $kiusianun$ 及其天然杂交种产生飞燕草系列色素的必要条件。

三、杜鹃花色育种

虽然杜鹃花色已经非常丰富,但杜鹃花色育种仍然是杜鹃育种工作者关注的重点。目前人们趋向于培育纯色的杜鹃花,如纯白、纯黄、纯红、纯蓝等,其中纯黄和纯蓝尤为珍贵,复合色等也是育种目标。杜鹃花花色育种主要朝3个方向发展:蓝紫色调花色、洋红色调花色和大红色调花色。通过杂交育种的方法,可以使杂交子代的各种花色苷含量比例发生变化,从而表现出不同的花色。同样,也可根据目标育种花色,反推杂交亲本的选配,从而辅助提高杜鹃花花色育种的精准性和育种效率。

为了培育更红的杜鹃,朱红大杜鹃(R. griersonianum)、火红杜鹃(R. neriiflorum)、文雅杜鹃(R. facetum)、似血杜鹃(R. haematodes)、大树杜鹃(R. protistum var. giganteum)、马缨杜鹃(R. delavayi)、麻花杜鹃(R. maculiferum)、芒刺杜鹃(R. strigillosum)、半圆叶杜鹃(R. thomsonii)等都是常用的红花杂交亲本。红色遗传性很强,与白花种类杂交通常第一代仍为红色。例如大红的马缨杜鹃与大白杜鹃杂交,得到的杂交第一代花色为深粉红色。白花杜鹃与红、粉、黄色花的杜鹃杂交后,后代常出现两亲本之间的中间色。

在选择培育洋红色品种杜鹃花时,需要子代具有较高含量的花色苷成分14。西洋杜鹃大多呈洋红色,花色苷成分14含量高,适合作为培育洋红色亲本使用,但由于西洋杜鹃起源复杂,含有各种杜鹃花品系血统,往往是一些比较复杂的杂合子,相互间杂交花色变异非常大。此外,成分14在后代中变异的分布较为平均,因此要适量增大杂交的数量,以便从中筛选出需要的花色。而选择培育大红色品种杜鹃花,主要目标是提高矢车菊素(Cy)系列花色苷的含量,由于Cy系列花色苷遗传父本控制较多,因此选择花色更红的父本品种,得到大红花色杜鹃花子代的可能性更高。

选育(橙)黄色杜鹃,原产于我国的羊踯躅是极为常用的杂交亲本,其花黄色,杂交育种结实率高,且耐寒性能明显遗传给杂交后代,在名贵的黄色杜鹃花品种的选育中具有举足轻重的地位。1864年,比利时育种家用羊踯躅与美国西海岸杜鹃(R. occidentale)杂交,育成了乳白色和蜡黄色且香味浓烈的杂种后代。1873年,比利时育种家又将羊踯躅与日本的莲花杜鹃(R. japonicum)杂交,培育出鲜红和鲜黄色的大花品种,但香味较淡。英国育种家Anthony Waterer将羊踯躅与比利时的'根特'('Ghent')杜鹃进行杂交,培育出花大色艳、花香馥郁的'奈普山'('Knap Hill')杜鹃。

除羊踯躅外,选育(橙)黄花杜鹃的常用亲本还有黄杯杜鹃(R. wardii)、黄花杜鹃(R. lutescens)、橙黄杜鹃(R. citriniflorum)、硫磺杜鹃(R. sulfureum)、纯黄杜鹃(R. chrysodoron)、鲜黄杜鹃(R. xanthostephanum)等。用于欧洲最名贵的黄色杜鹃花品种育种的17种原始杜鹃花材料中,除了越橘杜鹃组的R. aequabile、R. laetum、R. kawakamii和R. macgregoriae来源于东南亚外,其余13种都为我国原产,分别为常绿杜鹃亚属(4种)、杜鹃亚属(9种)中的珍贵物种,可是这些类群和种类均尚未用于我国品种的选育。

根据《中国植物志》记载,杜鹃亚属杜鹃组中有鳞大花亚组的杜鹃颜色以黄和白为主,黄花杜鹃亚组的花冠多是黄色。原产于美国的佛罗里达杜鹃(R. austrinum),花朵有金黄色、橘黄色以及乳白色、红色;崎岖杜鹃(R. bakeri)有橘黄色、褐黄色或黄色等;火焰杜鹃(R. calendulaceum)呈黄色或橘黄色,深红色;奥康尼杜鹃(R. flammeum)花呈黄色、红色或橙黄色,且漏斗形花朵簇生聚成球形花束,形状独特。这些黄色杜鹃花或可成为将来(橙)黄花杜鹃选育的亲本材料。

在选择培育新品种蓝紫色杜鹃花系列时,由于飞燕草素花色苷(Dp)为隐性遗传,应优先选用含有 Dp 花色苷的蓝花品种为亲本,一些血缘复杂的品种也可以选作培育蓝紫色杜鹃花的亲本。除此以外,可以通过选择花色苷总量较低的品种作为亲本,使子代中花色苷含量降低,以增强黄酮醇辅助色素效应,从而使花色向蓝色偏移。平户杜鹃品系'粉毛鹃'就是一个非常适合培育蓝紫色花系的品种,糯杜鹃(R. macrosepalum)、岸杜鹃(R. ripense)这些呈蓝紫花色的平户杜鹃祖先种类也适合培育蓝紫色杜鹃新品种。此外,隐蕊杜鹃(R. intricutum)、毛肋杜鹃(R. augustini)、紫蓝杜鹃(R. russatum)、粉紫矮杜鹃(R. impeditum)等产于云南、四川等地的野生杜鹃也可作为亲本,培育蓝紫色系列杜鹃。

对常绿杜鹃花花色苷组成规律的研究结果表明,紫色花的花色苷组成比红色花的花色苷组成更丰富,紫色花中花色苷的种类更广泛,有助于延长常绿杜鹃花花色的多样性。Heursel 和 Horn 报道,紫花杜鹃花品种(基于锦葵素糖苷)和红花杜鹃花品种(基于矢车菊素糖苷)人工杂交得到的杜鹃花后代,使花瓣的花色苷成分复杂化。有研究提到杜鹃花的花瓣颜色从红色到紫色都是由花色苷决定的,紫花和红花品种杂交可以得到花色变化非常广泛的杜鹃花品种。

陈越等通过对花色苷遗传变异模式的研究发现,矢车菊素-3-葡萄糖苷-5-葡萄糖苷(Cy3G5G)和成分 15 为增效基因占主导的多基因遗传控制模式,成分 5、14 和矢车菊素-3-半乳糖苷(Cy3Ga)为等效多基因遗传,成分 2、4 和矢车菊素-3-葡萄糖苷(Cy3G)为减效基因占主导的多基因遗传控制模式,并以此推测类黄酮-3-O-葡萄糖苷转移酶和类黄酮 3-O-半乳糖苷转移酶基因的控制模式分别为减效基因占主导的多基因遗传模式和等效多基因遗传模式,而类黄酮-5-O-葡萄糖苷转移酶基因为增效基因占主导的多基因遗传控制模式。

第六节　香味育种

目前,世界上已知的具有香气的野生杜鹃花约有 40 种,且这些花的花色较淡,一般为白色、淡粉或者淡黄色,少有红色和紫色。参照余树勋编著的《杜鹃花》,根据杜鹃花香味的浓郁程度,分为浓香、香和淡香三类:其中隐脉杜鹃属于浓香;腺房杜鹃(R. adenogynum)、睫毛萼杜鹃(R. ciliicalgx)、蓝果杜鹃、云锦杜鹃、大白杜鹃、泡泡叶杜鹃、大花杜鹃、大字杜鹃、白喇叭杜鹃以及三花杜鹃(R. triflorum)等也有香味;而腺柱杜鹃、粉紫矮杜鹃、白背杜鹃(R. leucaspis)具有淡香。这些杜鹃种主要分布在西藏、云南、四川、贵州等地,大多分属于杜鹃亚属和常绿杜鹃亚属,其中大字杜鹃属于映山红亚属,主要分布在东北和内蒙古。

常绿 Azalea 系列杜鹃(映山红亚属)一般都不具有香味,而很多原产北美洲的羊踯躅亚属的落叶杜鹃具有香味,因此培育常绿 Azalea 香杜鹃也一直是杜鹃育种者的一个育种目标。国际上落叶杜鹃花的园艺品种群中所引用亲本来源以北美为多,如:R. calendulaceum,该类花色有黄、橙、红、粉红;R. viscosum 有白花或粉红带白色;R. arborescens 有白花或粉红带白色;R. occidental 有乳白色或粉红色带黄色花心;R. roseum 有深粉红色或紫色;*R. atlanticum* 有白色或粉红色;*R. nudiflorum* 有粉红、玫瑰红或白色;*R. luteum* 有黄色。这些原种都具有带香味或浓烈芳香的特性,为现今改良园艺品种香味型奠定了基础。

19 世纪初期,英国、比利时、荷兰的育种家利用美国的 *R. luteum*(黄色)与其他美国原种杂交,选育出 Ghent 杜鹃花,不仅耐寒,也具有浓烈芳香。其后,比利时育种家以 Ghent 与中国的羊踯躅和美国的 *R. occidental* 杂交,培育成 Occidental 杜鹃花,这一系统的花色大多为乳白或蜡黄色,香味浓。约于 1870 年,英国育种家以中国的羊踯躅和美国的火红杜鹃以及 Ghent 系统混合杂交,培育成有名的 Knap Hill 杜鹃花,这一类新品种不仅树势强健,花型大,开花数量多,花色绚丽,且香味特浓,成为落叶杜鹃花中的佼佼者。

日本育种者也尝试培育有香味的杜鹃品种,Akabane 等将常绿 Azalea(映山红亚属)与落叶的、具有香味的落叶杜鹃(羊踯躅亚属)进行杂交,因亚属间种间杂交的不亲和以及白化苗的出现,很难获得绿色、生长健壮的杂交苗。但 Kobayashi 等用常绿杜鹃(包括 *R. nakaharae* 以及它的杂交种)与具有芳香的落叶杜鹃(*R. arborescens* 或者 *R. viscosum*)进行杂交,成功获得了具有香味的杂种后代。相对于国外的香味杜鹃育种研究工作,国内几乎未见相关报道,仅江苏省农科院的杜鹃花研究团队发表过相关研究论文,苏家乐等利用大白杜鹃和常绿杜鹃亚属品种('紫水晶''Roseum Elegans')得到具有香味的杂交后代。

第七节　杜鹃花抗逆性育种

一、耐寒、耐热杜鹃的选育

杜鹃资源丰富,耐寒性与其地理分布密切相关,起源于高山地区的耐寒性较强,温暖地区的杜鹃耐寒性较弱。以下类群具有良好的抗逆性,可用于抗逆性品种的选育材料:

(1) 抗寒种类:分布于高纬度地区的迎红杜鹃和大字杜鹃具有极强的抗寒性,能耐 −30 ℃。牛皮杜鹃(*R. aureum*)、雪山杜鹃(*R. aganniphum*)、雪层杜鹃(*R. nivale*)、兴安杜鹃(*R. dauricum*)等国内野生杜鹃,其他还有美国原产的酒红杜鹃、日本产的短果杜鹃也是培育耐寒杜鹃常用的杂交亲本。

(2) 耐热种类:映山红亚属、马银花组、长蕊组 2 种以及岷江杜鹃(*R. hunnewellianum*)、心基大白杜鹃(*R. decorrum* subsp. *cordatum*)、桂海杜鹃(*R. guihainianum*)、荔波杜鹃(*R. liboense*)等。耐热杜鹃的主要亲本来自泡泡叶杜鹃亚组和隐脉杜鹃亚组中的 30 余种,原产云南和西藏,它们与美国产的微小杜鹃(*R. minus*)、康普曼杜鹃(*R. champmannii*)、卡罗来纳杜鹃(*R. colinianum*)杂交,后代具有良好的耐热、抗旱性。

碎米花杜鹃、爆杖花、毛肋杜鹃、露珠杜鹃、大白杜鹃等杜鹃具有较好的抗旱性。常绿杜鹃亚属中的马缨杜鹃、迷人杜鹃、睡莲叶杜鹃、峨眉银叶杜鹃(*R. argyrophyllum* subsp. *omeiense*)、岷江杜鹃、井冈山杜鹃(*R. jingangshanicurs*)、云锦杜鹃、波叶杜鹃(*R. hemsleyanum*)等种类具有良好的综合园艺性状,可作为我国中高纬度与中低海拔区域直接利用的对象。

19 世纪初期,英国、比利时、荷兰的育种家利用美国的 *R. luteum*(黄色)与其他美国原种杂交,选育出花型有单瓣和复瓣之分,且花筒细长,能忍受 −25 ℃严寒的小花型落叶杜鹃,这类品种被国际园艺界命名为 Ghent 杜鹃花。其后,比利时育种家以 Ghent 为亲本,又培育出具有香味的杜鹃品种。我国曾多次想将西南的高山常绿杜鹃花引种到东北地区,但都因不能忍受冬天的严寒而以失败告终,所以提高杜鹃花的抗寒性一直都是育种家追求的目标。国外已育出了一些较耐寒的品种:2002 年芬兰的 Tigerstedt 博士筛选出抗-30 ℃以下低温的品种,使杜鹃花的抗寒性上升到一个新水平,其种植适生范围也得到扩大;美国东部的酒红杜鹃能耐-32 ℃的低温,是抗寒育种的重要种质资源;Uosukainen 用短花杜鹃(*R. brachyanthum*)作母本,与抗寒的 *R. smirnowii* 和 *R. catawblense* 杂交获得了较抗寒的后代。国内邱新军利用杭州野生种映山红与栽培种'月白风清'杂交,选育出了具有较强耐寒能力的品种'雪中笑',能在 12 月底到翌年 3 月持续开花。

二、耐盐碱杜鹃的选育

杜鹃喜酸怕碱,因此耐碱品种的选育是现代杜鹃花育种的目标之一。德国普莱教授使用常规杂交育种与组织培养技术相结合,经过十几年的努力,于 1992 年筛选出耐碱能力明显优于其他种类的品种系列,使大叶常绿杜鹃能够适应的土壤 pH 由 6.2～6.5 达到 6.9～7.0。Preil 和 Ebbinghaus 通过组培对 200 万株杜鹃实生种苗(来自 7 个开放授粉原种和 11 组杂交系列)进行耐碱筛选,最终选出耐碱的杂交品种'库氏白'(Cunningham's White)和云锦杜鹃 2 种。随后又从这 2 种种苗的 470 500 株中筛选出 1 703 株耐碱种质,以此作为砧木嫁接扩繁出诸多的落叶和常绿杜鹃品系,它们被命名为 INKARHO 杂种群,现在已有数百品种走向了市场。两种耐碱的品种照白杜鹃(*R. micranthum*)和密毛高山杜鹃(*R. hirsutum*)杂交,产生了一种名为 *R. Bloombux* 的杂交品种,能耐 pH 7.5 的土壤。

辐射可以提高杜鹃种子在盐碱胁迫下的萌发率,杜鹃花种子的适宜辐射剂量为 100～150 Gy,通过组培方式筛选耐碱突变体也是培育杜鹃耐碱品种的一种途径。通过基因工程提高杜鹃耐盐碱性也是一种重要方式,如易善军研究表明,过表达 *RmMDH* 和 *RmCS* 基因的杜鹃对 NaCl、PEG(干旱)、$AlCl_3$ 三种胁迫的抗逆性增强。

杜鹃育种目标不仅仅局限于选育不同花色、香味及抗逆性良好的杜鹃品种,选育早期开花或晚花品种、不同花型品种等也是杜鹃培育的主要目标。杜鹃花远缘杂交与多倍体育种相结合,选育新的杜鹃花品种,在国外已有报道和成功的案例,但目前我国杜鹃育种途径还是以传统的杂交育种为主,倍性育种与基因工程还鲜见报道。国内还没有进行相关研究,这应该是今后我国杜鹃花育种的关注点之一。同时,将杜鹃花常规育种方法和诱变育种、基因工程相结合,以组织培养为基本技术手段,培育观赏价值高、生长适应性强的杜鹃新品种,满足城市绿化、室内装饰等各种消费需求,促进国内杜鹃花产业的发展。

主要参考文献:

[1] Atkinson R G, Gardner R C. Regeneration of transgenic tamarillo plants[J]. Plant Cell Reports,1993,12(6):347-51.

[2] Atkinson R G. Molecular approaches to horticultural crop improvement [D]. Auckland:University of Auckland,1993.

[3] Atkinson R, Jong K, Argent G. Chromosome numbers of some tropical rhododendrons (section vireya)[J]. Edinburgh Journal of Botany, 2000, 57(1): 1-7.

[4] Barlup J. Let's talk hybridizing: Hybridizing with elepidote polyploid rhododendrons[J]. Journal of the American Rhododendron Society, 2002, 76: 75-77.

[5] Bowen B A. Markers for plant gene transfer [M]//Transgenic Plants. Amsterdam: Elsevier, 1993: 89-123.

[6] Chaanin A, Preil W. Kalktolerante Unterlagen erm. glichen Kultur von Rhododendron auch auf ungünstigen Standorten[J]. TASPO Gartenbaumagazin, 1996: 44-46.

[7] de Loose R. Flavonoid glycosides in the petals of some *Rhododendron* species and hybrids[J]. Phytochemistry, 1970, 9(4): 875-879.

[8] de Loose R. The flower pigments of the Belgian hybrids of *Rhododendron simsii* and other species and varieties from *Rhododendron* subseries obtusum[J]. Phytoch Emistry, 1969, 8 (1): 253-259.

[9] de Schepper S, Leus L, Eeckhaut T, et al. Somatic polyploid petals: Regeneration offers new roads for breeding Belgian pot azaleas[J]. Plant Cell, Tissue and Organ Culture, 2004, 76(2): 183-188.

[10] Dunemann F, Illgner R, Stange I. Transformation of rhododendron with genes for abiotic stress tolerance[J]. Acta Horticulturae, 2002(572): 113-120.

[11] Eeckhaut T, Keyser E, Huylenbroeck J, et al. Application of embryo rescue after interspecific crosses in the genus *Rhododendron*[J]. Plant Cell, Tissue and Organ Culture, 2007, 89(1): 29.

[12] Eeckhaut T, Samyn G, van Bockstaele E. In vitro polyploidy induction in *Rhododendron simsii* hybrids[J]. Acta Horticulturae, 2002(572): 43-49.

[13] Eeckhaut T, van Huylenbroeck J, de Schepper S, et al. Breeding for polyploidy in Belgian azalea (*Rhododendron simsii* hybrids)[J]. Acta Horticulturae, 2006(714): 113-118.

[14] Harborne J B. Plant polyphenols: 5. Occurrence of azalein and related pigments in flowers of *Plumbago* and *Rhododendron* species[J]. Archives of Biochemistry and Biophysics, 1962, 96(1): 171-178.

[15] Heursel J. Diversity of flower colours in *Rhododendron simsii* Planch and prospects for breeding[J]. Euphytica, 1981, 30(1): 9-14.

[16] Hsia C N, Korban S S. Microprojectile-mediated genetic transformation of rhododendron hybrids[J]. American Rhododendron Society Journal, 1998, 52(4): 187-191.

[17] Jones J R, Ranney T, Eaker T A. A novel method for inducing polyploidy in *Rhododendron* seedlings[J]. Journal of the American Rhododendron Society, 2008, 62 (3): 130-135.

[18] Jones J R, Ranney T, Lynch N P. Ploidy levels and relative genome sizes of diverse species, hybrids, and cultivars of *Rhododendron*[J]. Journal of the American Rho-

dodendron Society，2007，61(4)：220-227.

[19] Katsumoto Y，Fukuchi-Mizutani M，Fukui Y，et al. Engineering of the rose flavonoid biosynthetic pathway successfully generated blue-hued flowers accumulating delphinidin[J]. Plant and Cell Physiology，2007，48(11)：1589-1600.

[20] Kho Y O，Baër J. Improving the cross *Rhododendron impeditum* × *Rhododendron* 'Elizabeth' by temperature treatment[J]. Euphytica，1973，22(2)：234-238.

[21] Knapp J，Kausch A，Auer C，et al. Transformation of *Rhododendron* through microprojectile bombardment [J]. Plant Cell Reports，2001，20(8)：749-754.

[22] Kobayashi N，Mizuta D，Nakatsuka A，et al. Attaining inter-subgeneric hybrids in fragrant azalea breeding and the inheritance of organelle DNA[J]. Euphytica，2008，159(1/2)：67-72.

[23] Kron K A，Gawen L M，Chase M W. Evidence for introgression in azaleas (Rhododendron；Ericaceae)：Chloroplast DNA and morphological variation in a hybrid swarm on Stone Mountain，Georgia[J]. American Journal of Botany，1993，80(9)：1095-1099.

[24] Liu L，Zhang L Y，Wang S L，et al. Analysis of anthocyanins and flavonols in petals of 10 *Rhododendron* species from the Sygera Mountains in Southeast Tibet[J]. Plant Physiology and Biochemistry，2016，104：250-256.

[25] Maniatis T，Fritsch E F，Sambrook J. Molecular cloning：A laboratory manual. NewYork：Cold spring harbor laboratory[J]. Acta Biotechnologica，1985，5：104.

[26] Mertens M，Heursel J，van Bockstaele E，et al. Inheritance of foreign genes in transgenic azalea plants generated by agrobacterium-mediated transformation[J]. Acta Horticulturae，2000(521)：127-132.

[27] Michishita A，Ureshino K，Miyajima I. Shortening the period from crossing to the seedling stage through ovule culture of interspecific crosses of Azalea (*Rhododendron* spp.)[J]. Journal of the Japanese Society for Horticultural Science，2001，70(1)：54-59.

[28] Miyajima I，Ureshino K，Kobayashi N，et al. Flower color and pigments of intersubgeneric hybrid between white-flowered evergreen and yellow-flowered deciduous azaleas[J]. Engei Gakkai Zasshi，2000，69(3)：280-282.

[29] Mizuta D，Ban T，Miyajima I，et al. Comparison of flower color with anthocyanin composition patterns in evergreen azalea[J]. Scientia Horticulturae，2009，122(4)：594-602.

[30] Nakatsuka A，Mizuta D，Kii Y，et al. Isolation and expression analysis of flavonoid biosynthesis genes in evergreen azalea[J]. Scientia Horticulturae，2008，118(4)：314-320.

[31] Okamoto A，Suto K. Cross incompatibility between *Rhododendron* sect. tsutsusi species and *Rhododendron japonicum* (A. gray) J. V. suringar f. flavum nakai[J]. Engei Gakkai Zasshi，2004，73(5)：453-459.

[32] Pavingerov Á D，Bríza J，Kodýtek K，et al. Transformation of Rhododendron

spp. using Agrobacterium tumefaciens with a GUS-intron chimeric gene [J]. Plant Science, 1997, 122(2): 165-171.

[33] Perkins J, Perkins S, Castro M, et al. More weighings: Exploring the ploidy of hybrid elepidote rhododendrons[J]. The Azalean, 2015, 37: 28-42.

[34] Preil W, Ebbinghaus R. Breeding of lime tolerant rhododenron rootstocks[J]. Acta Horticulturae, 1994(364): 61-70.

[35] Rouse J L, Knox R B, Williams E G. Interand intraspecific pollinations involving Rhododendron species[J]. Journal of the American Rhododendron Society, 1993, 47 (1): 23-28.

[36] Sakai K R, Ozaki Y, Ureshino K, et al. Interploid crossing overcomes plastome-nuclear genome incompatibility in intersubgeneric hybridization between evergreen and deciduous azaleas[J]. Scientia Horticulturae, 2008, 115(3): 268-274.

[37] Schepper S, Leus L, Mertens M, et al. Somatic polyploidy and its consequences for flower coloration and flower morphology in azalea[J]. Plant Cell Reports, 2001, 20 (7): 583-590.

[38] Sch. pke C, Taylor N, Cárcamo R, et al. Regeneration of transgenic cassava plants (*Manihot esculenta* Crantz) from microbombarded embryogenic suspension cultures [J]. Nature Biotechnology, 1996, 14(6): 731-735.

[39] Schöpke C, Taylor N, Cárcamo R, et al. Regeneration of transgenic cassava plants (Manihot esculenta Crantz) from microbombarded embryogenic suspension cultures [J]. Nature Biotechnology, 1996, 14(6): 731-735.

[40] Shimada Y, Ohbayashi M, Nakano-Shimada R, et al. A novel method to clone P450s with modified single-specific-primer PCR[J]. Plant Molecular Biology Reporter, 1999, 17(4): 355-361.

[41] Tagane S, Hiramatsu M, Okubo H. Hybridization and asymmetric introgression between *Rhododendron eriocarpum* and *R. indicum* on yakushima island, southwest Japan[J]. Journal of Plant Research, 2008, 121(4): 387-395.

[42] Tom E, Ellen D K, Johan V H, et al. Application of embryo rescue afterinterspecifcinterspecific crosses in the genus *Rhododendron*[J]. Plant Cell, Tissue and Organ Culture, 2007, 89: 29-35.

[43] Ueno K I, Fukunaga Y, Arisumi K I. Genetic transformation of *Rhododendron* by Agrobacterium tumefaciens[J]. Plant Cell Reports, 1996, 16: 38-41.

[44] Uosukainen M, Tigerstedt P M A. Breeding of frosthardy rhododendrons[J]. Agricultural and Food Science, 1988, 60(4): 235-254.

[45] Ureshino K, Abe T, Akabane M. Relationship between nuclear genome construction and the plastome-genome incompatibility of progenies from intra-and inter-ploid cross of evergreen azaleas × *Rhododendron japonicum* f. *flavum*[J]. Journal of the Japanese Society for Horticultural Science, 2010, 79(1): 91-96.

［46］Ureshino K，Kawai M，Miyajima I. Factors of intersectional unilateral cross incompatibility between several evergreen azalea species and *Rhododendron japonicum* f. flavum［J］. Exgei Gakkai Zasshi，2000，69(3)：261-265.

［47］Ureshino K，Miyajima I，Akabane M. Effectiveness of three-way crossing for the breeding of yellow-flowered evergreen azalea［J］. Euphytica，1998，104(2)：113-118.

［48］Väinölä A. Polyploidization and early screening of Rhododendron hybrids［J］. Euphytica，2000，112(3)：239-244.

［49］Väinölä A，Repo T. Cold hardiness of diploid and corresponding autotetraploid rhododendrons［J］. The Journal of Horticultural Science and Biotechnology，1999，74(5)：541-546.

［50］Väinölä A，Repo T. Impedance spectroscopy in frost hardiness evaluation of Rhododendron leaves［J］. Annals of Botany，2000，86(4)：799-805.

［51］Weiss M R. Floral color change：A widespread functional convergence［J］. American Journal of Botany，1995，82(2)：167-185.

［52］Williams E G，Kaul V，Rouse J L，et al. Overgrowth of pollen tubes in embryo sacs of *Rhododendron* following interspecific pollinations［J］. Australian Journal of Botany，1986，34(4)：413-423.

［53］Williams E G，Knox B R，Rouse J L. Pollination sub-systems distinguished by pollen tube arrest after incompatible interspecific crosses in *Rhododendron*（Ericaceae）［J］. Journal of Cell Science，1982，53(1)：255-277.

［54］Williams E G，Rouse J L，Palser B F，et al. Reproductive biology of *Rhododendron*［M］//Horticultural Reviews. Hoboken NJ：John Wiley & Sons Inc，2011：1-68.

［55］Williams E G，Rouse J L. Disparate style lengths contribute to isolation of species in Rhododendron［J］. Australian Journal of Botany，1988，36(2)：183-191.

［56］Yamaguchi S. In-vitro culture of remote hybrid seedlings aiming to breed new yellow flowered ever-green azalea［J］. Plant Cell Incompatibility Newsletter，1986，18：50-51.

［57］巴春影,曹后男,宗成文,等.长白山杜鹃花属种间杂交亲和性的研究［J］.湖北农业科学,2014,53(14):3310-3312.

［58］柏斌,杨承龙.两个杜鹃花属新品种获授权［J］.中国花卉园艺,2017(24)：47.

［59］蔡静如,周兰平,王辉,等.不同浸种处理对4种杜鹃花杂交种子萌发的影响［J］.热带作物学报,2016,37(5):876-880.

［60］曹莎,刘冰,周泓,等.激素处理对杜鹃花自交与杂交种子萌发的影响［J］.浙江农业学报,2016,28(10):1695-1703.

［61］陈刚,金慧子,李雪峰,等.杜鹃花属植物的化学成分及药理研究进展［J］.药学实践杂志,2008,26(4):255-257.

［62］陈娟,王晖,万若男,等.不同激素处理对锦绣杜鹃开花时期的影响［J］.湖北农业科学,2015,54(15):3683-3685.

[63] 陈俊愉.中国花卉品种分类学[M].北京:中国林业出版社,2001.

[64] 陈越,李纪元,倪穗,等.杜鹃花花色苷遗传变异的研究[J].林业科学研究,2013,26(1):81-87.

[65] 程金水,刘青林.园林植物遗传育种学[M].北京:中国林业出版社,2010.

[66] 戴亮芳,温秀芳,罗向东.不同花色杜鹃花色素成分与稳定性分析研究[J].安徽农业科学,2013,41(14):6455-6458.

[67] 冯国楣.中国杜鹃花-第一册:图册[M].北京:科学出版社,1988.

[68] 高文强.农杆菌介导的杜鹃花遗传转化体系的建立[D].泰安:山东农业大学,2012.

[69] 高瞻,谭远军,陈丽丽.杜鹃花花色浅析[J].中国园艺文摘,2012,28(11):114-115.

[70] 耿兴敏,胡才民,杨秋玉,等.杜鹃花对各种非生物逆境胁迫的抗性研究进展[J].中国野生植物资源,2014,33(3):18-21.

[71] 耿兴敏,吴影倩,赵红娟.杜鹃杂交幼胚拯救技术的初步研究[J].云南农业大学学报(自然科学),2014,29(4):533-539.

[72] 耿兴敏,张超仪,罗凤霞,等.中国野生杜鹃杂交结实性研究[J].江苏农业科学,2013,41(2):159-161.

[73] 耿兴敏,张超仪,尹增芳.部分野生杜鹃杂交授粉后花粉管生长状况分析[J].安徽大学学报(自然科学版),2014,38(4):94-101.

[74] 耿兴敏,赵红娟,吴影倩,等.野生杜鹃杂交亲和性及适宜的评价指标[J].广西植物,2017,37(8):979-988.

[75] 耿兴敏,赵红娟,张月苗,等.授粉方式对不同亚属杜鹃间远缘杂交结实的影响[J].云南农业大学学报(自然科学),2017,32(1):83-88.

[76] 耿玉英.中国杜鹃花属植物[M].上海:上海科学技术出版社,2014.

[77] 韩聪,杨秀梅,彭绿春,等.宽杯杜鹃贮藏花粉特性及其与马缨杜鹃杂交的应用评价[J].江西农业学报,2018,30(6):6-11.

[78] 解谜.山葡萄多倍体育种技术研究[D].长春:吉林农业大学,2008.

[79] 解玮佳,李世峰,瞿素萍,等.常绿杜鹃不同杂种群间杂交的可育性分析[J].园艺学报,2019,46(5):910-922.

[80] 解玮佳,李世峰,李树发,等.高山杜鹃与大喇叭杜鹃种间杂交过程的观察研究[J].西北植物学报,2012,32(12):2432-2437.

[81] 解玮佳,王继华,彭绿春,等.大白杜鹃与露珠杜鹃杂交亲和性及其杂交果实发育动态研究[J].江西农业大学学报,2016,38(1):90-96.

[82] 李崇晖,王亮生,舒庆艳,等.迎红杜鹃花色素组成及花色在开花过程中的变化[J].园艺学报,2008,35(7):1023-1030.

[83] 李淑娴,侯静,冒燕,等.决定植物花色的分子机制与遗传调控[J].西南林业大学学报,2012,32(6):92-97.

[84] 李艳华.黄瓜离体再生和农杆菌介导的遗传转化体系的建立与优化[D].新乡:河南科技学院,2016.

［85］廖菊阳,彭春良,黄滔,等.珍稀园林植物鹿角杜鹃新品种选育[J].湖南林业科技,2012,39(5)：57-59.

［86］林锐,彭绿春,李世峰,等.常绿杜鹃品种'XXL'的花粉活力及柱头可授性观察[J].西部林业科学,2016,45(6)：115-120.

［87］林拥军.农杆菌介导的水稻转基因研究[D].武汉:华中农业大学,2001.

［88］刘晓青,李畅,苏家乐,等.杜鹃花新品种'霞绣'[J].园艺学报,2019,46(4)：813-814.

［89］刘晓青,苏家乐,李畅,等.杜鹃花杂交、自交及开放授粉结实性研究[J].上海农业学报,2010,26(4)：145-148.

［90］刘晓青,苏家乐,李畅,等.杜鹃花种质资源的收集保存、鉴定评价及创新利用综述[J].江苏农业科学,2018,46(20)：13-16.

［91］刘晓青,苏家乐,李畅,等.高山杜鹃新品种'富丽金陵'[J].园艺学报,2011,38(11)：2237-2238.

［92］刘亚娟,李名扬,屈云慧.秋水仙素在园林花卉多倍体育种中的应用[J].安徽农学通报(上半月刊),2009,15(7)：155-157.

［93］陆琳,彭绿春,宋杰,等.不同高山杜鹃品种花粉活力测定及贮藏方法研究[J].山西农业科学,2016,44(2)：175-178.

［94］吕晋慧.根癌农杆菌介导的 AP1 基因转化菊花的研究[D].北京:北京林业大学,2005.

［95］彭绿春,周微,汪玲敏,等.基于 GUS 基因瞬时表达优化云南杜鹃(Rhododendron yunnanense Franch.)遗传转化方法[J].云南农业大学学报(自然科学),2016,31(6)：1045-1051.

［96］邱新军,陈孝泉,王淑芬.冬杜鹃花新品种'雪中笑'与双亲关系的探讨[J].园艺学报,1990,17(2)：145-148.

［97］沈荫椿.世界名贵杜鹃花图鉴[M].北京:中国建筑工业出版社,2004.

［98］苏家乐,何丽斯,刘晓青,等.不同高山杜鹃品种杂交后代花瓣香气成分的 HS-SPME-GC-MS 分析[J].江苏农业学报,2014,30(1)：227-229.

［99］苏家乐,刘晓青,李畅,等.杜鹃花新品种'胭脂蜜'[J].园艺学报,2012,39(12)：2555-2556.

［100］童俊,周媛,董艳芳,等.四种杜鹃花粉生活力和柱头可授性研究[J].湖北农业科学,2015,54(17)：4232-4236.

［101］王定跃,刘永金,白宇清,等.杜鹃属植物育种研究进展[J].安徽农业科学,2012,40(32)：15622-15625.

［102］王艳,任吉君.我国花卉育种现状与发展策略[J].种子,2002,21(5)：37-39.

［103］吴英杰,姜波,张岩,等.农杆菌介导的烟草瞬时表达试验条件优化[J].东北林业大学学报,2010,38(9)：110-112.

［104］吴影倩,耿兴敏,罗凤霞.两种杜鹃杂交种不定芽生根的培养基配方[J].林业科技开发,2013,27(4)：85-89.

［105］嬉野健次,田代佳子,武田優香,等. Cross compatibility of intersubgeneric hybrids of azaleas on backcross with several evergreen species[J]. 園芸学会雑誌,2006,75(5):403-409.

［106］喜多晃一,倉重祐二,遊川知久,等. Intergeneric hybridization between *Menziesi* and *Rhododendron* based on molecular phylogenetic data[J]. 園芸学会雑誌,2005,74(1):51-56.

［107］喜多晃一,倉重祐二,遊川知久,等. Plastid inheritance and plastome-genome incompatibility of intergeneric hybrids between *Menziesia* and *Rhododendron*[J]. 園芸学会雑誌,2005,74(4):318-323.

［108］余树勋.杜鹃花[M].北京:金盾出版社,1992.

［109］袁鹰,刘德璞,王玉民,等.卡那霉素对大豆生长的抑制及筛选试验研究[J].大豆科学,2003(4):261-263.

［110］张长芹,冯宝钧,吕元林.杜鹃花属的杂交育种研究[J].云南植物研究,1998,20(1):94-96.

［111］张长芹,罗吉凤.杜鹃花新品种'金蹀躞'和'紫艳'[J].园艺学报,2002,29(5):502-506.

［112］张长芹,罗吉凤,冯宝均.杜鹃花新品种'朝晖'和'红晕'[J].园艺学报,2002,29(3):296-301.

［113］张长芹.云南杜鹃花[M].昆明:云南科技出版社,2008.

［114］张长芹,曾德禄,王程熹.杜鹃、含笑新品种[J].中国花卉园艺,2008(2):49-50.

［115］张超仪,耿兴敏.六种杜鹃花属植物花粉活力测定方法的比较研究[J].植物科学学报,2012,30(1):92-99.

［116］张露,王继华,解玮佳,等.基于系谱和 SSR 标记的高山杜鹃杂交种亲缘关系分析[J].西北植物学报,2016,36(12):2421-2432.

［117］张艳红,沈向群.辽宁园林杜鹃花抗寒能力研究[J].江苏农业科学,2009(3):220-222.

［118］张艳红.我国杜鹃花的繁育研究进展[J].安徽农业科学,2007,35(23):7170-7171.

［119］赵文婷,魏建和,刘晓东,等.植物瞬时表达技术的主要方法与应用进展[J].生物技术通讯,2013,24(2):294-300.

［120］郑茜子.不同花色系杜鹃色素分析及美容杜鹃组培快繁体系建立[D].杨凌:西北农林科技大学,2016.

［121］郑硕理,易陈燃,刘巧,等.云南几种杜鹃杂交育种初探[J].云南农业大学学报(自然科学),2016,31(6):1052-1057.

［122］周兰英,王永清,张丽.26 种杜鹃属植物花粉形态及分类学研究[J].林业科学,2008,44(2):55-63.

［123］庄平.杜鹃花属植物的可育性研究进展[J].生物多样性,2019,27(3):327-338.

［124］庄平.杜鹃花属植物杂交不亲和与败育分布研究[J].广西植物,2018,38(12):

1581-1587.

　　［125］庄平.杜鹃花属植物种间可交配性及其特点［J］.广西植物,2018,38(12)：1588-1594.

　　［126］庄平.杜鹃花属植物种间杂交向性研究［J］.广西植物,2019,39(10)：1281-1286.

　　［127］庄平.23 种常绿杜鹃亚属植物种间杂交的可育性研究［J］,广西植物,2018,38(12)：1545-1557.

　　［128］庄平.32 种杜鹃花属植物亚属间杂交的可育性研究［J］.广西植物,2018,38(12)：1566-1580.

　　［129］庄平.10 种杜鹃亚属植物种间杂交的可育性研究［J］.广西植物,2018,38(12)：1558-1565.

第六章　杜鹃花产业现状

第一节　国内杜鹃花产业发展历程

　　国外杜鹃花栽培历史虽然不如我国长久,但其产业化发展水平远超我国,在市场上占有极大的份额。美国栽培的杜鹃花杂交品种已超过 5 000 个;在欧洲则远远超过这个数目,比利时年产杜鹃花近 7.5 亿株,丹麦年产近 7 亿株,德国年产近 4 亿株。在英国,杜鹃花也是一种规模化的产业,国家的、私人的花园栽培的杜鹃花经常有数公顷甚至是十余公顷面积,可以说有苗木出售的地方都有杜鹃花。日本栽培杜鹃始于中国的影响,在唐朝便已从我国引种了杜鹃回国进行栽培。日本原产杜鹃仅 31 种,而现在栽培品种已达 2 000 余个。杜鹃花产业在整个种植业领域中的绝对地位并不突出,但经过百余年的积累和发展,已成为全球观赏植物种植业中一项举足轻重的产业门类。截至 2008 年,全球杜鹃花产业的生产总值已超过 50 亿美元,而我国仅约占 2%～4%,这与我国杜鹃花资源大国的地位极不相称。

　　我国杜鹃花产业自 20 世纪 80 年代引进西鹃起,经过 30 多年的发展,杜鹃花园艺品种的栽培水平取得了较大进展。盆栽杜鹃花的生产,在生物学特性、繁殖、栽培管理等方面的研究都取得了突破,形成了一套实用有效的科学生长技术体系,我国杜鹃花产业已初具规模。据中国花卉协会杜鹃花分会的统计数据显示,截至 2008 年底,我国杜鹃花生产面积约为 2 500 公顷,比 2002 年增加了 12%。其中盆栽杜鹃花年产量 5 000 万盆,比 2002 年增加了 18%,地栽杜鹃花年产量 3.5 亿株,比 2002 年增加了约 17%。根据杜鹃花分会秘书长介绍,杜鹃花生产区域化布局已基本形成,全国杜鹃花生产发展迅速,但产业化呈现出两极分化的态势。如普通盆栽杜鹃及绿化杜鹃生产量较大,价格低廉,而造型杜鹃及高山杜鹃生产规模小,价格高昂,产品交易量小。在应用上,绿化杜鹃产量较大,但应用品种、花色及形式较为单一;普通盆栽杜鹃生产及需求量均大,但大众对其已产生审美疲劳,有供过于求的趋势;精品盆栽杜鹃主要以造型杜鹃及高山杜鹃为主,因高昂的价格而应用较为狭窄。

　　根据 2009—2016 年农业部的信息(图 6-1),盆栽杜鹃的销售量和种植面积自 2009—2016 年有涨有跌,但是 2015—2016 年这两者均上升,尤其是销售量大幅上升。根据 2016 年几种盆栽花卉的销售额占比可以看出,观叶芋类销售额最高,占 31%(图 6-2),杜鹃花盆栽约占 2%。2009—2016 年,从杜鹃花生产面积和销售量来看,杜鹃产业在稳步发展,网络化销售改善了我国杜鹃花产业地域分布格局不合理的状况。为满足市场需求,杜鹃花产品向多元化发展。

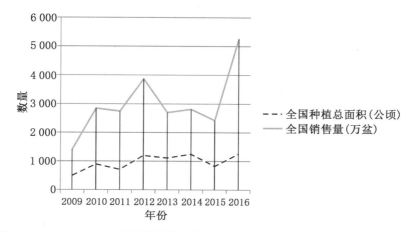

图 6-1　2009—2016 年全国盆栽杜鹃花种植总面积和全国销售量(数据来自农业部)

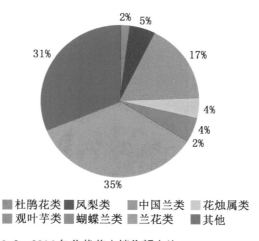

图 6-2　2016 年盆栽花卉销售额占比(数据来自农业部)

目前国内生产的杜鹃花品质已经能与进口杜鹃花相当。杜鹃花产品形式按产量多少依次为绿化杜鹃、盆栽杜鹃、造型杜鹃,按园艺品种分为春鹃(毛鹃)、东鹃、西鹃、夏鹃以及高山杜鹃。其中,西鹃一直是主要销售品系,现在已经实现国内生产规模化,但由于品种创新不足、消费者审美疲劳等问题,市场已经出现饱和状态。在实现自产自销后,出现了供大于求的现象,其相关产业的利润空间逐渐缩小。毛鹃是我国园林绿化最常应用的杜鹃花品种,但是其应用形式比较单调,主要是以绿篱和片植的形式,应用品种也比较单一。毛鹃主要是白花杜鹃、锦绣杜鹃的变种和杂种,其栽培最多的有'白蝴蝶''紫蝴蝶''玉蝴蝶''玉玲'和'琉球红'等品种,目前园林绿化中可替代毛鹃的杜鹃花品种较少。目前部分东鹃品种,例如'胭脂蜜''红珊瑚'等作为绿化苗,应用量在逐年增加。夏鹃主要为皋月杜鹃(*R. indicum*)、五月杜鹃(*R. lateritum*)的变种和杂种,它的传统品种有'五宝绿珠''大红袍''紫辰殿''长华'和'陈家银红'等。造型杜鹃是新兴的杜鹃产品形式,近年的利润较大,但是市场需求较小。当前的造型杜鹃大多用抗逆性较好的毛鹃和观赏性较高的东鹃嫁接,特点是生产周期长,生产成本较盆栽杜鹃高,利润提升空间较大,但供给和销售有限。国产高山杜鹃主产在云南昆明、河北石家庄、山东青岛等地,在北方和西南地区可应用于道路、庭院和公园绿地等,但在其他地区作为年宵花卉,以室内装饰为主,属于中高档产品。近几年,我国高山杜鹃新品种选育及苗木产业化取得了很大进展,随着国内苗木的规模化和标准化生产,相对于原先以进口为主的高山杜鹃价格昂贵的盆栽苗,国产盆栽容器苗的价格已明显下降,逐渐趋于合理化,目前已有部分苗木开始进入园林绿化市场。杜鹃作为年宵花卉,产量虽稍有下降,但行情趋好,高山杜鹃有望成为云南第二大盆花。

花卉产业与休闲、旅游观光、农家乐、市场营销相结合,渐呈一体化融合发展趋势。杜鹃花主题公园,例如无锡锡惠公园杜鹃园、昆明植物园羽西杜鹃园、杭州植物园槭树杜鹃园、庐山植物园杜鹃园等,以及利用天然杜鹃,开发形成主题旅游景点,例如百里杜鹃国家森林公园、华顶国家森林公园(以云锦杜鹃为主题)、江西井冈山开发的"映山红"红色旅游、湖北麻城杜鹃文化旅游节,这些杜鹃花旅游资源的开发,为杜鹃花产业开辟了另外一条行之有效的发展模式。

第二节　国内杜鹃花产业化格局

我国杜鹃花重点生产区域布局已基本形成,其中东南地区以福建漳平为主,西南地区以云南、重庆为主,中部地区以浙江宁波、金华,江苏常州、宜兴为主,东北地区以辽宁丹东为主,这几个主产区约占国内产区的70%。程淑媛在全国范围内收集了404个杜鹃花品种,对其地理分布归类后发现,这些杜鹃品种中112个(占27.7%)来自浙江金华,其次是来自广州深圳的品种84个(20.8%),浙江宁波70个(17.3%),丹东56个(13.9%),江西吉安44个(10.9%),其他部分品种来源于江西兴国、福建漳州等地。产业格局的形成与杜鹃种质资源的分布、产业区的气候条件、交通便利程度以及当地的杜鹃花文化和栽培历史等有关。

种质资源是决定产业发展的根本,野生杜鹃种质资源的分布集中地在西南地区,但这些地区主要是高山杜鹃的分布中心,这些杜鹃难以适应中国广大低海拔地区的气候条件,产业化发展还有很大困难。我国现有的杜鹃花品种大部分由北美或日本培育,这些杜鹃花品种的原产地与东南沿海的气候环境条件相似,而国内培育出的杜鹃花品种或是母本产自东南沿海地区,或是经过在此地区培育而适应了这里的环境气候。另外东南沿海地区的交通便利,经济基础较好,杜鹃花栽培历史长或产业发展早。上海、江苏无锡、辽宁丹东都有着悠久的杜鹃花栽培历史,是我国杜鹃花品种的发源地。这些因素都影响了杜鹃花产业在国内的分布。

一、杜鹃花主要产区及产品特色介绍

(一)福建漳平

福建省漳平是福建省杜鹃花产业的主产区,产品以比利时杜鹃为主。漳平杜鹃花产品花色主要为红色和紫色,花的性状特征主要为大花和重瓣,盆花和苗木是主要的商品类型,盆景或造型杜鹃是新兴的商品形式。永福镇的造型杜鹃不同于常见的毛鹃嫁接东鹃形式,而是主要以比利时杜鹃作为造型素材,生产周期短,规模也大。

2015年全国比利时杜鹃销量约1 800万盆,福建产的有1 200多万盆,占67%,而漳平所在的龙岩市又占福建销售量的90%,漳平是福建省杜鹃花主产区,其永福镇是国产比利时杜鹃的最大产地,2015年杜鹃花种植总面积达到400 hm²,占全省的87%。"永福杜鹃花"品牌市场占有率占全国同类产品的60%以上,获得中国花卉协会授予的"中国杜鹃花之乡"荣誉称号。漳平杜鹃注重品牌效应的同时,也注重新品种的引进,注重产业结构的调整,在创新产品上下了很大功夫,在创新中谋发展。

2016年福建永福镇杜鹃年宵上市量由2015年的400万盆减少到300万盆左右,品种以'西玛''玫瑰红''百合'小桃红'为主,其中'玫瑰红'生产量约占总产量的60%,此外,中小规格杜鹃畅销,大规格杜鹃销售缓慢。为适应市场需求,生产企业适当调整了产业结构,适当增加小盆栽产量。同时为迎合年轻人的购物习惯,开启了微信、淘宝、微博等多种网上销售渠道。

从漳平市林业局统计的2012—2016年的杜鹃种植面积与产值(图6-3)、销售量与销售额(图6-4)可以看出,近年来漳平杜鹃种植面积下降,但产值呈上升趋势,这主要是由于近年来开始生产高产值的造型杜鹃。2013年销售量和销售额下降,之后迅速回升,2014—2016年呈稳中有升。

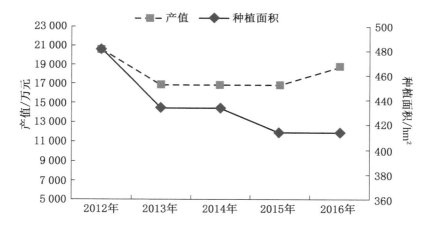

图6-3 漳平杜鹃种植面积与产值

(数据来源于漳平市林业局,图片来自张家荣《漳平市杜鹃花产业调查与VIGS技术体系初步构建》)

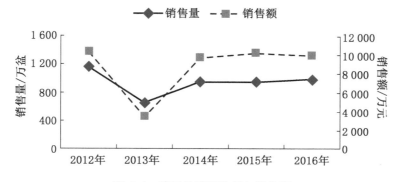

图6-4 漳平杜鹃销售量与销售额

(数据来源于漳平市林业局,图片来自张家荣《漳平市杜鹃花产业调查与VIGS技术体系初步构建》)

（二）江西赣州

赣州兴国县是国产比利时杜鹃的主要产地之一，其生产的比利时杜鹃质量不逊于龙岩，但因为几年前的市场行情低迷，很多种植户缩减生产，导致产量下降。兴国比利时杜鹃的商品形式主要是小规格，以 13 cm 营养钵和 16 cm 营养钵为主，其中 13 cm 的每盆售价 3.5 元，主要用于园林绿化，16 cm 的每盆售价 5～5.5 元，口径 18～20 cm、冠幅 30 cm 的营养钵每盆售价 28 元左右。以租赁和绿化应用为主，租赁用量相对较大，而且以中大规格杜鹃为主。

2016 年江西兴国县杜鹃上市量由 2015 年的 140 万盆增加到 200 万盆左右。据江西绿园花卉园林有限公司总经理王南方介绍，从 2015 年开始杜鹃销售情况有所好转，2017 年行情不错，目前价格已恢复到 2012 年以前的水平。2017 年兴国县杜鹃生产量在 10 万盆以上的生产商就有十四五家，其中绿园公司杜鹃年宵上市量稳定在去年的 28 万盆左右，目前已开花的植株基本都能卖掉。

（三）辽宁丹东

从 20 世纪 30 年代起，丹东就有温室杜鹃。温室杜鹃有老 8 种、新 8 种、特 8 种，它们分别是 20 世纪 50 年代、60 年代、70 年代的上等品种。老 8 种有'王冠''四海波''富贵姬''寒牡丹'等，新 8 种有'双花红''玉女''春雨''红珊瑚'等，特 8 种有'五宝珠''晚霞''粉天惠''欢天喜地'以及新品种'丹顶''状元红''柳岸闻莺''粉妆楼'等。常见的露地杜鹃有大字杜鹃、淀川杜鹃、映红杜鹃、照白杜鹃等。目前丹东杜鹃花产业以生产小规格杜鹃为主，特色在于造型杜鹃，其造型杜鹃以春鹃（毛鹃）扦插苗嫁接小叶小花的杜鹃花品种，生产周期较一般造型杜鹃短，已基本实现规模化生产。除国内销售之外还销往东南亚地区，是丹东地区的支柱产业。

丹东杜鹃花以家庭种植为主，近年来，由于杜鹃花整个行业的负面影响、比利时杜鹃大量繁殖带来的冲击及丹东地区的拆迁等原因，很多农户放弃杜鹃生产。加上造型杜鹃的价格超出了一般消费者的可承受范围，商家不得不降低价格以刺激需求，大规模的造型杜鹃出现价格下滑，种植户由于利润变小而缩小种植面积或放弃种植，现在种植杜鹃的农户不到 100 家，种植面积已不及鼎盛时期的 10%。2015 年底到 2016 年，丹东杜鹃行情基本稳定，价格上涨了 20% 左右，例如冠幅 80 cm 的杜鹃由原来每株 150 元涨至 180 元，种植户又被因为供不应求而上升的价格所吸引，种植面积有上升趋势。

丹东相君杜鹃花培育发展中心为丹东杜鹃花产业的龙头企业，也是国内外生产小叶小花杜鹃及造型杜鹃的最大生产基地。根据其官网的产品信息，该企业主要生产大、中、小型杜鹃，以及小叶小花杜鹃，品种达 60 多种。丹东杜鹃大叶品种有'五宝珠''欢天喜地''四海波''红珊瑚'等 30 多种，小叶小花品种有'腊皮''紫凤''高月''喜鹊登梅'等十几个品种，年生产达 10 万株，造型杜鹃 3 万～5 万株，小叶小花造型杜鹃占 90%。其生产的造型杜鹃分为 16 个种类，有悬崖式、浮云式、扭杆式、垂吊式、动物式、步步高升式等，其中以悬崖式、浮云式为主。

（四）江苏无锡、常州

相比以上的杜鹃花产业重点城市地区,江苏的杜鹃花产业没有以某一类杜鹃品系或某一种应用形式的杜鹃花形成鲜明的特色。江苏无锡杜鹃花的园艺品种栽培始于20世纪20年代,在80年代取得较快发展,但后期并没有朝产业化的方向发展。无锡已多次举办中国杜鹃花展览,2007年,花卉协会杜鹃花分会正式落址无锡,同年10月,花卉协会会长江泽慧将锡惠公园景区杜鹃园命名为"中国杜鹃园",杜鹃花如今已成为无锡的城市名片。

宜兴是国内杜鹃花产业中部地区的产业中心,是国内杜鹃花主要生产地之一。2006年时宜兴和漳平是国内西洋杜鹃(比利时杜鹃)的主产地,但是之后几年,宜兴的西洋杜鹃产量和种植面积都有所下降,而漳平凭着地理优势逐渐成为国内最大的西洋杜鹃产地。华盛杜鹃花实验场是该地的重点企业,为了减少与丹东造型杜鹃和漳平西洋杜鹃的竞争压力,产品近年开始转向造型杜鹃,用毛鹃嫁接的西洋杜鹃作为造型素材,相比丹东杜鹃生长更快。

常州的江苏裕华杜鹃种植有限公司,除露地栽培的杜鹃外,建有6万多平方米智能钢架联栋温室,裕华杜鹃的品种主要为东洋杜鹃,辅以少量高山杜鹃、西鹃、夏鹃等。现有200多万株东鹃小苗、30万株盆花、20万株地栽花株及5万株以上杜鹃微型案头盆景。产品应用形式主要为绿化杜鹃、盆栽杜鹃和造型杜鹃(主要是杜鹃微型案头盆景)。公司一直以培植高效、生态、新型东鹃为目标。裕华东鹃抗逆性强,花朵繁密,花色艳丽,花期达2~3个月,主要包括'胭脂蜜''红珊瑚''江南春早''绿色光辉''红月''琉球红''兰樱'等,均是观赏性极佳的杜鹃品种。

（五）浙江金华、宁波、嘉善

浙江宁波的柴桥是北仑花卉业的主要产地,有20多年种植历史,杜鹃花种植面积为1 600公顷,主产露地栽培的绿化杜鹃苗,主要以锦绣杜鹃为主。嘉善的造型杜鹃特色在于以老桩杜鹃花为造型素材,需生长10年以上的老桩做砧木,艺术水平较高,但生产规模小,尚未产业化。

金华市永根杜鹃花培育有限公司是金华市林业龙头企业、国内最大的杜鹃花新品种培育推广企业,拥有1 000多个杜鹃花新优品种,有杜鹃花生产面积800多亩,主要从事杜鹃花新品种的选育及推广。根据金华市永根杜鹃花培育有限公司网站的2018—2019年版本的品种特性表数据,该公司已经有32个杜鹃花品种被认证为国家植物新品种保护品种,到2017年为止,共有200多个新品种处于推广阶段;该公司结合我国丰富的杜鹃花种质资源和特有的气候特点,选育出一大批具有适应我国不同区域气候特征的优良杜鹃花新品种,这些新品种抗逆性强、适应性广、花型丰富、花色艳丽,适合园林市政绿化、庭院种植和盆栽培育。特别是在杜鹃花的抗逆性育种方面,大大提高了常绿杜鹃的耐寒性、适应性和抗病性,使杜鹃花不再难以莳养。

（六）高山杜鹃的产业布局

国内高山杜鹃产地主要分布在云南昆明,河北石家庄,山东青岛、威海等地。河北石家庄农林科学研究所生产的高山杜鹃品种主要有'粉金蝶''神州粉星''红粉佳人''神州红星''神州紫星'等,2016年前后,每年销售量在1万盆左右。山东威海七彩生物科技有限公司自2006年开始从荷兰引种栽培高山杜鹃,筛选出的部分品种在威海地区成功越冬,可应用于道路、庭院及公园绿化。该公司比较畅销的年宵高山杜鹃品种有'红粉佳人XXL''锦缎''诺娃''粉水晶'等。山东红梅园艺是国内较大的高山杜鹃生产商,并购了德国老牌高山杜鹃企业,使得红梅园艺拥有大量高山杜鹃商业(专利)品种和极为丰富的种质资源,以及配套标准化的产业技术体系,目前致力于培育适合中国不同地区的高山杜鹃品种。红梅园艺年宵高山杜鹃主要的商品规格分为小规格和大规格,小规格的高山杜鹃直径为30 cm、40 cm、50 cm,大规格的高山杜鹃直径为1.4 m、1.5 m、1.6 m,中等规格的高山杜鹃产品较少。云南省农科院花卉研究所杜鹃花科研团队经过长期不懈的努力,攻克了高山杜鹃组培苗核心技术难题,实现了高山杜鹃新优品种组培苗量产目标,完成了从瓶苗至开花株的全生长周期商品化栽培实验。农科院花卉研究所、昆明金科艺园艺有限公司、云南大理远益园林工程有限公司、云南锦科花卉有限公司等专业化、规模化高山杜鹃生产企业联合,初步形成了科研机构与民营企业协同共进的高山杜鹃品种研发、种苗快繁和商品化生产的良好格局。云南省从资源优势、气候优势和科技创新实力来看,发展后劲十足,市场潜力巨大。

第三节　国内杜鹃花产业发展前景

一、困扰我国杜鹃花产业发展的主要问题

(一)缺乏行业标准,产业化程度偏低,品牌意识需要进一步加强

国内还没有启动花卉质量管理体系,虽然种植经营杜鹃花的企业、花农很多,但多数杜鹃花花卉种植者还没有达标的意识,管理部门没有贯标的措施,无序生产导致供大于求、内部高规格苗木缺乏,标准化程度低、杜鹃品种良莠不齐,精品杜鹃花(如高山杜鹃、盆景杜鹃)少且价格贵,往下一档的杜鹃花多品种型号单一、低价低质,常引起消费者审美疲劳,缺乏中间的大众化产品。

在生产中,缺乏技术规程,生产方式落后;流通中,对储存、包装、运输等没有严格的技术要求;交易中,没有市场准入制度。企业不掌握、不熟悉质量等级情况、检测技术和测试指标,在对外贸易时只能听从进口商的操纵,经常遭到无理退货或压级压价,造成重大的经济损失。

国外的杜鹃育种企业有上百年甚至几百年的历史,并在长久的打拼中奠定了深远的品牌效应基础。而中国杜鹃花企业起步较晚,难以在短期内出现业外人士也能有所耳闻、影响广泛的品牌企业。虽然目前有很多企业、花农经营杜鹃,但就行业来讲,杜鹃花品质不一,品牌信赖度不高,杜鹃花及其相关产品缺乏统一的标准与龙头品牌。

(二)忽视国内种质资源的价值,种质资源利用率低,种质资源研发平台建设相对滞后

对种质资源的价值的认识与开发不足,资源的绝对优势与商品化开发不成比例,新品种的开发与推广力度不够。我国杜鹃花属植物种质资源利用率仅为8.7%～12.2%(表6-

1),且引种栽培多局限于映山红亚属、羊踯躅亚属等中小型半常绿或落叶类群为主,而杜鹃亚属和常绿杜鹃亚属两个种类丰富的类群,其利用率分别仅为 30% 和 15% 左右。

表 6-1　杜鹃花种质资源的种类来源和数量分布

区域	种类数量	利用量	利用率/%
中国	576	50~70	8.7~12.2
东北亚	54	35~45	64.8~83.3
欧洲	9	7~8	77.8~88.9
北美洲	25	18~20	72.0~80.0

野生资源保护不足,在对花卉市场、淘宝、微店、植物群等植物交易渠道平台的调查中发现,近年来,野生杜鹃的老桩、下山桩、盆景、盆栽、切枝等各种形式泛滥,资源破坏严重。首先,老树对种群的繁衍和立地环境生态十分重要,采伐老树对野生资源伤害极大。其次,由于野生老桩在自然状态下生长,根系造型随机适应于立地环境,采挖不仅伤亡风险高,且往往不能符合市场要求,对其大刀阔斧的修整在进一步降低成活率的同时,也造成了资源的巨大浪费。最后,由于这是一种靠山吃山、低附加值的产业经营,不仅不符合可持续发展的理念,还在行业内造成了不公平竞争及负面的导向,打击了做野生资源引种扩繁和人工老桩培育的从业者。

20 世纪 80 年代初,中国科学院庐山植物园、昆明植物园、中国科学院植物所华西亚高山植物园相继开始进行我国杜鹃花属植物资源的搜集与保育工作,搜集国产杜鹃花资源达 300 种以上。此外,保育种类在 50~70 种的机构还有井冈山园林所、重庆南山植物园、贵州植物园、中国科学院华南植物园和湖南森林植物园等。近年来,杜鹃花资源的整体保育水平有了很大提高,但由于认识、技术、持续投入等方面的问题,我国杜鹃花保育及平台建设步履蹒跚,相关种质资源平台建设及其对产业的支撑能力尚未真正形成。

（三）国内育种进展缓慢,自主选育的品种偏少,新优品种引进存在风险

杜鹃花种质创新能力有待提高和突破,围绕杜鹃花种质资源的基础研究还比较缺乏,国内杜鹃花研究的科研投资力度和持续关注度不够。近年来,杜鹃杂交育种研究报道和自主选育品种呈上升趋势,但映山红亚属等传统种类和外来的二手品种仍是国内从事新品种选育的主要材料,缺乏我国独特的杜鹃花品系。国外杜鹃花新品种培育已经从杂交育种、多倍体育种逐渐步入分子育种的阶段,我国分子育种及多倍体育种几乎还未开展。长期缺失科技与市场之间的资源整合以及对产业发展的系统设计和有力引导,也是制约我国杜鹃花产业发展的重要方面。

杜鹃花产业先进的日本和欧美各国对新品种的保护与侵权处罚力度也持续增强,我国的杜鹃花生产还依赖外国品种。2017 年 9 月,宁波口岸在日本进境杜鹃花上发现国内首例杜鹃花枯萎病菌（*Ovulinia azaleae*）,这类病菌能造成巨大的损失。该类事件表明,从国外进口杜鹃花具有很大风险。原国家林业局（今国家林业与草原局）开始对进口杜鹃加以严格的审批和检疫程序。

二、国内杜鹃花产业发展前景

（一）充分利用杜鹃花资源，结合文化产业，发展杜鹃花产业及生态旅游

近年来，花卉产业与休闲、旅游观光、农家乐、市场营销相结合，渐呈一体化融合发展趋势。利用花卉的绿化、美化、香化、净化作用，结合山、水、石景观，营造了一批观光、休闲、娱乐、餐饮为一体的院所。目前，嘉兴的花卉产业以及与其结合的休闲餐饮娱乐业已成为嘉兴生态和谐发展的新亮点。

根据同程旅游发布的 2019 年居民春季赏花游趋势报告，杜鹃花是人气指数排在第十位的春季旅游赏花花卉，具有可观的市场需求（图 6-5）。

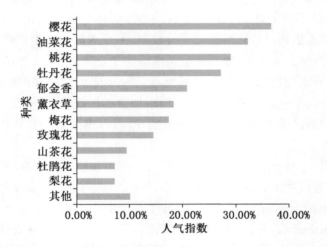

图 6-5　2019 年春季赏花热门花卉人气指数（图片来自同程网）

以发展杜鹃产业较有名气和影响力的贵州百里杜鹃景区（图 6-6）为主要范例，从经济、文化、生态等方面分析杜鹃花旅游资源的效益。

（1）经济效益

目前，百里杜鹃景区有 11 家星级酒店、500 余家农家乐，解决了 10 000 个贫困农民就业和创业的问题。由于农家乐、野营区以及旅馆建设的发展，当地旅游业由过去观光客在景区停留时间一般为一天的短期观光旅游向长期旅游度假的模式转变，更多游客留宿百里杜鹃景区进行消费，增加了百里杜鹃景区两县居民的收入，起到了精准扶贫、加快脱贫的效果。各地农村依托丰富的旅游资源，大力发展、积极引导"农家乐"乡村旅游，不仅有利于高效生态农业的发展，还促进了城市工商资本和市民消费向农村流动。

（2）文化效益

百里杜鹃景区居住着苗族、彝族、白族、满族、布依族等少数民族，各民族有不同的风俗文化。百里杜鹃党工委、管委会利用少数民族文化这一优势资源，进一步开发民族文化，在保留其特色的基础上，把杜鹃花观光旅游与民情风俗结合起来，打造特色品牌，这不仅有利于杜鹃旅游产业的发展，也有利于保持、恢复和宣传少数民族文化。

图 6-6　贵州省百里杜鹃

此外,百里杜鹃景区两县之一的黔西县有民族团结榜样奢香夫人为代表的历史人物及红军长征纪念地为代表的古迹,当地据此结合杜鹃花景区特色开发出了一些红色景点和历史景观,有发扬传承革命先烈、历史名人的精神,增强民族团结与文化认同感等重要文化效益。

杜鹃花旅游属于新兴产业,且面临很多竞争压力。以百里杜鹃为例,除了面对其他热门旅游观赏花卉行业的压力外,由于贵州及邻区有很多以革命圣地和少数民族文化出名的景点,对百里杜鹃产生负的近邻效应,这要求景区对杜鹃花的旅游价值进行更深入的发掘,并创造附加值,比如在文化方面,需充分挖掘杜鹃文化的内涵,可以将关于杜鹃花的诗词歌画内涵与园林景观相结合,为杜鹃花挂牌并介绍相关科学文化知识等,在使杜鹃花给游客留下更深刻的印象的同时,也宣传了杜鹃花的文化,使更多人了解杜鹃花。

（3）生态价值

以百里杜鹃景区为代表的杜鹃花旅游区往往有较好的自然生态条件,且多山地丘陵,很多产业不适合在此发展。如果像百里杜鹃那样发展生态观光农业,合理开发荒山、荒地和荒滩等后备土地资源,促进传统农业的转型升级,在尽可能减少对生态破坏的基础上,充分合理地开发了资源,增加了当地居民的收入,有巨大的经济效益。

对于杜鹃花本身而言,合理地将其所在地区开发为旅游景区,有利于对杜鹃花种群的监管、养护和利用。对于一些对环境要求高、迁地保护难的杜鹃花种类,就地开发旅游资源能兼顾生态和经济效益。杜鹃花景区还可以通过开发保护杜鹃植物资源文化教育系列产品并宣传杜鹃花生态、文化、观赏等方面的价值,在推广产业、增加经济收入的同时也带给游客更多方位的体验和保护杜鹃花的意识。

综上,杜鹃花旅游业不仅有利于杜鹃花产业的多元化发展,还有带动相关产业的转型升级、为生活条件较差的人们提供较好的就业创业机会、促进城市资本向农村流动以减少贫富差距等经济效益,宣传革命精神、保留并恢复以少数民族文化为代表的当地特色文化、发掘和传承杜鹃花传统文化内涵等文化效益,保育杜鹃花种质资源、保护杜鹃花种群及生境、宣传杜鹃花保护等生态效益。

(二)展览会与产品展示、营销相结合,弘扬杜鹃文化,加大杜鹃花新产品的销售和推广

自 1986 年中国杜鹃花协会于云南昆明成立后,国内多次成功举办了杜鹃花展览。除了由中国杜鹃花协会举办的全国性杜鹃花展览,近年来我国地方性的杜鹃花展也呈现出逐年上升的趋势。杜鹃花展览直观地向人们展示了杜鹃花的品种特性和应用效果,为杜鹃花走进大众的视野提供了新的途径。展览会与产品展示、营销相结合,有利于杜鹃花新产品的销售和推广,极大地促进了杜鹃花产业的综合发展。

举办的杜鹃花专题展览首先要确定一定的展览主题,主题一般与展览地文化相结合。例如:2010 年在上海滨江公园举办的第八届中国杜鹃花展以"杜鹃花开庆世博"为主题,自公园正门至杜鹃园沿线规划有 14 个主题景点,从不同角度演绎"杜鹃花开庆世博"的主题;2011 年于江苏南京玄武湖公园举办的第九届中国杜鹃花展以"杜鹃花海,韵舞金陵"为主题,以花为媒,依托杜鹃花,开展赏花游,促进城际区域旅游互动;2012 年的第十届杜鹃花展于资源丰富的贵州百里举行,"相约花海,天人合一"的主题与贵州的百里杜鹃花海相映成趣。

各参展城市和单位运用各种园林艺术手法,以杜鹃为主题,把各自的历史文化特色、杜鹃花品种的特点、园艺水平呈现在室内盆景、室外景点布置、展台布置等展览项目中。

杜鹃花展览布置可分为室外展区、室内展区两大块(图 6-7),室内可以盆景、品种展览、评选精品展览为主,布置精、细、娇、奇、特的杜鹃花品种或造型奇特的盆景,或布置窗景、洞景等以近赏为目的的景观。为了更好地欣赏和品评,展出花卉通常选用精致、美观、色泽和谐的紫砂、陶瓷、釉盆等进行换盆或套盆,并用几架、盆座、积木块等作为陪衬。室外展览可采用摆放盆花、设置花坛或园林景点等布置形式,植物配置以杜鹃为主,辅以其他植物如草花、观叶、地被植物等。利用花卉栽植布置或绑扎成立体造型的动物、人物、时钟等立体花坛,也可与雕塑、建筑小品、喷泉、山石、塑石等组成园林景点。

杜鹃花展览还可分成各个展区,如品种展区、盆景展区、精品展区、新品种展区、野生种类展区、科普展区、商品展销区等等,也可按参展的地区、单位不同分区展示(图 6-8)。各展区之间可以众多的大型盆花或花坛、花带、花镜等作为参观线路的引路布置,使人们在参观展览时沿途也有景可赏。展览还可设立不同的奖项,如栽培奖、造型奖、景点布置奖、展台布置奖、优秀驯化奖、新品种奖等。

还可将获奖的盆景盆栽进行集中展示,如 2010 年的上海迎世博杜鹃花展,主办方特意将获奖作品安排在室内集中展示,并模拟了上海著名的"高桥老街"风貌,以书香文化庭院为线索进行摆放,将来自全国的获奖作品在书房、庭院、客堂等地点缀和布置,赋予了杜鹃更多的人文内涵。

图 6-7　2010 年上海杜鹃展室内外展区

| 昆明 | 常州 | 丹东 |
| 百里 | 杭州 | 上海 |

图 6-8　杜鹃分地区、单位展区

　　2019 年第十六届杜鹃花展以"面朝大海，杜鹃花开"为主题，点名日照海边城市的地域特色。该届展览分为室内展和室外展。室内展包括室内景观、中心水景、标准展区、盆景展区、家庭园艺展区等；室外展包括国际展园、各省区市展园等。来自美国、英国、德国、荷兰、澳大利亚、比利时等 13 个国家以及云南、贵州、四川、重庆、上海、江苏、山东的 80 余家单位布置了数十个各具地方特色的景点和展位，展出的杜鹃花品种达百余个。

　　室内展厅中，有高山杜鹃打造的主题花园(图 6-9)。高山杜鹃最早发现于中国，后来由英国人引种至欧洲并逐渐推广开来，设计师希望能够让名花回归故里，这也是整个主题花园的主要设计理念。盆景展区展示了近千盆珍品杜鹃盆景，品类涵盖映山红、春鹃、蜡皮杜鹃等，有悬崖式、云片式、龙游式、孔雀开屏式等各种造型，参观者能够近距离感受每一盆杜鹃盆景背后凝聚的拳拳匠心。

　　室外展区中，深圳园颇受欢迎，"泡泡"元素的加入将植物布置在大大小小的球形玻璃罩中。"泡泡"既代表深圳是多元个体的集合，也代表滋养万物的露珠(图 6-10)。无锡园充

171

图 6-9　第十六届(2019 年)中国杜鹃花展室内展区

图 6-10　第十六届(2019 年)中国杜鹃花展室外展区

分展现地方特色,将地方建筑与植物景观有机结合,韵味十足。德国童话之旅景点将德国的"童话之路"微缩还原,与高山杜鹃植物景观相得益彰,颇受小孩喜爱。整个杜鹃花博览园将山、林、园、海融为一体,呈现出"园内花海,园外大海"的美景,为参观者带来一场杜鹃花视觉盛宴。室内和室外丰富的杜鹃花景观,充分体现了杜鹃花的景观应用价值及多样化的应用形式,以及与各类建筑、小品、山石、水体的合理配置。

杜鹃花展览对我国杜鹃花的长远发展具有重大意义,以花为媒,汇集展示杜鹃花新品种、杜鹃花栽培新工艺,交流新技术,同时还可以吸引公众了解杜鹃花、欣赏杜鹃花、培育杜鹃花,进一步弘扬我国传统的杜鹃花文化,加快推进我国杜鹃花产业发展,为国内外从事杜鹃花研究的专家、学者提供研究交流的平台。

(三)加快新品种选育进程,开发多元化产品以及精品杜鹃

杜鹃花盆栽上市销售的时间主要集中在年宵期间,存在巨大的行业竞争和市场风险,应该合理引导杜鹃花的周年生产上市,改变现有集中于年宵的上市时间,并且根据国内各地区大型活动、有相关需求的习俗及当地的特点调整生产,逐步改变消费者对杜鹃花盆栽的刻板印象。水仙、杜鹃花、君子兰等传统名花的消费量略有降低,但整体销量水平还比较稳定,新优特品种以及优质产品依然是市场的追求。我国应充分利用所积累的原始种质资源及国内外栽培品种,将杜鹃花遗传学、生殖生物学、育种学、迁地保育生物学与栽培学构建成一个从理论到技术的完整体系,有效地整合相关科技人才,迅速提升我国杜鹃花产业的研发创新能力。以现有杜鹃花保育平台的工作积累和成果为基础,优先筛选一批可直接用于产业发展的新资源和新品种,利用已成熟的快繁及快速成型技术,尽快培育一批具有特色和市场竞争力的新品种。

目前杜鹃花产品主要有造型杜鹃、绿化苗及盆栽未造型杜鹃等,绿化杜鹃苗木品种单一,大多作为中层灌木,低矮丛生状的杜鹃花种类或品种在未来更有应用前景,目前最常见的毛鹃品种并不符合这一生长习性,而我国的野生杜鹃花属植物有很多都符合这一条件,对其园林应用价值的开发有现实的意义。由于住房条件的限制,大宗花卉的消费热度较低,适合家庭养护的小型盆栽等花卉消费空间较大。造型杜鹃是近年方兴未艾的杜鹃产品形式,前些年盆栽杜鹃花受经济影响,市场份额减少,但是造型杜鹃市场依旧火热,价格反而上升。造型杜鹃是高端产品,有发挥想象的空间,能明显提高产品附带价值和盈利空间,且国内有符合国人审美和文化认同的盆景造型技艺,在目前杜鹃花品种较单调的情况下,利用国内的盆景造型技艺开发更多的杜鹃造型,能起到丰富产品形式、增加卖点的作用,使产业发展有更好的前景。

主要参考文献:

[1] 蔡美萍.夏鹃品种的园林应用综合评价及其适宜诱变条件的初步筛选[D].福州:福建农林大学,2017.

[2] 陈德松.永福镇杜鹃花生产现状及发展对策[J].广西热带农业,2006(1):34-35.

[3] 程淑媛.中国杜鹃花栽培品种资源与分类研究[D].赣州:赣南师范大学,2017.

[4] 胡肖肖.杭州西湖景区杜鹃花品种的优化筛选[D].杭州:浙江农林大学,2017.

［5］简丽华.漳平市高优杜鹃花示范基地建设与预期效益分析[J].现代农业科技,2011(13)：180-181.

［6］赖启航.我国杜鹃花旅游资源特点及开发初探[J].北方园艺,2011(18)：115-118.

［7］李国雅.我国花卉产业现状和发展刍议[J].甘肃农业科技,2019(5)：77-80.

［8］李世峰,解玮佳.高山杜鹃栽植与园林应用[J].中国花卉园艺,2018(18)：28-29.

［9］刘晓青,苏家乐,李畅,等.我国杜鹃花产业发展的瓶颈及对策[J].江苏农业科学,2011,39(3)：14-16.

［10］王秀英.杜鹃:产量下降 行情趋好[J].中国花卉园艺,2016(1)：26-28.

［11］吴荭,杨雪梅,邵慧敏,等.杜鹃花产业的种质资源基础:现状、问题与对策[J].生物多样性,2013,21(5)：628-634.

［12］张家荣.漳平市杜鹃花产业调查与 VIGS 技术体系初步构建[D].福州:福建农林大学,2017.

［13］张文君.我国花卉产业链组织发展研究综述[J].合作经济与科技,2017(15)：54-55.

［14］周伟伟.我国杜鹃花产业发展现状[J].中国花卉园艺,2010(13)：12-14.

致　谢

　　自 2010 年开始,先后有叶秋霞、岳媛、张超仪、杨秋玉、吴影倩、赵红娟、郑福超、肖丽燕、刘攀、郑芳、王露露、赵晖、许世达、曾凡玉等 10 余位硕士及博士研究生参与杜鹃花研究课题,笔者在此对参与研究的学生及提供帮助的单位表示衷心感谢。